U0396927

启蒙数学文化译丛　π　丛书主编　汪　宇

The History of the Calculus and
Its Conceptual Development

Carl B. Boyer

微积分概念发展史

（修订版）

〔美〕卡尔·B.波耶 著　唐 生 译

华东师范大学出版社
·上海·

图书在版编目（CIP）数据

微积分概念发展史：修订版 /（美）卡尔·B. 波耶
著；唐生译. — 上海：华东师范大学出版社，2021
ISBN 978-7-5760-2258-2

Ⅰ. ①微… Ⅱ. ①卡… ②唐… Ⅲ. ①微积分—数学
史 Ⅳ. ① O172-091

中国版本图书馆 CIP 数据核字（2021）第 255735 号

启蒙数学文化译丛系启蒙编译所旗下品牌
本书版权、文本、宣传等事宜，请联系：qmbys@qq.com

THE HISTORY OF THE CALCULUS AND ITS CONCEPTUAL
DEVELOPMENT
Copyright © 1959, Carl B. Boyer
All rights reserved.

上海市版权局著作权合同登记　图字：09-2021-1098 号

微积分概念发展史（修订版）

著　　者　（美）卡尔·B. 波耶
译　　者　唐　生
责任编辑　王　焰（策划组稿）
　　　　　王国红（项目统筹）
特约审读　周　俊
责任校对　刘　婧　时东明

出版发行　华东师范大学出版社
社　　址　上海市中山北路3663号　邮编 200062
网　　址　www.ecnupress.com.cn
电　　话　021-60821666　行政传真　021-62572105
客服电话　021-62865537　门市（邮购）电话　021-62869887
地　　址　上海市中山北路3663号华东师范大学校内先锋路口
网　　店　http://hdsdcbs.tmall.com

印　刷　者　山东韵杰文化科技有限公司
开　　本　890×1240　32开
印　　张　13.875
字　　数　320千字
版　　次　2022 年2月第1版
印　　次　2022 年2月第1次
书　　号　ISBN 978-7-5760-2258-2
定　　价　89.80元

出 版 人　王　焰

（如发现本版图书有印订质量问题，请寄回本社客服中心调换或电话021-62865537联系）

序　言

微积分和数学分析是人类智力的伟大成就,其介于自然科学和人文科学之间的地位,使之成为高等教育成果硕然的中介。可惜的是,有时候教师采用呆板的方法讲授微积分,不能展现其作为激烈的智力斗争的结果所具有的魅力。这段延续了2500多年的智力斗争,已经深深扎根于人类活动的方方面面,并且,只要人还在努力认识自己以及自然,它就还会继续发展下去。教师、学生和学者若想真正理解科学的力量和表现,就必须从历史的角度来理解知识领域发展至今的现状。事实上,反对科学教学中教条主义的呼声渐高,已经激起人们对科学史越来越浓厚的兴趣。最近几十年来,在追溯一般科学特别是数学的发展轨迹方面,我们已经取得了很大进步。

本书是厘清微积分概念从古至今许多发展阶段的重要著作,此次幸得第二次付印。此外,它还以连贯的行文讲述了这些迷人的故事,读来饶有趣味。数学教师们应该阅读本书,这将对数学教学改革朝着健康方向发展产生巨大影响。

R. 柯朗(R. Courant)

纽约大学研究生院数学系主任

前　言

　　大约 10 年前,哥伦比亚大学的弗雷德里克·巴里(Frederick Barry)教授向我指出:目前还没有一本关于微积分历史的满意著作。其时,我还有别的任务缠身,准备也不充分,不可能将他的建议付诸实施;不过,我最近几年的研究使我认可了他的观点。关于微积分起源和主题的资料多不胜举,本书所附的参考书目即可证明这一点;缺少的是令人满意的批评性阐释来细细讲述该主题重要观点的发展;从古代之肇始,到最终用每一个学生都熟悉的现代数学分析基本原理的精确术语对此进行阐述。本书试图在某种程度上弥补这一缺憾。如果能对初等微积分的整个历史加以权威和全面的处理,那当然再好不过;但是,此类艰巨的计划会远远超出本书论述的范围和意图。这里涉及的并非微积分的全面历史,而只是提示性地勾勒出其基本概念的发展轮廓,这也许对学习数学的学生和研究思想史的学者都会有所裨益。因此,贯穿全书的主旨是确保阐释清楚明白,而不是杂乱无章地详细罗列各种细节,或者展示过于细致、精确的广博知识。本书既要保证思想发展的连贯性,同时又不希望牺牲历史的准确度和整体观,因此很有必要理性地筛选和表述这些材料。

本书的结尾部分包括一份长长的参考文献,以省去在脚注引述完整书目信息的麻烦。脚注只标明作者和题名——有时为缩写;书名采用斜体,期刊文章采用罗马正体并加上引号。我期望这个参考书目可以为有兴趣进一步研究微积分历史的人带来帮助。

巴里教授给了笔者创作并完成本书的灵感。在我写作过程中,他凭借科学史领域的广博知识,屡屡慷慨地提出建议。承蒙哥伦比亚大学的林恩·桑代克(Lynn Thorndike)教授帮我审读了"中世纪的贡献"一章并做出专业的评论。哥伦比亚大学的 L. P. 赛斯洛夫(L. P. Siceloff)教授、密歇根大学的 L. C. 卡尔平斯基(L. C. Karpinski)教授和布鲁克林学院的 H. F. 麦克尼什(H. F. Mac-Neish)教授也帮我阅读了手稿并提供了宝贵的帮助和建议。波耶夫人毫不吝啬地对这项工作给予鼓励和帮助,并不辞辛劳地打出全部文稿。本书的索引由哥伦比亚大学出版社编制。最后,美国学术团体联合会(American Council of Learned Societies)拨款资助了本书,才使之得以出版,与广大读者见面。在此,我谨向所有在写作和出版本书过程中给予了帮助的朋友表示真诚的感谢。

卡尔·B.波耶

1939 年 1 月 3 日于布鲁克林学院

重印本前言

对于一本有关微积分历史的著作,能有足够的重印需求,真是令人欣喜。这似乎表明,学术圈中正有越来越多的人意识到,需要以广阔的视野看待科学和数学。尽管已在技术上取得了卓越成就,人们却更深刻地认同这一事实:科学不仅是一种生活方式,也是一种心智习惯;数学不仅是算法的集合,也是文化的一个方面。数学和科学史虽不能代替实验室的工作或者技术训练,但能有效弥补人文科学与自然科学之间常常缺乏理解的遗憾。也许更重要的是,能够使各个领域的专业人员具有与其专业相称的文化修养。熟悉自己专业背景的学者,不大会像新手常常经历的那样,有一种似是而非的已成定局的感觉。正是出于这一原因,准备做教师的人,不仅要了解本专业的内容,还应该了解其发展的历史,这才是明智之举。

借此次重印,笔者更正了文中的几处小错误。如果是再版,还应该做更广泛的修订。这并不会在实质上改变总体的叙述或者观点,但我会按照胡利奥·雷·帕斯托尔(Julio Rey Pastor)[1]和I. B.

---

[1] 其评论见《国际科学史档案》(*Archeion*)杂志,卷 XXIII(1940 年),第 199—203 页。

科恩(I. B. Cohen)①等人的中肯评论,在他们建议的地方详细阐明论点。本来还应该加上更多参考书目,其中尤其值得一提的是 G. 卡斯泰尔诺沃(G. Castelnuovo)的《现代微积分的起源》(*Le origini del calcolo infinitesimale nell' era moderna*,1938 年出版于博洛尼亚)。卡氏的著作几乎与本书同时出版,关于现代部分,读者们应该在细节上多参考这位著名几何学家的著作。

在过去的几年里,笔者还参与撰写了一本关于解析几何史的手册,书稿已经完成,不久就会在《数学文丛》(*Scripta Mathematica*)的赞助下付梓。

《微积分概念发展史》已经绝版六七年,此次重印应归功于赫伯特·阿克塞尔罗德(Herbert Axelrod)和马丁·N. 赖特(Martin N. Wright),笔者对他们主动提出重印表示感谢。还要感谢理查德·柯朗(Richard Courant),承蒙他答应了为这个重印本撰写序言。

卡尔·B. 波耶

1949 年 1 月 27 日

---

① 其评论见《伊西斯》(*Isis*)杂志,卷 XXXII(1940 年),第 205—210 页。

目　　录

第一章 引 论

数学作为人类心智训练和精神遗产不可分割的一部分,已经拥有了至少 2500 年的历史。然而,在这漫长的岁月中,人们对该学科的性质尚未有一致意见,也没有形成一个广为接受的定义。①

通过观察大自然,古代的巴比伦人和埃及人建立起一套数学知识,并以之作为进一步观察的基础。泰勒斯(Thales)也许提出了演绎法,早期毕达哥拉斯(Pythagoras)学派的数学明显具有演绎的性质。毕达哥拉斯学派和柏拉图(Plato)②注意到,他们通过演绎法获得的结论,在很大程度上与观察和归纳推理的结果一致。他们无法对这种 致性做出别的解释,便认为数学是对终极、永恒现实以及自然和宇宙固有性质的研究,而不是逻辑的一个分支或者科学技术所运用的一种工具。他们认定,要对经验做出正确解释,必先理解其中的数学原理。毕达哥拉斯学派有一句"万物皆数"③的

---

① 贝尔(Bell):《科学的女王》(*The Queen of the Sciences*),第 15 页,如需脚注中参考文献的完整信息,请参阅本书参考书目。

② 参阅乔伊特(Jowett)译《理想国》(*Republic*),卷 VII,第 527 页(页边码),收录于《对话录》(*Dialogues*),卷 II,第 362—363 页。

③ 参阅亚里士多德(Aristotle)的《形而上学》(*Metaphysics*),987a—989b,收录于罗斯(Ross)和史密斯(Smith)编辑的《亚里士多德全集》(*The Works of Aristotle*),卷 VIII;比较同书,1090a。

格言,柏拉图曾宣称"上帝乃几何学家"[①],都反映了这样的观念。

诚然,稍后的希腊怀疑论者曾质疑,推理或经验能否获取具有这种绝对性质的知识。不过与此同时,亚里士多德学派的科学也表明,通过观察和逻辑至少可以获得与现象一致的描述,因此经欧几里得(Euclid)处理后,数学就成为演绎关系的一种理想模式。它产生于那些与观察归纳的结论相一致的公设,是可以用于阐释自然的。

2　　　经院学派的观点在中世纪十分盛行,他们认为宇宙"秩序井然",易于理解。到了 14 世纪,世人非常清楚地意识到,逍遥学派对运动和变化所持的定性观最好能被定量研究所取代。这两个概念,加上对柏拉图观点再次产生的兴趣使 15 世纪和 16 世纪的人们重新确信,数学在某些方面独立并先于经验的直觉知识。这种信念在库萨的尼古拉斯(Nicholas of Cusa)、开普勒(Kepler)和伽利略(Galileo)的思想中都留有印记,在某种程度上也出现于列奥纳多·达·芬奇(Leonardo da Vinci)的思想中。

认为数学乃构筑宇宙之基础的观念,在 16 世纪和 17 世纪又发生了变化。在数学中,变化的原因是时人对代数少加批判但更为实际地运用(代数学在 13 世纪初由阿拉伯人传入,随后在意大利得到发展)。在自然科学领域,变化归因于实验方法的兴起。于是,笛卡尔(Descartes)、波义耳(Boyle)等人所谈论的数学确定性被阐释为一种一致性,它可以在其推理特性中找到,而不是从任何表现出先验的本体论必然性中找到。

---

① 普鲁塔克(Plutarch):《杂记与随笔》(*Miscellanies and Essays*),卷 III,第 402 页。

18世纪,微积分被极其成功地应用于解决科学和数学问题,此时人们重点关注的是运算而不是数学基础。19世纪,在重新分析无穷大时,为了给所涉及的概念找到满意的基础,人们付出了持久的努力,进而产生了一种更有批判性的态度。数学的严密性复兴了,人们发现欧几里得的公设只不过是一些假设,并不像康德(Kant)坚持的那样是绝对的综合判断。[①] 此类假设的选择非常随意——在彼此相容的条件下,允许它们与显而易见的感官证据相矛盾。19世纪末,由于数学分析中的算术化倾向,人们进一步发现,可以把超越所有直觉和分析的无穷概念引入数学,而不损害该学科的逻辑一致性。

如果数学的假设独立于感性世界,并且其原理超越了所有经验[②],那么这个学科充其量不过是赤裸裸的形式逻辑,更糟的情况是蜕化为符号上的同义反复。数学形式的符号化和算术化倾向在连续性的研究中获得了极大成功,但也导致了顽固的悖论,这一事实使人们对数学本质的兴趣越来越大——它在精神生活中的范围和地位,其原理和公设的心理学来源,其命题的逻辑力量及其作为对感官世界的阐释的有效性。

过去,数学被认为是研究数量或者空间和数字的学科,这种旧观点现在基本上已经消失。人们意识到,朴素的空间直觉会导致

----

① 参阅其《全集》(*Sämmtliche Werke*),卷Ⅱ各处。

② 伯特兰·罗素(Bertrand Russell)曾借着这一令人不安的境地将数学滑稽地定义为"对于这门学科,我们永远不知道自己在谈论什么,也不知道我们说的是否正确"。参阅《关于数学原则的近作》("Recent Work on the Principles of Mathematics"),第84页。

自相矛盾。这一事实颠覆了康德哲学中的公设观念。不过，数学家虽然不受外部感官知觉世界的控制，却仍然受其指引。[①] 连续性的数学理论来源于直接经验，但是最终被数学家采用的连续统定义却超越了感官想象。数学形式主义者由此得出结论：既然在数学的定义和前提中，直觉毫无用处，我们就没有必要解释公理，或是知道其中涉及的对象和关系的本质。直觉主义者则坚持认为，其中涉及的数学符号应该很好地表达思想。[②] 有两种（或更多）观点认为数学定理的准确性不容置疑，但是，数学概念是由直觉暗示（而非定义）的看法却能很容易地解释这一点：数学演绎推理得出的结论与经验归纳得出的结论明显一致。导数和积分产生于大自然最明显的两个特征——多样性和可变性，但是，最终其抽象的数学定义却建立在元素的无穷序列极限的基础概念之上。一旦我们描绘出其发展轨迹，也就容易理解那些用来阐释自然的观点所具有的力量和丰富性了。

　　古希腊数学家试图用数表达对直线的比率或比例的直觉观点时，遇到了逻辑困境，由此促成了微积分的产生。他们认为数是离散的，而直线大概是连续的，这样一来，几乎立刻就触及了逻辑上不够完美（但是在直觉上很吸引人）的无穷小概念。然而，古希腊严密的思想却将无穷小排除在几何证明之外，并代之以穷竭法，这种方法可避开无穷小问题，但十分麻烦。古希腊科学家没有定量地解决变化的问题。在运动学中，没有哪种方法像穷竭法对几何

---

　　① 博歇（Bôcher）：《数学的基本概念和方法》（"The Fundamental Concepts and Methods of Mathematics"）。

　　② 布劳威尔（Brouwer）：《直觉主义与形式主义》（"Intuitionism and Formalism"）。

学那样,使其避开芝诺(Zeno)悖论所展示的困境。不过,14 世纪的经院哲学家对变量展开了定量研究,他们的方法在很大程度上是辩证的,但是也求助于图示。到了 17 世纪,这一研究方法使得引入解析几何以及变量的系统表示法成为可能。

应用这种新型分析方法,加之自由使用具有启发性的无穷小和更广泛地运用数的概念,短时间内就产生了牛顿(Newton)和莱布尼茨(Leibniz)的算法,它们构成了微积分。但是,即便在这个阶段,该学科的逻辑基础仍然缺乏明确概念。18 世纪的数学家致力于寻找这样的基础,虽然几乎没有获得什么成就,却在很大程度上将微积分从连续运动和几何量的直觉中解放出来。19 世纪初,导数成为基本概念,随着数学家严格定义了数和连续性,到 19 世纪后半叶,一个坚实的基础就此完成。为了对连续性那种模糊、本能的感觉做出解释,数学家付出了大约 2500 年的努力,最终形成了精确的概念。这些概念由逻辑定义,表现出超越感官经验世界的推断。经过深思熟虑的研究,直觉,或者对表面上无法充分表达的经验要素的所谓直接认识,终于被严格定义的抽象理性概念所取代,这些概念是让科学和数学思想变得简洁的宝贵工具。

如今,微积分的基础定义——导数和积分的定义——在该学科的教科书中表述得非常清楚,掌握相关运算也非常容易,人们似乎忘记了当初研究这些基本概念所遭遇的艰辛。通常来说,清晰充分地理解一门学科背后的基础概念,要等到其发展的相对后期才能实现。微积分的兴起就恰如其分地说明了这一规律。微积分最初提供的规则表述精确,易于使用,在某种程度上导致数学家对这个学科的逻辑发展所要求的细致工作无动于衷。他们设法利用产生于空间直觉的传统几何与代数的概念建立微积分。然而,到18世纪,详细阐述基础概念所面临的固有困难变得越来越明显,谈论"微积分的形而上学"成为惯例;言下之意是,数学已无力为微积分的基础给出令人满意的说明。19世纪,由于采用精确的数学术语,基本概念得以澄清,人们在自然界的具体直觉(也许潜藏在几何与代数中)和富于想象力思索的神秘主义(也许兴盛于先验的形而上学之上)之间,终于找到了一条安全的路线。于是,导数在其整个发展过程中,便摇摇晃晃地夹在速度(这个科学上的现象)和运动(这个哲学上的纯理性概念)之间。

积分的历史与此相似。一方面,它为近似值或误差补偿的实证主义思想提供了充分的阐释机会,这两种观点基于科学测量承认的近似性质和叠加效应公认的学说。另一方面,唯心主义的形而上学认为,在感官知觉有限论之外,人类经验和推理可以,但只能可望而不可即地逐渐接近超验无穷大。只有形成于19世纪的精确数学定义,才能使导数和积分保持它们作为抽象概念的本来地位,这种抽象概念也许衍生自物理描述和形而上学解释,但是又独立于两者。

现在,也许不妨讨论使它们得以产生的直觉和猜测,以及它们最终严格的公式化。这或许能帮助我们对目前导数和积分定义的精确性有个清楚的印象,从而对整个发展的最终结果有一个清晰的认识。

导数是用来表示曲线或者函数在一点的性质的数学工具,因此,它类似于科学上运动物体的瞬时特性,例如物体在任意指定时刻的速度。在科学中,若要研究某一个时间区间的平均速度,可恰当地定义它为物体在该时间区间内移动的距离与时间区间本身的比率,这个比率可以很方便地记作$\frac{\Delta s}{\Delta t}$。由于科学法则是以感官事实为基础归纳阐述的,从表面判断,科学中不存在瞬时速度——也就是说,距离区间和时间区间都为零时的速度。一切位置和时间实际变化之外的东西,感官都无法感知,因此科学也无从测量。每一种感官都受到最小感受能力的限制[①],因此,如果距离区间和相应的时间区间变得非常小,以至于测量时根本达不到最小感受度,我们就不能从科学观察的角度谈论运动或速度——当假设时间为零的时候就更是如此了。

另一方面,如果运动经过的距离被视为所用时间的函数,并且这种关系用数学式$s = f(t)$表示,最小感受度就不再与抽象差商$\frac{\Delta s}{\Delta t}$ 的考虑相冲突了。只要时间区间不是零,不管它和距离区间多小,差商都具有数学意义。数学中的连续量没有最小差值之说——距离和时间都可以看作是连续量,因为没有其他证据会使人把它们视为别的什么。人们曾经试图给这种无穷小最小值提供一个逻辑定义,使它与数学整体一致,结果失败了。然而,术语"瞬时速度"似乎暗示,时间区间不仅可以视为任意小,事实上还可视为零。因此,这个术语恰好以数学中不得不排除在外的情况为基础,因为零不可能作除数。

因为引入了建立在极限基础上的导数概念,这一困难已经得

---

① 参阅马赫(Mach)的《热学原理》(*Die Principien der Wärmelehre*),第71—77页。

到解决。在研究差商$\dfrac{\Delta s}{\Delta t}$的一系列值时,数学可以持续不断地把时间区间设成任意小。这样就获得了其数值的无穷序列:$r_1,r_2,$ $r_3,\cdots,r_n,\cdots$(比率$\dfrac{\Delta s}{\Delta t}$的一系列值)。这个序列可以是这样的:区间越小,比值r_n就越趋近某个固定值L,而且如果n的值充分大,$|L-r_n|$就会变得任意小。如此,数值L就被视为这个无穷序列的极限,即距离函数$f(t)$的导数$f'(t)$,也即物体的瞬时速度。不过,应该记住这不是普通意义上的速度,在自然界中也没有对应物,因为自然界中没有位置变化就无所谓运动。如此定义的瞬时速度就不是一个距离区间除以一个时间区间的商,虽然传统符号$\dfrac{\mathrm{d}s}{\mathrm{d}t}=f'(t)$看起来像一个比式。这个符号在微积分的运算中适用性极强,它的产生却是由于莱布尼茨对微积分逻辑基础的误解。

因此,定义导数的并非普通代数方法,而是包含无穷序列极限概念在内的延伸了的代数方法。虽然科学不会超越经验做推断,让区间变得不确定小,虽然这样的过程或许"不足以适用于大自然"[①],但在上述逻辑定义的基础上,数学却可随意引入新的极限概念。当然,去除"趋近""充分大"和"任意小"之类的词汇,还可以让这个定义更加精确:如果给定任意正数 ε(无论多小),都能找到一个正整数N,使得在$n>N$的条件下不等式$|L-r_n|<\varepsilon$ 成立,那

---

　　① 薛定谔(Schrödinger):《科学与人类气质》(*Science and the Human Temperament*),第 61—62 页。

么 L 就是上述序列的极限。

在这个定义中,并不需要求出无穷序列所谓的"终点",也不用管变量 r_n 能否"到达"其极限 L。因此,我们不认为被抽象定义为导数的数 L 是"极限比",它也不是一种将瞬时速度"直观化"的方法,或者按科学或形而上学的意义解释运动或解释连续量产生的方法。我们将看到,从芝诺及其悖论产生的时代起,这种含糊其词的想法和未经证明的阐释,就把数学家卷入了徒劳无益的论争之中,屡屡分散其精力。然而,另一方面,恰恰是这些具有启发性的观点,促进了使微积分形式更加完善的研究,虽然这种完善反过来又把它们视为逻辑上不相关的观点而排除在外。

正像用平均速度的趋近来定义瞬时速度带来了导数的定义,同样,求曲线构成的图形的长度、面积和体积,带来了对定积分的详细阐述。不过,这个产生自几何直觉的概念最终也在定义中排除了几何直觉。我们将看到,古希腊人试图在一个圆中循次内接边数越来越多的多边形,希望最后"穷竭"圆的面积,也就是说,找到一个与圆的面积相等、边数非常多的多边形,这是他们从复杂中求统一的一次探索。如此天真的企图当然注定要失败,不过同样的过程却被数学家吸收,以此作为基础,把圆的面积定义为近似多边形的面积 $A_1, A_2, A_3, \cdots A_n, \cdots$ 组成的无穷序列的极限 A。这算得上是又一个超越感官直觉来外推的例子,因为从多边形面积序列转变到圆的极限面积的过程无法"直观化"。由于存在感觉界限,无限分割当然就被感官经验的王国排除在外,它肯定也被思想王国驱逐出境,因为心理学已经表明,在生理感官中,即使一次思

考也需要一段可测量的最小时间长度。① 唯有逻辑定义仍是判断
这个极限值 A 有效性的充分标准。

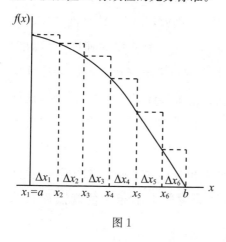

图 1

为了将上述极限过程从面积概念固有的几何直觉中解放出来，数学被迫给这个概念下一个形式上的定义，这个定义不应涉及产生该概念的感觉经验。（随之而来的是一段相当长的犹豫期，我们很快就将追溯这个过程。）解析几何产生之后，为了找到曲线图形的面积，通常用一个近似矩形总和的序列，代替近似多边形序列，如图 1 所示。每一个矩形的面积都可以用 $f(x_i)\Delta x_i$ 表示，其总和则用符号 $S_n = \sum\limits_{i=1}^{n} f(x_i)\Delta x_i$ 表示。那么图形的面积可以定义为：随着分点数 n 的无限增加且区间 Δx_i 趋近于零，面积即为总和 S_n 的无穷序列的极限。通过曲线的解析表示来定义面积，我们可以很容易摒弃导出这些和的几何直觉，从算术的角度把区间 $x=a$ 到 $x=b$ 上 $f(x)$ 的定积分定义为区间 Δx_i 变成不确定小时，总和 $S_n = \sum\limits_{i=1}^{n} f(x_i)\Delta x_i$(其中分区 Δx_i 覆盖了从 a 到 b 的整个区间)的无穷序列的极限。除了普通的算术运算之外，这个定义就

---

① 　恩里克斯(Enriques)：《科学的问题》(*Problems of Science*)，第 15 页。

只使用了一个无穷序列极限的概念,恰恰和导数的情况类似。不过,要经过数学家几个世纪的研究,它才变成现实。现在通常用来表示定积分的记法 $\int_a^b f(x)\mathrm{d}x$,与其说是表示最终逻辑阐述的努力的成果,不如说是这一概念历史发展的结果。它使人联想到一个总和,而不是一个无穷序列的极限;在这方面,它更符合莱布尼茨的观点而非现代定义的意图。

定积分的定义独立于导数,但是,牛顿和莱布尼茨发现了通常被称为微积分基础定理的著名性质,即连续函数 $f(x)$ 的定积分 $F(x)=\int_a^x f(t)\mathrm{d}t$ 有一个导数,它恰好是同一个函数 $F'(x)=f(x)$。也就是说,$f(x)$ 从 a 到 b 的定积分的值,可以由以 $f(x)$ 为导数的函数 $F(x)$ 在 $x=a$ 和 $x=b$ 的值得到。导数与定积分之间的这种关系被称为"整个微积分的根本思想"[①]。如此定义的函数 $F(x)$ 常常也被称为 $f(x)$ 的不定积分,不过必须认识到,在这种情况下,和定积分不同的是,它不是由一个无穷序列给出的数值极限,而是一个以 $f(x)$ 为导数的函数。

函数 $F(x)$ 有时也被称为 $f(x)$ 的原函数,$F(b)-F(a)$ 的值通常被视为 $\int_a^b f(x)\mathrm{d}x$ 的定义。在这种情况下,$\int_a^b f(x)\mathrm{d}x=\lim\limits_{n\to\infty}\sum\limits_{i=1}^n f(x_i)\Delta x_i$ 就是微积分的基本定理,而不是定积分的定义了。

到这时,人们已经认识到这一惊人的互逆关系,运算规则也得到公式化,或许有人认为这样就算发明了微积分,但这并不意味着

11

----

① 柯朗:《微积分学》(*Differential and Integral Calculus*),卷 II,第 111 页。

微积分的发明者拥有上述导数与积分的复杂概念——它们在新分析的逻辑发展中十分重要。数学家们还须经过100多年的研究，才能在19世纪获得它们的最终定义。

本文的目的就是追溯这两个概念的发展历史，从它们发端于感觉经验到最终确立为数学抽象——依靠无穷序列极限的思想，根据形式逻辑加以定义。我们将发现，微积分的历史称得上是一个非凡的惊人实例，展现了数学概念是在摆脱了我们最初的直觉产生的所有感性认知后缓慢形成的。在最终的微积分里，导数和积分是从序数的角度，而非连续量和可变性的角度来综合定义的。尽管如此，它们却是努力将我们对最后两个概念的感觉印象加以系统化所产生的结果。这说明，微积分在其早期发展阶段，为何会与几何或者运动的概念以及不可分量和无穷小的解释有密切关系，那是因为这些观点都产生于连续性的朴素直觉和经验。

说到这，微积分中还有概念值得简单介绍一下，这倒不是因为目前微积分结构在逻辑上迫切需要它，而只是想把微积分的历史发展叙述得更清楚。定义导数和积分时涉及无穷序列，在想象中，该序列是通过持续将自变量的区间无限减小来获得的。物理学中导向原子论的一些思想，在微积分发展的多个阶段被数学引证。因此，就像在实际生活中分割物体(具有连续的外表)会获得基本粒子和原子一样，在连续的数学量中，我们也许可以希望(通过在想象中进行连续分割)获得尽可能小的区间或者微分。在这种情况下，导数可以定义为两个此类微分的商，那么积分也就是若干(也许是有限的，也许是无穷的)此类微分的总和。

当然，这个观点在直觉上没有什么不合理之处，不过，数学可接受性的准则就是逻辑上的相容性,而不是概念上的合理性。这种关于微分性质的观点,虽然在利用微积分解决科学问题时具有启发价值,但在数学上却被断定为不可接受,因为还没有形成符合要求的定义——与上述公式化的微积分原理一致,或者可以作为符合逻辑的替代解释的基础。为了保持微分观点给运算带来的便利,从逻辑上定义微分概念时,没有依据数学原子论,而是把它作为一个源自导数的概念。自变量 x 的微分 $\mathrm{d}x$ 只不过是另一个自变量,但函数 $y=f(x)$ 的微分 $\mathrm{d}y$ 却被定义为因变量,它的值是这样求出的:对于变量 $\mathrm{d}x$ 的任何给定值,比率 $\dfrac{\mathrm{d}y}{\mathrm{d}x}$ 都将等于所在点的导数之值,也就是 $\mathrm{d}y=f'(x)\mathrm{d}x$。这样定义的微分只是新的变量,不是固定的无穷小、不可分量、"极限差"、"比任何给定量还要小的量"、"定性的零"[①]或者"已消失量的鬼魂"——这些都是微积分发展过程中人们对它们的各种看法。

庞加莱(Poincaré)曾说过,如果数学家沦为抽象逻辑的猎物,他们将永远走不出数论和几何公设的范畴。[②] 自然界将连续统和微积分问题扔给数学家,因此我们完全可以理解,竟有一个类似物理学中顽固的原子论的思想,试图通过不可分元素来描画几何学所说明的宇宙。但是,数学的进一步发展已经表明,为了保存该学科的逻辑一致性,这样的想法必须放弃。产生导数和积分的概念

13

---

① 奥斯古德(Osgood)把它们看作"令人憎恶的小零"。参阅奥斯古德:《大学和技术学校的微积分》("The Calculus in Our Colleges and Technical Schools"),以及亨廷顿(Huntington):《微分的现代意义》("Modern Interpretation of Differentials")。

② 参阅奥斯古德,同前书,第 457 页;庞加莱:《科学的基础》(*Foundations of Science*),第 46 页。

的基础最初是在几何中发现的,因为,尽管几何证明具有不容置疑的特性,人们仍然认为几何是对感性世界的抽象化、理想化。

　　然而,人们近年来越来越清楚地认识到,数学是对普遍关系的研究,任何源自感官知觉、对这些关系先入为主的看法,都不能妨碍我们探索这些关系应该是什么。因此,微积分逐渐摆脱几何学,并通过导数和积分的定义而依赖自然数的概念,所有传统的纯数学(包括几何)都可由自然数概念推导出来。[①] 现在,数学家们感到,集合论为微积分提供了必需的基础,从牛顿和莱布尼茨的时代起,人们就开始探索这些基础了。[②] 但是,我们却不能自以为是地断言,在直觉将所有这些从原始的变化和多样性观点中提炼出的毫不相干的概念联系在一起的过程中,这会是最后一个步骤。人类天然会把对自己最有价值的思想具体化[③],不过,若对导数和积分起源有一个公正评价就会清楚地认识到,任何认为这些概念的建立就是微积分概念发展的终结的观点,都是毫无根据的盲目乐观。

---

　　① 罗素:《数理哲学导论》(*Introduction to Mathematical Philosophy*),第 4 页。也可见庞加莱:《科学的基础》,第 441 页、462 页。

　　② 罗素:《数学原则》(*The Principles of Mathematics*),第 325—326 页。

　　③ 马赫:《力学史评》(*The Science of Mechanics*),第 541 页。

第二章　古代的概念

通常认为,古希腊之前的人们对自然界的认识还处于科学之前的状态①,因为他们明显不像古希腊人那样相信自然界本质上是合理的,也缺少与此相关的感觉,即在纷繁复杂、不断变迁的事件中找到统一和永恒的因素。

希腊人坚持不懈地寻求普遍原则,埃及人和巴比伦人显然对此毫无兴趣。在古代文明世界中,我们对这几个民族了解得最多,但他们的数学思想和我们的丝毫没有相同之处,因为他们缺少一种对数学和科学方法很重要的倾向:从错综复杂的大自然和思想产物中分离和抽象出某种同一性。没有这些稳定的要素作为推理的前提,他们自然不会理解使数学区别于科学的特性,也

---

① 不过,在这一点上,不同的见解之间差别很大。巴里在《科学的思考习惯》(*The Scientific Habit of Thought*,第 104 页)中认为古希腊早期是"科学的童年时代";伯内特(Burnet)在其《古希腊哲学》(*Greek Philosophy*)第一部分"从泰勒斯到柏拉图"(Part I,"Thales to Plato",第 4—5 页)中说"自然科学是希腊人创造的",并且发现"在埃及甚至巴比伦都找不到这种科学的蛛丝马迹"。另一方面,卡尔平斯基在《数学发现中是否有进步?》("Is There Progress in Mathematical Discovery?",第 51—52 页)里认为巴比伦人、埃及人和印度人的成就具有"高度科学性"。

就是其逻辑性和演绎证明的必要性。[①]

　　但是，他们的确获得了有关空间和数字关系的大量知识；我们越是熟悉他们的工作，就越钦佩他们。[②] 不过，这些工作大部分都是经验研究的成果，或者顶多是数代人在从简单到更加复杂的事件中不完全归纳的结果。古埃及人计算四棱锥体积的规则——由此得出了古埃及的成果中最著名的求四棱台体积的法则——也许就是使用这种处理方法得来的。[③] 以我们今天对该术语数学含义的理解，他们的证明不可能是正确的，因为要得到一般结果，须使用无穷小或者极限[④]，二者是导数和积分历史的起点，但在古希腊之前都未有任何记载[⑤]。

　　除了推断结果缺少演绎证明，更重要的事实是，在所有古埃及人的成果中，其规则只应用于数量有限的具体实例。[⑥] 他们的几何学里没有以一个三角形代表所有三角形的观念[⑦]，而这种抽象概括是建立一个演绎系统所必需的。古埃及人的算术中显然也缺

---

　　① 米约（Milhaud）:《科学思想史的新研究》(*Nouvelles études sur l'histoire de la pensée scientifique*)，第 41—133 页。

　　② 参阅纽格鲍尔（Neugebauer）:《古代数学史讲义》(*Vorlesungen über Geschichte der antiken mathematischen Wissenschaften*)，卷 I:《希腊前的数学》(*Vorgriechische Mathematik*)对这一工作给予了最高评价。

　　③ 纽格鲍尔，同前书，第 128 页。

　　④ 参阅德恩（Dehn）:《关于等积多面体》("Über raumgleiche Polyeder")，其中证明此处无法避免使用无穷小理论。

　　⑤ 纽格鲍尔，同前书，第 126—128 页。贝尔在《真理的探索》(*The Search for Truth*)第 191 页中暗示埃及人在演绎推理中使用无穷大和无穷小，这种说法似乎没有基础。

　　⑥ 纽格鲍尔，同前书，第 127 页。

　　⑦ 勒基（Luckey）:《什么是埃及几何学?》("Was ist ägyptische Geometrie?")，第 49 页。

乏这样的自由和想象,其中同样没有抽象数概念[1],除了$\frac{2}{3}$以外,其他所有有理分数都以单位分数的和表示[2]。

　　古巴比伦的数学更接近古埃及而非古希腊,但是更强调数量这一方面,因此其代数学的水平比古埃及高得多。这里我们同样看不到逻辑结构或者证明;复杂的情况简单化,就算"得到证明"了,或干脆直接类比而不加证明。[3] 而且我们还必须记住,古巴比伦人就像古埃及人一样,这种研究也只涉及具体事例。我们发现,涉及连续变量的问题因为与古巴比伦的天文学有关,也得到了研究,但是只达到这样的程度,即根据相等区间量出的自变量(时间)的数值,把一个函数的数值(例如,月亮的亮度)制成表格,从中计算函数的最大值(强度)。[4] 而古希腊人最先对连续量的概念加以系统分析[5],他们发展出的概念引向了积分和导数。

16

　　可惜的是,对于从古埃及和古巴比伦的数学巅峰,到古希腊的早期工作期间的数学史,我们只掌握了些许资料片段。这些东方文明显然影响了古希腊义化,但是它们的贡献的性质和广度还不能确定。不管怎样,古希腊发展出的科学和数学精神都有显著的

---

　　① 　纽格鲍尔,同前书,第 203 页。也可参阅米勒(Miller)的《早期文明中数学的不足之处》("Mathematical Weakness of the Early Civilizations")。

　　② 　例如,我们现在用$\frac{3}{5}$表示的数,埃及人不认为这是单个的数,而把它看作是$\frac{1}{2}$和$\frac{1}{10}$这两个分数之和。

　　③ 　纽格鲍尔,同前书,第 203—204 页。

　　④ 　霍庇(Hoppe):《从莱布尼茨到牛顿的无穷小运算史》("Zur Geschichte der Infinitesimalrechnung bis Leibniz und Newton")。

　　⑤ 　纽格鲍尔,同前书,第 205 页。

变化。他们"发现"人的心智异于周身的自然物体，能够在各种各样的事物中感知其相似性，将它们从所处的环境中抽象出来，加以概括，并由此推断出与更广泛经验一致的其他关系。正因为如此，我们才认为数学和科学方法起源于古希腊人①，但是，认为古希腊数学和科学产生于当地的看法，忽略了他们从古埃及和古巴比伦吸收的成果②。古希腊的新面貌很可能③是其时多种文明流变的结果，新兴的希腊文化中留下了大量不同文明的烙印。

泰勒斯是记载中第一个与这次"智力革命"有关的希腊人，在此期间，希腊产生了初等数学，并揭示了那些概念上的困难，对此的研究和解决在之后的 2500 年中形成了我们现在称为微积分的学科。据说泰勒斯是一位伟大的旅行家，从埃及人那里学来几何学，又从巴比伦人那里学来天文学，回到希腊后，就向他的弟子传授这些学科的原理。普罗克洛（Proclus）提到他解决问题的方法时说，它"在有些情况下显得更加一般化，而在其他情况下又更为经验化"。因此感官证据可能在某种程度上对泰勒斯的论证颇有吸引力，其实，他的原理就是那些通过实践工作认识到的事实。④

---

① 希思（T. L. Heath）：《希腊数学史》（*A History of Greek Mathematics*），卷 I，第 v 页中说："简而言之，不管现代分析已经或者将要带来什么新的发展，数学都是古希腊的科学。"

② 参阅卡尔平斯基：《数学发现中是否有进步？》，第 46—47 页；参阅甘茨（Gandz）：《二次方程式在古代巴比伦、古希腊和早期阿拉伯代数中的起源和发展》（"The Origin and Development of the Quadratic Equations in Babylonian, Greek and Early Arabic Algebra"），第 542—543 页。

③ 正如纽格鲍尔所言，同前书，第 203 页。

④ 保罗·塔内里（Paul Tannery）：《古希腊几何学》（*La Géométrie grecque*），第 89 页及以后。

尽管如此,我们认为作为一门演绎学科的数学,是泰勒斯创建的。[1] 不过,他并没有建立一个数学知识体系,也没有将他的方法用于分析连续性问题。这些任务似乎是毕达哥拉斯完成的,他是留给我们很多重大资料的第二位古希腊数学家。据普罗克洛说,他"将几何学研究变成了一种通识教育,从头检验这门科学的基本原理,用一种非物质的理性方式探索其定理"[2],但是,除了承认这一点外,我们不可能毫无疑问地将其他数学或者科学成就归功于毕达哥拉斯个人,因为在古代人们就从未能把他与他的学派区别开来,现在就更不可能区分开了。毕达哥拉斯创立的这个学派研究获得的知识都是秘密传授的,结果当毕达哥拉斯于公元前500年左右去世之后,该学派思想的一般性质虽然变得明白易懂,但是已经不可能辨明某一项成就应该归功于具体哪个成员了。不过,从泰勒斯开始的抽象过程肯定是由该学派完成的。

然而,此时又有一个新的难题进入了古希腊人的思想,因为从自然界感性印象中抽象出来的毕达哥拉斯数学概念,这时又投射到大自然中,被认为是宇宙的构成元素。[3] 于是毕达哥拉斯学派试图用数来构建整个天穹,群星就是质点的单位。后来,他们又把自己非常熟悉的正几何体与自然界的各种物质联系起来。[4] 他们认为几何学是自然界所内蕴的,理想化的几何概念似乎可以在物

18

---

[1]　希思:《希腊数学史》,卷 I,第 128 页。

[2]　同前书,卷 I,第 140 页。参阅莫里兹·康托尔(Moritz Cantor):《数学史讲义》(*Vorlesungen über Geschichte der Mathematik*),卷 I,第 137 页。

[3]　参阅布隆施威克(Brunschvicg):《数学哲学的发展阶段》(*Les Étapes de la philosophie mathématique*),第 34 页及以后。

[4]　希思:《希腊数学史》,卷 I,第 165 页。

质世界中得到实现。这种对抽象与具体、理性概念与经验描述的混淆,是整个毕达哥拉斯学派和许多后来的思想学说的特征,我们将会发现,它在微积分概念的发展中影响很大。这种混淆常常被不太准确地描述成神秘主义[①],这种说法显得有些不公正。毕达哥拉斯学派的先验演绎法在其领域获得极大成功,他们还试图(现在已认识到那是没有理由的)用它描述现实世界,其中伊奥尼亚学派的泛灵论的"后验"阐释几乎没有任何成效。毕达哥拉斯学派对该问题的研究虽然颠倒了科学程序,使得归纳居于演绎之后,但它却高度理性化,因此并非完全失败。

面积叠合理论是毕达哥拉斯学派探索自然界和几何一致性的一项重要成果。即使它不是由毕达哥拉斯本人发现的[②],至少也来自于毕达哥拉斯学派。它成为希腊几何学的基础,后来发展为穷竭法——相当于我们的积分法。[③] 面积叠合的方法使他们能够说明由直线围成的图形是大于、等于还是小于[④]另一个图形。将一个面积叠合到另一个面积上的方法,是准确定义面积概念的第一次尝试,其中单位面积指的是,它的给定倍数能够被另一个面积容纳。现代数学以数量概念而非图形的全等概念为基础,结果"面积"一词不再让人有两个面积的比较这样鲜明的印象了,而在此处,这种比较十分重要,并且一直是古希腊思想中最重要的部分。

---

① 参阅罗素:《我们关于外部世界的知识》(*Our Knowledge of the External World*),第 19 页。

② 希思:《希腊数学史》,卷 I,第 150 页。

③ 它在古希腊人用几何代数解二次方程的方法中也是基础。

④ 我们给圆锥曲线(椭圆、双曲线和抛物线)的命名就是偶然取自毕达哥拉斯学派在这种背景下使用的名称。

古希腊数学家不谈论一个图形的面积,而是谈论两个面积的比,由于不可公度性的问题,在数的概念没有发展完善之前,这个定义无法做到精确。这种完善的概念是毕达哥拉斯学派所没有的,要到 19 世纪下半叶才有数学家提出,在最后的分析中,它给整个微积分奠定了基础。不过,人们之所以认识到需要这种概念,却很可能要归功于毕达哥拉斯学派——是他们发现这种需要——这一发现或许可被看作是微积分概念发展中跨出的第一步,是一个起点。

19

当毕达哥拉斯学派的门人将该原理应用于比较线段——得先有我们的长度观念才能做这个比较——而非面积时,他们第一次清楚地认识到,该学派对量的比的看法有不足之处。这样的研究引导毕达哥拉斯学派发现了一个令人极为困惑的现象。如果将正方形的边叠合到对角线上,就会发现没有共同的测度,使一条线可以用另一条线表示。换句话说,这些线段表明它们是不可公度的。发现这一现象的究竟是毕达哥拉斯本人、早期毕达哥拉斯学派还是该学派后期的成员,已经成为数学史上的不解之谜了。[1] 还有人坚持认为,毕达哥拉斯关于无理数和 5 个正多面体的知识以及他的许多哲学思想都受到了印度人的影响。[2]

---

[1] 关于这个问题,可以参考海因里希·福格特(Heinrich Vogt)的两篇论文:《从柏拉图和 4 世纪的其他资料看无理数发现史》("Die Entdeckungsgeschichte des Irrationalen nach Plato und anderen Quellen des 4. Jahrhunderts")和《无理数发现史》("Zur Entdeckungsgeschichte des Irrationalen")。福格特的结论是,这一发现是在公元前 410 年之前由后期毕达哥拉斯学派做出的。希思(《希腊数学史》,卷 I,第 157 页)则将该发现置于"一个略早于德谟克利特的时间"。

[2] 参阅施罗德(Schroeder);《毕达哥拉斯与印度人》(*Pythagoras und die Inder*)一书,以及福格特的文章《古印度人和毕达哥拉斯学派是否了解无理数?》("Haben die alten Inder den Pythagoreischen Lehrsatz und das Irrationale gekannt?")。

　　关于不可公度性是如何被发现或者证明的问题,同样很难得到肯定的回答。叠合法也许暗示了一种几何证明的形式,其过程相当于求最大公约数,不过,毕达哥拉斯学派思想的另外一个方面,则指向了一个不同种类的推理方法。当时盛行的一种信念认为,自然界和知识是统一和谐的,因此毕达哥拉斯学派不仅如上述做法那样,而且用各种数学抽象解释大自然的不同方面,还试图等同数与量的范畴。① 但是,在"数"这个术语上,毕达哥拉斯学派不会理解我们赋予的抽象意义,他们利用数来标明"一个从单位量开始的量的累加,和一个以它为结束的累减"。② 因为数是单位一的集合,所以整数是最基本的,而且,就像它们的几何形式一样,它们也是自然界所固有的,每一个数都有一个位置,在空间中占据一席之地。如果几何抽象是实际事物的元素,那么数就是这些抽象的根本元素,因而是物质实体和整个自然界的根本元素。③ 这种针对数的实体化,致使毕达哥拉斯学派认为一条直线由整数个单位构成。但是,这一学说无法适用于正方形的对角线,因为不管选择多小的单位来测量边,对角线都不可能是从这个单位开始的"量的累加"。亚里士多德(也可能是毕达哥拉斯学派)对这一事实的证明④建立在奇数与偶数的区别之上,毕达哥拉斯学派自己就强调

　　① 参阅巴里:《科学的思考习惯》,第 207 页及以后,他以科学的观点,敏锐地评述了毕达哥拉斯学派将数与量联系起来的问题所具有的重要性。

　　② 希思:《希腊数学史》,卷 I,第 69—70 页。

　　③ 米约:《古希腊的几何哲学》(*Les Philosophes géomètres de la Grèce*),卷 I,第109页。

　　④ 措伊滕(Zeuthen):《无理量发现的历史起源》("Sur l'origine historique de la connaissance des quantités irrationelles")。

过这一点。

直线的不可公度性仍然是古希腊几何学的一个绊脚石。它对古希腊思想的巨大影响，可以从普罗克洛转述的故事中看出来——据说揭开不可公度性这一事实的毕达哥拉斯学派成员最后死于海难。这一点从柏拉图和欧几里得赋予无理数学说的重要性也可看出来，而且更为可靠。古希腊人从未想过发明无理数①来绕开这个难题，尽管他们的确提出了一套无理量理论，构成几何学的一部分（例如，可以在欧几里得的《几何原本》[Elements]卷 X 中找到）。古希腊数学家未能沿着后来数学分析的发展所暗示的路线，将他们的数制一般化，最后的唯一出路就是：放弃毕达哥拉斯学派将数字与几何或者连续量范畴等同起来的企图。

但是，在直觉找到走出困境的另一种方法前，将这两个领域联合起来的努力并没有被放弃。如果不存在足够小的有限线段，能够使对角线和边都用它来表示，那么也不存在一个具有这种性质的单元或者单位，可用无穷多个它们来表示正方形的对角线和边长吗？

我们不太清楚毕达哥拉斯学派是否借助过无穷小这个概念。不过，我们的确知道，无穷小的概念是古希腊人对有关物质世界的性质进行猜测的结果，是通过公元前 5 世纪的一个学说进入数学思想的。早期伊奥尼亚学派试图找到一个基本元素，使万物建立于其上，他们失败之后，在阿布底拉出现了物质原子论的唯物主义

---

① 施托尔茨（Stolz）:《普通数学讲义》(*Vorlesungen über Allgemeine Arithmetik*)，卷 I，第 94 页；还可参阅福格特:《初等数学中的界限概念》(*Der Grenzbegriff in der Elementar-mathematik*)，第 48 页。

学说，根据该学说，世界上不存在一个可构成万物的"自然"（phys-is），甚至也不存在类似的一小组物质。阿布底拉学派认为，万事万物——甚至精神和灵魂——都是由虚空中移动的原子构成，这些原子是坚硬、不可再分的微粒，性质相似但是形状和大小各不相同，所有原子都小得无法被感官所感知。

这个学说在逻辑或者物理上没有什么矛盾之处，它是我们自己的化学思想的原始雏形；但是，古希腊最伟大的原子论者德谟克利特（Democritus）并没有止步于此：他还是一位数学家，将这一想法引入几何学。我们今天从阿基米德（Archimedes）的《方法论》（*Method*）——1906 年发现的该书的一个羊皮纸手抄本——中读到，德谟克利特是第一个求出锥体和圆锥体体积的古希腊数学家。我们无法知道他是怎样得出这些结果的。古埃及人也许知道计算正四棱锥体积的公式[①]，德谟克利特大概在游历中得知了这个公式，并将结果推广到所有多边形棱锥体。那么，圆锥体的体积就是将构成锥体底面的正多边形的边数无限增加后自然的推导结果了。这一解释与其他涉及类似无穷小概念的解释相符，德谟克利特怀有这种概念，后来也影响了柏拉图。[②]

22　　　亚里士多德和欧几里得将数学原子论归功于柏拉图，我们从普鲁塔克[③]的著作中知道，对于被视为构成圆锥体的无穷小平行圆截面究竟是不是相等，柏拉图也不清楚：如果它们相等，圆锥体

---

① 纽格鲍尔：《古代数学史讲义》，卷 I，《古希腊前的数学》，第 128 页。

② 参阅卢力亚（Luria）：《古代原子论中的无穷小理论》（"Die Infinitesimaltheorie der antiken Atomisten"）一文。

③ 普鲁塔克：《杂记与随笔》，卷 IV，第 414—416 页。

就与外切圆柱相等;但是,如果不相等,它们就会像阶梯形一样。[①]
我们不知道他是如何解决这个难题的,不过据说他利用无限薄的
圆薄片或者不可分量求出了圆锥体和圆柱体的体积,预测并且使
用了卡瓦列里(Cavalieri)定理解决这些特殊问题。[②] 德谟克利特
似乎明显区分了物理原子和数学原子的区别——他的后继者伊壁
鸠鲁(Epicurus)也如此,而亚里士多德却没有做这样的区分[③];根
据年代晚很多的辛普利修斯(Simplicius)记载,据说德谟克利特认
为所有的线段都可做无限分割[④]。但是,因为德谟克利特的大多
数著作都已失传,我们无法重建他的思想。第欧根尼·拉尔修
(Diogenes Laertius)提到过德谟克利特已失传著作的题目,从中
我们可以知道,后者对与无穷小有关的其他数学问题也感兴趣,有
一个是关于号形角的(这些号形角由那些在一个点上有同一条公
切线的曲线构成),另外一个是关于无理(不可公度的)线和立体
的。[⑤] 因此,我们或许可以推断,他可能熟悉毕达哥拉斯学派在不
可公度性上碰到的难题,也许他曾尝试用数学原子论的某些原理
解决这个问题。有人主张说[⑥],德谟克利特是一位极其杰出的数
学家,对不可分线段这样的理论不屑一顾;但是,如果不把数学原
子看作一个不可分量,很难想象还能把它看作什么。无论如何,不

① 关于这一悖论的叙述,也可参阅希思:《希腊数学史》,卷 I,第 180 页;以及卢力
亚的文章,引文来源同前,第 138—140 页。

② 西蒙(Simon):《古代数学史》(*Geschichte der Mathematik im Altertum*),第 181 页。

③ 卢力亚的文章,引文来源同前,第 179—180 页。

④ 参阅《简论亚里士多德〈物理学〉》(*Simplicii commentarii in octo Aristotelis physicae auscultationis libros*),第 7 页。

⑤ 希思:《希腊数学史》,卷 I,第 179—181 页。

⑥ 同上书,第 181 页。

管德谟克利特关于无穷小量性质的概念是什么,他的影响还是持续了很久。固定无穷小量的观点紧紧依附于数学,当逻辑不能够提供解决方法的时候,直觉就常常求助于这个观点,到 19 世纪,它才最终被导数和积分的严格概念所取代。

在毕达哥拉斯学派和德谟克利特之后,无穷小在古希腊几何学中并不太受欢迎,在很大程度上,这也许该归咎于一个在大希腊埃利亚崛起的哲学学派。虽然埃利亚学派并非主要研究数学,但他们明显熟悉毕达哥拉斯学派的数学哲学,而且可能曾经受其影响;不过该学派变成了这种思想的基本宗旨的反对者。他们否认物体由单位聚集构成,指出这种学说明显有内在矛盾;他们反对原子理论,认为世界本质上具有单一性和不变性。这种呆板的一元论由该学派的领袖巴门尼德(Parmenides)提出,带有一点怀疑主义的色彩,也许是来源于他那位反对崇拜偶像的前辈、诗人兼哲学家克塞诺芬尼(Xenophanes)。

在对该学说的间接辩护中,埃利亚学派继续用娴熟的辩证法摧毁对立学派的思想基础。最具破坏性的论点由巴门尼德的学生芝诺提出。芝诺明确反对毕达哥拉斯学派的不确定小单子论——如果单子具有长度,那么无穷多个单子将构成无限长的直线;如果它没有长度,那么无穷多个单子也没有长度。芝诺接着又加上了这句一般性的格言反对无穷小:"将一物添加到另一物中而不使其增大,或将它从另一物中减去而不使其减小,那么该物就是无。"①

---

① 策勒(Zeller):《希腊哲学的历史发展》(*Die Philosophie der Griechen in ihrer Geschichtlichen Entwicklung*),卷 I,第 540 页。

不过，比这个更重要和巧妙的，则是他那 4 个关于运动的著名悖论。[1] 关于芝诺悖论指向的目标，有许多推测[2]，但是，由于缺乏证据，我们不可能得出确定的结论，指出它们到底是针对谁的：是反驳毕达哥拉斯学派、原子论者还是赫拉克利特（Heraclitus）？它们是否仅仅是诡辩？普鲁塔克的伯里克利（Pericles）传中有一段似乎暗示，芝诺的 4 个悖论只是作为辩证难题而提出的：

> 大战芝诺，双刃之舌，
>
> 无论你说什么，总能辩成假的。[3]

　　另一方面，也有理由猜测他提出这些论点与一个更加重要的目的有关。毕达哥拉斯学派将一个点笼统地定义为有位置的单位，其定义的多样性造成它不能清楚地区分几何的点与物理的点。尽管芝诺既非数学家，也非物理学家，但是他提出这些悖论来指出这种定义所存在的缺陷，也并非没有可能。[4] 毕达哥拉斯学派的科学和数学涉及的是形式和结构（form and structure），而不是流

24

---

　　[1]　卡约里（Cajori）在文章《芝诺关于运动的辩论的历史》（"History of Zeno's Arguments on Motion"）中对芝诺悖论的历史有独到、广泛的叙述，该文附有参考书目。

　　[2]　关于这个主题，参阅卡约里《芝诺关于运动的辩论的目的》（"The Purpose of Zeno's Arguments on Motion"）一文，其中还包括一个对各种阐释的说明，以及广泛的书目注解。

　　[3]　普鲁塔克：《希腊罗马名人传》（The Lives of the Noble Grecians and Romans），第 185 页。

　　[4]　参阅保罗·塔内里：《古希腊几何学》，第 124 页；参阅同一作者的文章《连续性的科学概念，埃利亚的芝诺和格奥尔格·康托尔》（"Le Concept scientifique du continu. Zénon d'Elée et Georg Cantor"）以及米约（《科学思想史的新研究》，第 153—154 页）。而卡约里的观点与此处所提出的不谋而合，可参阅卡约里《芝诺关于运动的辩论的目的》。

动和可变性(flux and variability);但是,如果毕达哥拉斯学派将其
哲学应用于自然的变化方面而非永恒方面,则他们对运动概念的
解释会受到芝诺第三个和第四个悖论(关于飞矢和运动场的悖
论)①的攻击,在这两个悖论中,空间和时间被设想为由不可分割
的元素组成。当然,用这些辩论来攻击数学原子论也会同样有效。
前两个悖论(二分法悖论和阿基里斯[Achilles]悖论②)针对的概
念与后两个悖论攻击的思想相反,即空间和时间的无限可分性。
直觉无法想象无穷级数之和的极限,是这两个悖论得以建立的基
础。当然,4 个悖论都可以根据微分学的概念轻而易举地回答。
二分法悖论和阿基里斯悖论都不存在逻辑困难,不容易对付的地
方只在于,根据感觉印象,想象力无法认识到无穷收敛级数的性
质,这种性质是准确解释连续性的基础,但不涉及我们对连续性的

25

————————

　　① 飞矢悖论的论点如下:任何物体占据了与自身相等的空间(或者同一个空间),
则该物体是静止的;而飞矢在飞行中每一瞬间都是如此。因此飞矢不动(有关这些悖论
参阅《亚里士多德全集》,卷 II,《物理学》(Physica),卷 VI,239b)。亚里士多德描述的
运动场悖论非常含混(因为太简短了),其大致意思如下:设想空间和时间分别由点和瞬
间组成,假设有 3 行平行的点 A, B, C,让 C 朝右边运动,A 朝左边运动,两者的速度相
对于 B 来说都是每个瞬间移动一个点;但是这样在每个瞬间 A 上的每点将离开 C 两个
点的距离,因此我们就可以对这最小的时间段再加以分割;而这个过程可以一直持续下
去直到无穷,结果时间就不可能由瞬间组成。

　　② 二分法悖论的论点如下:在一个物体能够经过一段给定的距离之前,它必须首
先通过这段距离的一半;在通过一半的距离之前,它必须完成四分之一的距离;依此类
推以至无穷。这样一来,由于累缩是无穷的,运动就不可能发生了,否则物体将不得不
在有限的时间内经过无穷个分段。阿基里斯悖论的论点与此类似。设想一只乌龟与阿
基里斯赛跑,但其出发点在阿基里斯的出发点之前,两者之间有一段给定的距离。那
么,当阿基里斯到达乌龟的出发点时,乌龟已经向前爬行一段距离;在阿基里斯跑完乌
龟刚刚爬过的距离的这段时间里,乌龟又向前爬了一点点;依此类推以至无穷。由于这
一系列距离是无穷的,因此阿基里斯就永远不能赶上那只乌龟,这与二分法提出的理由
相同。

模糊概念。飞矢悖论直接关涉导数的概念,并可以立即根据导数来回答。这个悖论以及运动场悖论的论点,都与距离和时间区间包含无穷多个子分段的假定一致。数学分析表明,无穷集合的概念不是自相矛盾的,这里的难题就像前两个悖论一样,在于很难直觉地想象连续统和无穷集合的性质。[①]

从广义上说,不存在无法解决的问题,只有由于人们的感觉含糊不清而不能恰当地表达的问题。[②] 这就是芝诺悖论在希腊思想中所处的地位;对涉及的概念没有给出精确解释,而这是解决这些假定难题所需要的。显然,反驳芝诺悖论的答案必须包括连续、极限和无穷集合的观点——希腊人没有提出这些抽象概念(都与数有关),而且事实上他们注定永远不能提出,尽管我们将看到柏拉图和阿基米德偶然会朝着这种观点努力。就像上述毕达哥拉斯学派的事例表明的那样,他们没有这样做,也许是未能清楚地区分感性和理性世界、直觉和逻辑世界的结果。因此,在他们看来,数学不是探索可能关系的科学,而是对他们认为存在于自然界的状态的研究。

希腊数学家无法清楚地回答芝诺悖论,因而他们必须放弃定量地解释运动和可变性现象。因此,这些经验要么局限于形而上学假想的领域,如赫拉克利特的工作;要么局限于定性描述,如亚里士多德的物理学。只有静态的光学、力学和天文学才在希腊数学中获得了一席之地,经院学派和早期现代科学也继续保留着这

26

---

① 关于芝诺悖论的数学解决方法的说明,可在伯特兰·罗素的著作《数学原则》和《我们关于外部世界的知识》中找到。

② 恩里克斯:《科学的问题》,第 5 页。

种倾向,从而建立了定量动力学。芝诺的论点和不可公度性的难题,还对数学产生了更为一般化的影响:毕达哥拉斯学派曾试图将数的领域等同于几何的领域,但没有成功;德谟克利特也曾试图根据离散来解释连续性,同样遭到失败。因此,为了保持逻辑精确性,有必要放弃这两方面的研究。但是,要对大自然的世界和几何学的王国(这两者的范围对于希腊人来说没有本质的差别)给予满意的阐释,如果不把它们纳入离散多样性的框架,如果不用数的方式整理感官接受的多种印象,如果不在各个方面比较不一样的因素,就不可能做到这一点。思想本身只能用多元对象表达,结果就无法从几何学研究中完全排除离散概念。连续将按照接连不断地分割来阐释,也就是说,按照离散来阐释,尽管从希腊人的观点看,前者在逻辑上不等同于后者。我们将在后来的穷竭法中看到,连续分割法被不失其逻辑严密性地应用于希腊几何学。穷竭法不是在意大利而是在希腊本土及其周围发展起来的,毕达哥拉斯学派门徒在公元前 5 世纪初学派解体后到过希腊及周边,雅典是当时正在崛起的希腊文化和数学中心,芝诺也在此生活过一段时间。据说该城黄金时代的政治领袖伯里克利也曾是芝诺的听众。①

　　在雅典,伟大的哲学家柏拉图本人尽管并非主要研究数学,却通晓几何学家的问题,并对此表现出强烈的兴趣。他或许没有在数学上做出多少独创性的贡献,然而他以极大的热情促进了该学

---

　　①　普鲁塔克:《希腊罗马名人传》,第 185 页。

科的发展。据说他特别关注几何学原理——其假说、定义和方27
法。① 出于这个原因,他特别关心那些最终导致微积分产生的难
题。在他的对话中,他考虑了毕达哥拉斯学派关于数的性质以及
数与几何学关系的问题②、不可公度性的难题③、芝诺的悖论④和德
谟克利特关于不可分量与连续统性质的问题⑤。

　　柏拉图似乎已经意识到算术和几何之间的鸿沟,据猜测⑥,为
了将两者联系起来,他也许曾试图运用他关于数的概念,并将算术
建立在坚实的公理化的基础上——类似 19 世纪算术从几何中独
立出来一样;不过我们不能肯定,因为这些想法并没有出现在他公
开的著作中,而且他的继承者也毫无进展。如果柏拉图曾经在这
个意义上尝试过将数学算术化,那么他就是最后一个这样做的古
人,而这个问题仍然有待现代数学分析去解决。我们将会看到,亚
里士多德的思想与诸如此类的任何概念都截然相反。曾有人提
出,欧几里得因为看到柏拉图的思想遭到亚里士多德强烈反对,所
以对它们只字未提。的确,欧几里得的著作中没有任何算术与几

---

　　① 其中,解析法的公式化和欧几里得几何学只用直尺和圆规作图的限制,也被归
功于柏拉图。汉克尔(Hankel)在《古代和中世纪数学史》(*Zur Geschichte der Mathema-
tik in Altertum und Mittelalter*,第 156 页)中认为这个限制是柏拉图规定的,但是希思
(《希腊数学史》卷 I,第 288 页)认为其年代应该更早。

　　② 《理想国》,卷 VII,第 525—527 页。

　　③ 尤其参阅《泰阿泰德篇》(*Theaetetus*),第 147—148 页;《法律篇》(*Laws*),
819d—820c。

　　④ 《巴门尼德篇》(*Parmenides*),第 128 页及以后。

　　⑤ 《斐利布斯篇》(*Philebus*),第 17 页及以后。

　　⑥ 托伯利兹(Toeplitz):《数学与柏拉图观念论的关系》("Das Verhältnis von
Mathematik und Ideenlehre bei Plato")。

何互相关联的观点的痕迹，但是单凭这些证据并不能说①，正是亚里士多德的权威将柏拉图学派企图完成的改革压抑了 2000 年之久。不管是力学还是算术都必须建立在极限概念这一坚实的基础上，这个概念没有在柏拉图或者其继承者现存的著作中找到。相反，柏拉图主义者却试图发展令人迷惑的不可分量或者固定无穷小概念——这是现代的分析算术化早已否定的观念。

28　　　尽管柏拉图反对毕达哥拉斯学派的无穷的概念，以及把单子视为有位置的单位元的观点②，也反对德谟克利特的原子论，但是，他显然没有直接回答不可公度性或者芝诺悖论所涉及的难题。这两个学派对他的影响非常大，不过他明显感觉到两者的观点太偏重于感性经验了。柏拉图判断真实性的标准不是与经验相符，而是与思想的合理性一致。对他来说，就像毕达哥拉斯学派的情况一样，数学和科学并没有必然的差别：两者都是从清楚感知到的第一原理演绎出来的结果。毕达哥拉斯学派的单子和德谟克利特的数学原子论赋予每条直线一个厚度，它们也许过于依赖唯物的感官经验，从而不适合柏拉图，因此他求助于高度抽象的"无限定"（apeiron）或者"无界不定元"（unbounded indeterminate）。这就是伊奥尼亚派哲学家阿那克西曼德（Anaximander）提出的永恒运动的无穷③，他以此反对泰勒斯不够精细的主张，即认为具体的物质元素——水——是构成万物的基础。根据柏拉图的观点，连续统

---

① 托伯利兹：《数学与柏拉图观念论的关系》，第 10—11 页。

② 参阅希思：《希腊数学史》，卷 I，第 293 页。

③ 霍庇：《从莱布尼茨到牛顿的无穷小运算史》，第 154 页；也可参阅米约：《古希腊的几何哲学》，第 68 页。

产生自无限定的流动，这比把它当作由不可分量的集合（不管多大）构成的要更好。这种观点代表了将连续和离散融合的想法，与现代的布劳威尔直觉主义颇有相似之处。^① 无穷小显然不能通过连续不断地分割来实现^②，但它或许可以看作类似于莱布尼茨生成中的无穷小，或者出现于19世纪唯心主义哲学中作为"强度量"的无穷小量。数学已经发现，要使无穷小从属于微积分逻辑基础中的导数，就有必要抛弃这两种观点。事实证明，在微积分建立的早期，无穷小的概念颇有启发性；正如2000多年后牛顿所评论的那样，将我们的运动直觉应用于其上，就从该学说中消除了德谟克利特及后来卡瓦列里的数学原子论中的生硬感。不过，这必然会使精确的逻辑定义和清晰的感性阐释这两者丧失，而这两者柏拉图都未能解决。^③

认为数学一旦"远离尘世活动就会丧失活力"^④的信念被广泛接受，但其正确性很难证明。像柏拉图、笛卡尔和莱布尼茨那样将数学与哲学结合起来，或者像阿基米德、伽利略和牛顿那样将数学和科学思想融合起来，在提出新的进展方面，这两种方式也许有同样的价值。柏拉图思想无视任何来自感觉经验基础的证据，这一点（从科学的角度看并非没有理由）曾被认为是"大不幸"。另一方面，其观点的成功发展将给数学——他感兴趣的只是逻辑上可以

①　亥姆霍兹（Helmholtz）：《计算与度量》（*Counting and Measuring*），第 xxii—xxiv页。

②　霍庇，引文出处同前书，第 152 页。

③　霍庇（引文出处同前书，第 152 页）认为，从柏拉图的思想中可以发现第一个清楚的无穷小概念。不过很难看出为这个命题辩护的根据是什么。

④　霍格本（Hogben）：《市民科学》（*Science for the Citizen*），第 64 页。

想象的关系,而不是那些人们相信可以在自然界中实现的关系——一种灵活性,并使之独立于感官印象世界,这两者对微积分概念的最终公式化至关重要。因此,我们不妨这么说,在一般意义上,"我们从柏拉图本人的著作中知道,对直接导致微积分被发现的问题,他想出了解决方法"。[①] 不过,总的来说,认为"在柏拉图与微积分的发现者牛顿和莱布尼茨之间,其实只有四到五个数学发明者"[②],也未免太过分了。我们将看到,微积分是一连串数学思想缓慢发展的结果,许多思想家都为此付出过艰苦的努力。

连续性和无穷小量学说没有沿着柏拉图隐约暗示的抽象路线发展,这也许是由于希腊数学不包含数的一般概念[③],从而也就没有连续代数变量的概念为这种理论提供逻辑基础。柏拉图提出但从未明确定义过的抽象理想化之所以遭到忽视,某种程度上可能是因为亚里士多德和逍遥学派的科学归纳法与之相对立。亚里士多德的思想没有破坏希腊几何学中严密的演绎特性,但它可能让希腊数学具有强烈的理性和实事求是的特征,这种特征可以在欧几里得身上找到,它阻碍了柏拉图思辨的形而上学的倾向,也阻碍了早期微积分的发展。

柏拉图没有解决毕达哥拉斯学派和德谟克利特遇到的难题,

──────────

① 马尔温(Marvin):《欧洲哲学史》(*The History of European Philosophy*),第142页。

② 引文出处同上书。

③ 米勒:《早期文明中数学的不足之处》("Mathematical Weakness of Early Civilizations")。

但他猛烈抨击希腊人普遍对这些问题一无所知的状况，推动了人们去研究这些问题。① 据说他曾向欧多克索斯（Eudoxus）提出许多求积法的问题，后来证实对微积分的发展颇有启发性。关于这一点，欧多克索斯对棱锥和圆锥体积的命题（此前德谟克利特叙述但未曾证明过）所给出的证明，引导他得出了著名的穷竭法和比例的定义。欧多克索斯是作为一名数学家同时又是科学家来做出这些成就的，他身上丝毫没有玄妙、神秘之处。② 结果，它们每一点都建立在有限、直觉清晰和逻辑精确的观念的基础之上。我们将发现，在方法和精神上，后来欧几里得的工作更多地得益于欧多克索斯而非柏拉图。

我们已经看到，毕达哥拉斯学派的比例理论不能应用于所有线段，其中许多线段是不可公度的，而德谟克利特的无穷小观点在逻辑上又站不住脚。欧多克索斯提出了避开这些难题的方法。他在其比例理论和穷竭法中指出的道路，并不等同于我们现代的数与极限的概念，而是迂回的办法，可以避免使用后者。不过，这些方法十分重要，因为它们使得希腊的思想家们有可能自信地探索那些在许久之后被归结为微积分的问题。

毕达哥拉斯学派的比例概念是让几何量等同于整数的结果。例如，两条线段的比等于各自所含单位（个）数之比。不过，发现一些线段与另外的线段存在不可公度性后，这一比例的定义就不再普遍适用了。欧多克索斯用另外一个更一般的量的定义取代它，

31

---

① 参阅《法律篇》，819d—820c。

② 希思：《希腊数学史》，卷 I，第 323—325 页；贝克尔（Becker）：《欧多克索斯研究》（"Eudoxos-Studien"），1936 年，第 410 页。

因为这个定义不需要比例中的两个项为(整)数,只需所有 4 个项都是几何量即可,不需要扩展毕达哥拉斯学派的数的概念。欧几里得①对欧多克索斯的量的定义是这样叙述的:"设有 4 个几何量,第一个与第二个构成比式,第三个与第四个构成比式,将第一个和第三个同乘以任何一个倍数,将第二个和第四个也同乘以任何一个倍数,结果前一比式扩大或缩小了多少,后一比式也同样扩大或缩小了多少,前者不变,后者也不变,则称这两比式之量相等。"②这种比例理论只涉及几何量及其整数倍,因此不需要数的一般定义——不管是有理数还是无理数。有趣的是,数学分析发展起来之后,比例的概念更接近于毕达哥拉斯学派的算术形式,而非欧多克索斯的几何形式。甚至在比值不能用两个整数的商表示时,我们现在都是用单个数字和如同 π 或 e 这样的符号代替。欧多克索斯没有像我们那样,把两个不可公度量的比看作一个数③,但他对比例的定义表现了目前实数概念所涉及的序数概念。不过,我们将发现,认为它"每个字都和魏尔斯特拉斯(Weierstrass)所给的数的一般定义相同"④,是不正确的,不管是字面意思还是其含义都是如此。相反,欧多克索斯设想的,是一种避免使用魏尔斯特拉斯那类算术定义的方法。

　　欧多克索斯的穷竭法与其比例理论一样,抛弃了数字的概念。

---

①　卷 V,定义 5。

②　《欧几里得几何原本十三卷》(*The Thirteen Books of Euclid's Elements*),希思翻译,卷 V,第 114 页。

③　施托尔茨:《普通数学讲义》,卷 I,第 94 页。

④　西蒙:《连续统史评》("Historische Bemerkungen über das Continuum"),第 387 页。

长度、面积和体积现在都是数学中仔细定义的数值量（numerical entity）。在毕达哥拉斯学派之后，经典的希腊数学就不再试图让数等同于几何量了。结果，那时就不能对长度、面积和体积给出严格的一般定义，这些量的意思只是按照惯例从直觉上理解。"一个圆的面积是什么？"这种问题对希腊几何学家来说毫无意义。但是，"两个圆面积之比是什么？"这个提问就很合理了，其答案将会以几何学的方式表达："与两个圆各自的直径构成的正方形的面积之比相同。"[①]正方形和圆彼此不可公度，这一事实与它们在欧多克索斯一般定义下构成相同比例的观点并不矛盾；但是在这种情况下，要证明该比例正确，需要正方形与正方形相比、圆与圆相比。

显然，毕达哥拉斯学派古老的面积叠合法不能用于圆，因此欧多克索斯求助于智者安提丰（Antiphon）早些时候提出，布里松（Bryson）在大约 30 年后又加以改进的一个概念。这两个人在一个圆里内接一个正多边形，他们不断使边数倍增，似乎希望获得一个与圆重合的多边形来"穷竭"圆的面积。不过，我们应该记住，我们并不知道安提丰（以及后来的布里松）到底是什么意思。安提丰的方法被描述成[②]与欧多克索斯的方法（根据《几何原本》卷 XII 命题 2 所述）一致，与我们把圆定义为这样一个内接多边形的极限的概念也完全是一回事，只不过所用的术语不同而已。但这种说法并不确切。如果安提丰考虑无限实施两分的过程，他就不会像我们将看到的那样，按照欧多克索斯和欧几里得的方法去考虑问题。

---

① 参阅福格特：《初等数学中的界限概念》，第 42 页。

② 希思：《希腊数学史》，卷 I，第 222 页。

另一方面,如果他不把这个过程看作无限地继续下去,而只是进行到任何要求的近似值,他就不可能有我们的极限观点。而且,我们的极限概念是用数字表示的,安提丰和欧多克索斯的概念则纯粹是几何的。

　　但是,安提丰的那个具有启发性的想法却被布里松吸收了,据说他不仅在圆里内接一个多边形,而且做了一个外切的多边形,不断将多边形两分,结果圆的面积最终成为内接和外切多边形面积的平均值。这次我们还是不能确切地知道他说了什么,也说不清楚他是什么意思。[①] 有人竟然提出[②],能够在布里松的研究中看到"戴德金(Dedekind)分割"的概念,或者格奥尔格·康托尔的连续统的概念,这种说法似乎很难证实。但是,布里松提到的概念由欧多克索斯发展成一种严密的论证,用来处理涉及两个不同的、异质的(heterogeneous)或者不可公度的量的问题,对此,凭直觉已无法清楚地描述从一个量到另一个量的转变,而必须相当了解这种转变才有可能作出比较。

　　欧多克索斯提出的方法此后便以穷竭法闻名。这个方法的基础是那个通常被称为阿基米德引理或阿基米德公设的原理,尽管这位伟大的叙拉古数学家把该方法归功于[③]欧多克索斯,而且它有可能还在更早的时候由希俄斯的希波克拉底(Hippocrates)[④]阐

---

① 希思:《希腊数学史》,卷 I,第 224 页。

② 参阅贝克尔:《欧多克索斯研究》,特别是 1933 年,第 373—374 页;托伯利兹:《数学与柏拉图观念论的关系》,第 31—33 页。

③ 在他的《抛物线求积》(Quadrature of the Parabola)中。参阅希思:《希腊数学史》,卷 I,第 327—328 页。

④ 汉克尔:《古代和中世纪数学史》,第 122 页。

述过。这个公理(根据《几何原本》卷 X 命题 1 所述)说明,已知两个不相等的量(当然,两者都不等于零,因为在希腊人看来,零既不是一个数,也不是一个量),"如果从较大的量中减去一个比它的一半还要大的量,再从剩下的量中减去一个比其一半还要大的量,如果连续重复这样的过程,将会剩下一个量,比已知的那个较小的量更小"。[①] 这个定义(当然,其中的"一半"可以用任何比代替)将无穷小量从希腊几何学的所有证明中完全排除,尽管我们将发现这个被抛弃的概念会偶然作为辅助探索手段进入希腊人的思想。通过反复运用阿基米德公理中指出的步骤,可以随心所欲地把剩下的量变得尽可能小,根据这个事实,后来由欧多克索斯引进的这一方法被称为穷竭法。但是,需要注意的是,穷竭这个词直到 17 世纪才用于这种情况[②],当时的数学家有点含糊地、不加区别地用该术语指古希腊的方法和他们自己的新方法,这个新方法直接导致了微积分的产生,并且能够真正地把量"穷竭"。

但是,希腊数学家从未像我们取极限那样,考虑将该过程按原意真正进行到无限多步。这个概念允许我们将面积或体积理解为真正地穷竭了,或者至少描述为通过这种方法获得的无穷数列的极限。在希腊人的思想中,总有一个量剩下来(虽然它可以变得任意小),因此这个过程永远也不能超越清晰的直觉理解的界限。一个简单的例子也许能够说清楚该方法的性质。用《几何原本》卷 XII 命题 2 提出的"圆的面积之比相当于其直径的平方之比",就足

34

---

① 欧几里得:《几何原本》,希思译本,卷 III,第 14 页。

② 尤见圣文森特的格雷戈里(Gregory of St. Vincent):《几何著作》(*Opus geometricum*),第 739—740 页。

以说明这一点。该证明的内容如下:设两个圆的面积分别为 A 和 a,设它们的直径分别为 D 和 d。如果命题 $a:A=d^2:D^2$ 不正确,那么就设 $a':A=d^2:D^2$,其中 a' 是另一个圆的面积,要么比 a 大,要么比 a 小。如果 a' 比 a 小,那么我们就可以在面积为 a 的圆中内接一个面积为 p 的多边形,使 p 大于 a' 而小于 a。这是由穷竭法(《几何原本》卷 X 命题 1)得到的。如果我们从一个量(例如 a' 与 a 的面积之差)中减去其一半以上的量,再从差中减去其一半以上的量,依此类推,这个差就会变得比任何指定量还要小。如果 P 是内接于面积为 A 的圆的相似多边形的面积,那么我们就知道 $p:P=d^2:D^2=a':A$。但是,由 $p>a'$ 可得 $P>A$,这是不合理的,因为多边形内接于这个圆。用同样的方法可以证明,命题 $a'>a$ 同样会导致自相矛盾,这样该命题的正确性就得以成立了。[1]

穷竭法虽然在许多方面都和现在微分和积分中用来证明极限存在的论证类型一样,却不代表求极限过程中所涉及的观点。希腊的穷竭法用于处理连续量,完全是几何的方法,因为那个时候人们还不懂算术连续量。在这种情况下,它就有必要以空间连续性概念为基础,即直觉否认空间具有任何终极不可分的部分,否认在想象中分割任意线段时存在一个限度。内接多边形可以尽可能地接近圆,但它永远不会变成圆,因为这将意味着对边进行再分的过程会走到尽头。然而,根据穷竭法,这两者没有必要完全重合。根据建立在归谬法基础上的论证方法,可以证明,一个大于或者小于等量的比式与可以把差变得任意小的原理是不相容的。

35

---

① 欧几里得:《几何原本》,希思译本,卷 III,第 371—378 页。

欧多克索斯的论证每一步都诉诸空间直觉,分割过程根本用不着无穷多边的多边形(即一个最终与圆重合的多边形)这样含糊的概念。他没有引进新概念,而直觉使得曲线与直线之间仍然保持着不可逾越的差异。不过,欧多克索斯没有采取以前产生自模糊想象、在逻辑上自相矛盾的无穷小量,而是巧妙地证明了某些需要比较曲线与直线、无理数与有理数的几何命题。

穷竭法中使用的论证找不出逻辑问题,但是,应用上的麻烦迫使后来的数学家探索更加直接的方法,来解决可用上述方法解决的问题。穷竭法曾被错误地标榜为"一种完善的微分算法"。[①] 无疑,应用该方法解决的问题最终导致了微积分的产生,然而确切地说,该方法实际上把人们的注意力从发现一个等效算法上引开了,因为这种方法着眼于解释的综合形式,而不是发明的解析方法。[②] 它的确代表了一种传统的证明形式,不过希腊的数学家从未将此发展为一种具有典型符号、简明易懂的运算。事实上,古人从未朝这个方向迈出一步:他们没有将这种方法的原理作为一般命题加以公式化,用它来代替普遍存在的双重归谬法的论证。[③]

寻找一些方法来简化先前令人生厌的冗长的论证方法,与 17 世纪微分学和积分学的发展大有关系。本书的目的便是追溯微积分的发展历程,不过,在给出最后的严密表达形式之前,先来比较微积分的基本概念——无穷序列的极限——的性质与穷竭法所表

36

---

① 西蒙:《微分学的历史和哲学》("Zur Geschichte und Philosophie der Differentialrechnung"),第 116 页。

② 参阅布隆施威克:《数学哲学的发展阶段》,第 157—159 页。

③ 《阿基米德著作集》(*The Works of Archimedes*),希思编辑,第 cxliii 页。

现的观点,或许是个不错的主意。

在引论中,无穷序列 $P_1, P_2, \cdots P_n, \cdots$(它的项代表了例如上述命题中考察的内接多边形的面积)的极限 C 被定义为:给出任何正数 ε,我们都能够找到一个正整数 N,使当 $n > N$ 时,$|C - P_n| < \varepsilon$ 成立。穷竭法的空间直觉,以及它的面积叠合、无限分割和通过归谬法的论证,都让位于根据形式逻辑和数,即根据无穷有序正整数集所做的定义。穷竭法对应于一种用人们头脑里的感觉世界图像来描述的直觉观念。另一方面,也许可以把极限概念看作一个文字概念,可以用词和符号——例如数、无穷序列、小于、大于等——来说明;它与任何心理形象无关,只与人们根据原始的未定义元素所下的定义有关。因此,绝不可认为极限概念是不可言喻的,除了经验以外它也不会包含其他东西。它只是不再诉诸直觉或者感官知觉罢了。它和穷竭法的相似之处在于:允许我们对连续性的模糊的直觉感受自发地进行转换,努力弄清楚如何衔接曲线与直线、有理数与无理数之间的空隙,而这样的努力与相关的逻辑推理完全无关。极限 C 并不是因为这个原因才被当作一个诡辩的或难以想象的,但又依然和其他相似量有真实联系的量;它也没有因此被看作无穷序列的末项。人们只是把它当作一个具有定义所描述的特性的数。我们应该记住,在数学史上,极限概念的轮廓虽早在古代便已出现,但其严格阐述在 19 世纪之前还没有完成——当然更不用说在希腊的穷竭法中完成了。[①]

---

① 米约(《希腊的几何学思想》[*Les Philosophes géometres*],第 182 页)认为欧多克索斯把圆考虑为一个多边形的极限,不过这不是现在应用的术语“极限”所表达的意思。

欧多克索斯在数学研究中,从柏拉图主义形而上学方面取得了明显突破①,这在另外一个人的哲学思想中同样显得一清二楚。此人在柏拉图门下学习了 20 年,是被称为柏拉图学派之"学派头脑"的亚里士多德。② 亚里士多德自由地借鉴前人的研究,于是,他虽然主要不是数学家,却熟悉希腊数学中的难题和成果,包括穷竭法。他写了一本《论毕达哥拉斯学派》(On the Pythagoreans,现已失传),相当详尽地讨论了芝诺悖论,并且经常在数学和科学中提到德谟克利特(虽然总是反驳他);他对柏拉图的思想了如指掌,并且熟知欧多克索斯的研究。亚里士多德在数学上颇有才能,经常在他的解释中使用几何学③,但从归纳描述的意义上说,亚里士多德解决相关问题的方法本质上还是科学的。而且,他用语法直觉主义来代替柏拉图的数学理性主义。④ 亚里士多德意识到,数学的研究对象不是来自感性经验,证明中使用的图形只是为了方便说明⑤,绝不会进入推理,但是,他的整个看法却受制于感官证据(就像依赖逻辑那样),以及厌恶超越感官知觉能力的抽象和外推法。结果,他不像柏拉图那样,认为几何直线是先于并且独立于具体经验的概念;他也不像近代数学家那样,把几何直线当作一种也许是通过物质对象来提示(虽然并非定义)的抽象物。亚里士多

38

---

① 在这方面,参阅耶格(Jaeger)的《亚里士多德》(*Aristoteles*)。
② 罗斯:《亚里士多德》(*Aristotle*),第 2 页。
③ 恩里克斯:《科学的问题》,第 110 页。也可参阅格兰(Görland)的《亚里士多德和他的数学》(*Aristoteles und die Mathematik*)以及海贝尔(Heiberg)的《亚里士多德著作中的数学》("Mathematisches zu Aristoteles")。
④ 布隆施威克:《数学哲学的发展阶段》,第 70 页。
⑤ 希思:《希腊数学史》,卷 I,第 337 页。

德把几何直线视为自然物体的特性,只是把它从自然界中不相干的背景里分离出来了。他说,"几何学研究物质直线但不将其当成物质"①,还补充说道:

> 数学的必然性在某种意义上与通过自然界之力形成的物体的必然性相像。直线就是直线,所以三角形的内角和必然等于两个直角之和。②

因此,亚里士多德判断不可分量、无穷和连续的根据就是常识。事实上,除了柏拉图学派的继承者——也许还有阿基米德——之外,这些就是欧多克索斯之后的希腊数学学派都接受的判断。

不过,亚里士多德只有不可分量的观点才和近代数学中的观点一致。在亚里士多德强烈反对原子论学派的物理和数学不可分量方面,近代科学反对他,近代数学却支持他。最近原子的物理和化学理论对自然现象的描述,都比逍遥学派的连续实体学说更贴合自然本身和感官印象。因此,按照卡尼底斯(Carneades)的真理学说,科学已经承认原子是一种物理现实了。但是另一方面,近代数学赞同亚里士多德反对最小不可分线段的观点,并不是由于什么经验的论点,而是由于它不能对这个概念给出令人满意的定义和逻辑上完善的说明。不过,尽管遭到亚里士多德的权威反对,数学不可分量却注定要在微积分的发展中发挥重要影响(而最后微

39

---

① 《物理学》,卷 II,193b—194a。
② 同上书,卷 II,200a。

积分又将它完全排除在外）。尽管希腊盛行逻辑学，但数学不可分量这个概念甚至在亚里士多德的时代就享有广泛的知名度，有一篇逍遥学派的论文《论不可分线段》（De lineis insecabilibus）①，以前人们认为是亚里士多德所写（但是现在认为它是泰奥弗拉斯托斯［Theophrastus］或者拉姆萨古的斯特拉托［Strato of Lampsacus］或者别的什么人写的），其批判的矛头就是不可分量概念。这篇论文提出许多论据来攻击直线不可分的假设，得出结论说，"它几乎与数学中的所有结果相抵触"。②

这篇文章也许是为了回应柏拉图学园的继承人色诺克拉底（Xenocrates）的，他显然坚持数学上存在不可分量的观点。有人声称③，不管是亚里士多德还是柏拉图的继承人，都没有理解他们老师的无穷小量概念，只有阿基米德对它做出了正确评价。需要指出的是，这种假设是毫无根据的。柏拉图现存的著作没有给出无穷小量的明确定义，阿基米德更是没有提到他在这个问题上受惠于柏拉图，而且我们将要看到，他明确表示自己绝无把无穷小量方法当作正确的数学证明方法的意思。④ 亚里士多德对无穷小观点的反对，从逻辑上讲完全是无懈可击的，虽然从后来微积分发展的角度看，不加批判地使用无穷小量一度倒是最有成效的。

就像无穷小的情形一样，亚里士多德对无穷大问题的看法，极好地展示了他坚信可以用来自感性经验的清楚概念对现象做出最

---

① 《亚里士多德全集》，卷 VI，《小品》（Opuscula）。

② 《论不可分线段》，970a。

③ 霍庇：《从莱布尼茨到牛顿的无穷小运算史》，第 152 页。

④ 《阿基米德的方法论》（The Method of Archimedes），希思编辑，第 17 页。

终解释。① 毕达哥拉斯学派认为空间可以无限分割,德谟克利特
对原子有类似说法,认为它们的数量是无穷大。柏拉图受到了这
些观点,也许还有阿那克西曼德和阿那克萨哥拉(Anaxagoras)的
影响,他没有清楚地区分具体和抽象的无穷大。② 他认为,无穷大
同时存在于思想和感觉世界中③,由点构成的直线就说明了这个
事实。但是,亚里士多德的前辈中没有一个在无穷大方面表明自
己的立场。阿那克萨哥拉至少似乎意识到了,目标的无穷和无限
分割只是人们的想象。④

　　另一方面,亚里士多德采取了归纳的科学态度,没有超出在头
脑中可清楚表示的范围。结果,他完全否认存在实无穷,仅将无穷
这个术语用于表示潜无穷。⑤ 他对实无穷和潜无穷的清楚区分,
是经院哲学家喋喋不休地讨论的主题以及后来有关微积分形而上
学的长期论战的基础。他拒绝承认存在实无穷,这一点和他的"不
可知物只能以潜在方式存在"的基本信条是一致的,也就是说,任
何超越理解能力的事物都超越了现实世界。这样一种对存在的方
法论定义,使得归纳科学领域的研究者至今还按照亚里士多德的
否定态度看待无穷大⑥;但是,如果这样的观点为数学所吸收,将

①　对亚里士多德的无穷大观点有很多讨论,要查看最近与该主题有关的一项哲
学讨论,请参考埃德尔(Edel):《亚里士多德的无穷大理论》(*Aristotle's Theory of the
Infinite*)。

②　保罗・塔内里:《论希腊科学史》(*Pour l'histoire de la science hellène*),第
300—305 页。

③　布隆施威克:《数学哲学的发展阶段》,第 67 页。

④　保罗・塔内里:《论希腊科学史》,第 293—294 页。

⑤　《物理学》,卷 III,206b。

⑥　巴里:《科学的思考习惯》,第 197 页。

会把导数和积分的概念当作超出可思考范围的推论而排除在外，而且还将在事实上把数学思想简化到直觉推理的层次。

19 世纪的数学抛弃了亚里士多德的无穷大学说，主要是因为这时的研究重点从几何无穷大转到了算术无穷大；因为在算术领域，假设似乎更少受经验的支配。这样的观点变化对亚里士多德来说是不可能的，因为他对数的理解与毕达哥拉斯学派相同：数是单位一的集合。① 当然，零没有包括在内，"数的生成元"整数 1 也没有包括在内。"就严格意义上的'数'一词来说，最小的数是二"，亚里士多德说。② 这种关于数的看法，与他竭力坚持的连续量的无限可分性无法协调。当亚里士多德辨别两种（潜）无穷—— 一个处于持续增加的方向上，即无穷大；另一个处于持续细分的方向上，即无穷小——的时候，我们发现数与量的性质完全不同：

> 每一个给定的量都在小的方向上被超越，而在另一个方向上则没有无穷大量……另一方面，数是许多"一"的复合，由一定数量的"一"组成。因此数必须止于不可分量……但是在大的方向上，总是有可能想到一个更大的数……因此这个无穷大是潜在的……不是一个永久的现实，但是存在于一个形成的过程中，就像时间……对量来说则相反。连续的量无限可分，但是在增大的方向上却没有无穷大。凡是潜在地具有的大小，总能成为实在的大小。③

---

① 《物理学》，卷 III，207b；也可参阅柏拉图的《理想国》，卷 VII，525e。
② 《物理学》，卷 IV，220a。
③ 同上书，卷 III，207b。

在评论数学家的观点时,亚里士多德说:

> 实际上他们不需要无穷,而且也用不上。他们只是设想
> 有限的直线可以随意延长到他们希望的程度……因此,出于
> 证明的目的,只要有这样一个无穷也就够了,对他们来说没有
> 什么差别,至于它的存在与否,则是实际量的范畴的问题。①

这一点恰如其分地表现了希腊几何学的特性,这可以从略早于亚里士多德的欧多克索斯以及稍晚些的欧几里得提出的穷竭法中看出来。在证明中使用该方法,只是将二等分持续到人们希望的程度,并不是一直持续到无穷。它与近代分析的观点相去甚远,这可以从近代分析被称为"无穷的交响曲"这一事实表现出来。

亚里士多德关于无穷大的观点,以及希腊人缺乏足够的算术观念,在这些基础上我们不妨认为,他无法解决连续的问题。亚里士多德在《物理学》第四卷中研究空间和时间,在第五卷中研究变化,进而在第六卷中研究了连续性。他的阐释建立在一个定义的基础上,该定义源自连续量本质的直观概念:"我所说的连续是指可分割为无限可分之物的东西。"②这一观点由一种诉诸本能感觉的朴素观点加以补充,后者觉得需要前后衔接、组成部分的端点须重合。③ 出于这个原因,亚里士多德否认数可以产生连续统④,因

---

① 《物理学》,卷 III,207b。

② 同上书,卷 VI,232b。

③ 同上书,卷 VI,231a;参阅《范畴篇》(*Categoriae*),5a。

④ 《形而上学》,1075b 和 1020a;《范畴篇》,4b。

为数之间不存在相互接触①。直到我们的上一代人之时,亚里士多德的这个观点都没有被完全抛弃②,不过现代所说的数学连续统,是严格地按照数或元素的类的概念以及离散的概念来定义——就像在戴德金分割中一样,而不是按照相互接触来定义的。人们发现,连续量的性质比亚里士多德所认识的要深刻得多,要用一个比希腊时期更广泛的数的定义才能对它进行解释。不过,亚里士多德对该主题的权威断言并非毫无成果,因为它们在中世纪带来了一些假说,这些假说反过来促进了微积分和连续统近代理论的产生。

与连续量的研究相联系,亚里士多德还试图弄清楚运动的性质,批判原子论者忽视了运动的根源和方式。③ 虽然亚里士多德是发现问题的行家里手,但他没能定量地表达这些问题,因此他的解答就不太妥当了。根据近代科学方法,这一数学表达上的不足让他对运动和可变性的处理显得像辩证法练习,而不是为动力学④建立坚实基础的严肃研究。

亚里士多德研究该主题运用了定性和形而上学的方法。他对运动的定义可以证实这一点:运动是"潜在存在之物的实现,只要它是潜在存在的";并且进一步评论道,"我们可以将运动定义为,可运动物体的可运动性的实现"。⑤ 我们将看到,在由经院学派发

43

---

① 《形而上学》,1085a。

② 参阅默茨(Merz)所著的《19世纪欧洲思想史》(*A History of European Thought in the Nineteenth Century*),卷II,第644页。

③ 《形而上学》,985b和1071b。

④ 参阅马赫:《力学史评》,第511页。

⑤ 《物理学》,卷III,201a—202a。

展起来的原推力(impetus)观念中,在霍布斯(Hobbes)根据微动(conatus)对速度和加速度所做的解释中,甚至在把微积分的无穷小量当作强度量的形而上学阐释中(也就是说,作为一种"生成"而非"存在"),对运动的这种定性解释(物体将潜势变成现实的努力结果)都较少涉及目的论的形式。在这方面,亚里士多德的研究也许促进了对后来导致导数产生的种种观念的深入研究。不过,从另一个意义上说,他的影响相当不利于该概念的发展,因为他将注意力集中到对变化本身的定性描述上,而没有对芝诺启发的关于连续变化状态的模糊直觉做定量阐释。微积分已经表明,连续变化的概念并不比数的连续统更少用到离散概念,而且前者在逻辑上是以后者为基础的,就像几何量的概念一样。只要亚里士多德和其他希腊人认为运动是连续的而数不是连续的,就很难获得严格的数学分析和令人满意的动力学科学。

　　亚里士多德在《物理学》中对无穷和连续量的处理,曾被誉为一部真正的微积分专著的前言。[①] 不过,这样的观点似乎完全没有根据,因为亚里士多德曾表达过无条件地反对微积分基础概念——瞬时变化率。他宣称,"没有物体在一瞬间是运动着的……也没有物体在一瞬间是静止的"。[②] 这种观点当然不利于变化现象的数学表达,也不利于微积分的发展。诚然,亚里士多德否认在科学所描述的世界中能够实现的瞬时速度,跟他认为感性认识具有局限性的观点相一致。在这个意义上,只有平均速度 $\frac{\Delta s}{\Delta t}$ 才是可认知

---

① 莫里兹·康托尔:《微积分的起源》("Origines du calcul infinitésimal"),第 6 页。
② 《物理学》,卷 VI,234a。

的。另一方面，人们发现，在精神世界，通过微积分和极限概念，是有可能给瞬时速度$\dfrac{\mathrm{d}s}{\mathrm{d}t}$下一个严密的定量定义的。但是，亚里士多德按照当时广为接受的观点，把数学看作可通过感官认知的世界的一种模式，结果就没有预见这样一种可能性。

亚里士多德未能清晰地辨别经验世界和数学思想世界的区别，导致他在芝诺悖论问题上，对一个相似的混淆缺乏清楚认识。他通过求助于感性认识和否认瞬时速度，来驳斥运动场悖论和飞矢悖论中的论点。而近代数学仅仅根据建立在导数概念基础上的思想，就回答了这两个问题。亚里士多德在解决二分法悖论和阿基里斯悖论时再次采用了相同的方式，凭经验草率地断定，虽然一物不能在有限的时间里穿越无穷的空间，但是由于空间具有无限可分性[1]，因此有可能在有限的时间里穿越一个被无限分割的空间。

当然，在数学上，按照收敛无穷级数的抽象概念，这些难题已经解决了。从某种形而上学的意义上说，收敛的概念没有回答芝诺的论点，因为它没有说明应该怎样想象无穷多个量一起聚合成唯一的有限量；也就是说，它不能根据感官经验，对无穷级数与其极限的关系做出清晰直观、令人满意的描述。如果有人要求按照我们对连续的含糊直觉（连续本质上与离散不同）来回答芝诺的悖论，那么没有比亚里士多德（我们还得感谢他描述了芝诺悖论，因为我们没有芝诺的原话）给出的回答更令人满意的了。悖论中隐

①《物理学》，卷 VI，239b—240a。

含的只是形象化而非逻辑的难题,这一毫无歧义的说明需要更加精确和更加适当的定义,这远非亚里士多德为连续、无穷和瞬时速度之类细微的概念提供的定义所能说明。这样的定义将在 19 世纪根据微积分的概念被提出;在此基础上,近代分析已明确否定了亚里士多德在该领域的观点。但亚里士多德的观点不能因此被当作完全错误的概念(经常有人不加批判地坚持这种看法[1]),认为它们两千年来妨碍了科学和数学的发展。相反,它们是关于该主题的成熟判断,为孕育着动力学和数学连续统的研究提供了令人满意的基础。不过,亚里士多德的研究显然具有希腊逻辑学和几何学的主要缺陷:朴素的现实主义,把思想当作外部世界的真实模仿。[2] 这使得他过于天真地相信对连续的量的本能感觉,并且根据感觉经验探索所有可能的表示法中哪一个最合适,而不是哪一个提供了思想上最广泛的一致性。

有人说,欧几里得《几何原本》卷 V 和亚里士多德的逻辑学著作,是有史以来最无可非议和无懈可击的专著。[3] 两人几乎处于同一时代:亚里士多德生于公元前 384 年,卒于公元前 322 年;欧几里得出生的年代为公元前 365 年左右,《几何原本》大概写于公元前 330 年到公元前 320 年之间。[4] 亚里士多德的明确无误和欧

---

① 参阅,例如迈耶(Mayer):《为什么社会科学落后于物理和生物科学》("Why the Social Sciences Lag behind the Physical and Biological Sciences");还可参阅托伯利兹:《数学与柏拉图观念论的关系》。

② 恩里克斯:《逻辑学的历史发展》(*The Historic Development of Logic*),第 25 页。

③ 由奥古斯塔斯·德·摩根(Augustus de Morgan)提出,参阅希尔(Hill):《主席发言:关于比例理论》("Presidential Address on the Theory of Proportion")。

④ 参阅福格特:《欧几里得的一生》("Die Lebenzeit Euklids")。

几里得的数学方法也有明显的相似之处。① 欧几里得可能师从柏拉图的弟子②，但是在他身上，欧多克索斯和亚里士多德表现出的严肃、讲求实际和科学的思想的影响，肯定超过了更加抽象、思辨甚至神秘的思想倾向（这种倾向在柏拉图之后领导学园的直接继承人身上可明显看出），并被后来的新柏拉图主义者做过了头。欧几里得的思想中没有在柏拉图思想中扮演重要角色的数学哲学，也没有对数学原子论的形而上学思辨。欧几里得既不把数学视为理解宇宙所必需的形式，也不把它只当作实用功利主义的工具。对他而言，数学已经进入逻辑学领域，因此普罗克洛告诉我们，欧几里得对其前辈漫不经心地论证过的命题，给予了严密的证明。③不过，《几何原本》保持了亚里士多德逻辑学中明显的实在论。④

　　亚里士多德虽抵制柏拉图的理念论，却保留了对科学的自然秩序和对原理的必然性质的信仰。欧几里得也接受了后一种信仰。希腊几何学并不像今天的数学那样，大体上是由假设的命题构成的形式逻辑，它是现实世界的理想化描述。亚里士多德似乎没有认清科学知识的不确定性和试探性（他因此而遭到怀疑论者的攻击），他同样未能理解，尽管数学得出的结论是对前提的必然推论，前提本身却是相当任意的选择，只需符合一种内在的相容

46

――――――――――

　　① 布隆施威克：《数学哲学的发展阶段》，第 84—85 页。

　　② 希思：《希腊数学史》，卷 I，第 356 页。

　　③ 参阅普罗克洛·迪阿多休斯（Proclus Diadochus）：《论欧几里得〈几何原本〉》（*In primum Euclides elementorum librum commentariorum ad vniuersam mathematicam disciplinam principium eruditionis tradentium libri IIII*），第 43 页。

　　④ 恩里克斯：《逻辑学的历史发展》，第 25 页；还参阅伯特（Burtt）：《现代物理学的形而上学基础》（*Metaphysical Foundations of Modern Physical Science*），第 31 页。

性。亚里士多德把假说和公设当作未经证明,但还是能够论证的陈述。[1] 他承认"我们必须通过归纳来了解基本前提"(而不是如柏拉图相信的那样通过单纯的智力活动),但他坚持认为,"由于除了直觉,再没有比科学知识更真实的东西,所以理解基本前提得靠直觉",于是基本前提就"比论证更容易了解"。[2]

在为几何学赋予来自必然公设的逻辑结论的典型形式上,欧几里得的观点跟逍遥学派的观点相似。这样,任何概念,只要直觉不能清楚、强烈地"感受"到其性质,都被排除在外。无穷大从未在证明中使用过,按照亚里士多德的说法,这是没有必要的,欧多克索斯阐述的穷竭法已经取代了它。将数的概念局限于正整数的倾向显然被沿袭下来了,欧多克索斯的比例理论使人们不再需要一个更广泛的观点。[3]

对欧几里得来说,比率不是一个抽象算术意义上的数字(事实上到牛顿的时代它才成为数字)[4],《几何原本》完全是按几何方法处理无理数的。此外,欧几里得的公理、公设和定义都是受常识启发,他的几何从未脱离空间直觉。[5] 他的前提都受感性经验的支配,如同亚里士多德的科学可以被定性为常识的升华一般。像无穷小量、瞬时速度、无穷集合和数学连续统这样纯粹形式的和逻辑的概念,在欧几里得的几何学和亚里士多德的物理学中都没有详

---

[1] 《后分析篇》(*Analytica posteriora*),卷 I,76b。

[2] 同上书,卷 II,100b;还可参阅布隆施威克:《数学哲学的发展阶段》,第 86—93 页。

[3] 参阅施托尔茨:《普通数学讲义》,卷 I,第 94 页;还可参阅舒伯特(Schubert):《算术基本原理》("Principes fondamentaux de l'arithmétique"),第 8—9 页。

[4] 参阅牛顿:《全集》(*Opera omnia*),卷 I,第 2 页。

[5] 参阅巴里:《科学的思考习惯》,第 215—217 页。

细阐述,因为常识并不迫切需要它们。在欧几里得的时代,引向微积分的概念还没有达到提供逻辑基础的阶段,数学还没有达到符号逻辑学所需要的抽象程度。虽然导数和积分概念的起源无疑可以在我们关于可变性和多样性的混乱思想中找到,但是,我们将看到,相关概念的严格阐述需要欧几里得不曾拥有的一种算术抽象。甚至算法演算(algorithmic calculus)的发明者牛顿和莱布尼茨也没有充分意识到对它的需求。与欧几里得几何的逻辑基础相比,微积分的逻辑基础与经验的含糊暗示相去甚远,也更加精致。因此,既然不能严密地建立起可变性、连续性和无穷的概念,欧几里得就在几何学中省略了它们。《几何原本》建立在"完善的直觉"基础上[①],不给"朴素直觉"留下自由空间,而后者在 17 世纪微积分的创始阶段特别活跃[②]。

因此,从微积分发展的角度看,欧几里得的《几何原本》在严密性上表现出一种乏味的顽固,阻碍了这种新推测和发现的发展。欧几里得的著作代表了所有数学思想的最终综合形式——通过演绎推理对一系列前提的逻辑含义所做的详细阐释。然而,在他的几何学背后,有几个世纪的分析研究,这些研究通常以经验研究或不加批判的直觉为基础,偶尔也根据先验推测展开。微积分概念的发展,将主要从类似的研究而非欧几里得严密精确的思想出发继续下去。在 19 世纪,这一点反过来必然让步于一种系统的阐述,它和《几何原本》一样是完全演绎推理的——虽然是算术的而非几何的。

48

---

① 菲利克斯·克莱因(Felix Klein,《埃文斯通讨论会关于数学的演讲》[The Evanston Colloquium Lectures on Mathematics],第 41—42 页)恰如其分的表述。

② 同上。

古代最伟大的数学家——叙拉古的阿基米德——表现出两种特性,因为他把柏拉图卓越的先验想象和欧几里得严谨正确的推演步骤调和了起来。他"使孕育中的无穷的微积分得以诞生,随后开普勒、卡瓦列里、费马(Fermat)、莱布尼茨和牛顿使之日趋完善"①,因此导数和积分的概念才有可能形成。但是,他在论证其结果时,却坚持欧多克索斯方法中那种清楚、形象化的细节。他改进了穷竭法,不仅考虑内接图形,也考虑了外切图形。演绎的穷竭法并不太适合发现新成果,不过阿基米德将它与德谟克利特和柏拉图学派探索过的无穷小量的观念结合起来。他做得灵活自如,在我们已经提到过的《方法论》②中表现得最清楚了。

这一著作是寄给亚历山大城的地理学家、天文学家兼数学家埃拉托斯特尼(Eratosthenes)的,该书在 1906 年被重新发现之前已经失传,基本上不为人所知。阿基米德在书中揭示的方法,很可能就是他用来解决许多涉及面积和体积的问题、得出结论的方法。他意识到,在做出演绎性的几何证明前,对结果有一个初步的想法是有好处的,于是他结合自己的杠杆定律,运用了直线组成面的概念,例如,他证明,一条抛物线弓形的面积是同底、同顶点三角形的$\frac{4}{3}$(抛物线弓形的顶点取为到底边垂直距离最大的点)。这一点,

---

① 沙勒(Chasles):《几何学方法的起源和发展史》(*A perçu historique sur l'origine et le développment des méthodes en géométrie*),第 22 页。

② 阿基米德的一般著作可参阅海贝尔的《阿基米德全集》(*Archimedis opera omnia*)与希思的《阿基米德著作集》。阿基米德的《方法论》可参阅希思的《最近被海贝尔发现的阿基米德方法论》(*The Method of Archimedes , Recently Discovered by Herberg*),以及海贝尔与措伊藤的《阿基米德的一部新著作》("Eine neue Schrift des Archimedes")、史密斯的《一部新发现的阿基米德著作》("A Newly Discovered Treatise of Archimedes")。

可以用下述力学①的方式得到。如图 2 所示，V 是抛物线的顶点，BC 是 B 点的切线，$BD=DP$，X 是 AB 上的任意一点。我们从抛物线的特性可知，对于处于任何位置的 X，都可以得出比：

$$\frac{XX'''}{XX'}=\frac{AB}{AX}=\frac{BD}{DX''}=\frac{DP}{DX''}。$$

不过 X'' 是 XX''' 的重心，所以根据杠杆定律可知，如果将 XX' 移动到 P 点并以 P 作为其中点，那么它将与当前位置的 XX''' 平衡，这对于 X 在 AB 上的所有位置都是成立的。因为三角形 ABC 由所有的线段 XX''' 构成，而且抛物线弓形 AVB 也同样由直线 XX' 组成，我们可以得出结论：当抛物线弓形移动到 P 点并以此作为其重心的时候，三角形 ABC 在当前的位置上在 D 点与它平衡。但 ABC 的重心在 BD 上从 D 点到 B 点的长度 $\frac{1}{3}$ 的地方，因此弓形 AVB 就是三角形 ABC 的 $\frac{1}{3}$ 或者三角形 AVB 的 $\frac{4}{3}$。

50

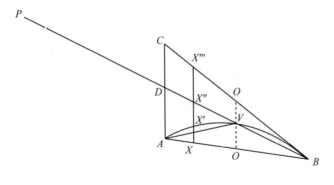

图 2

----

① 参阅希思：《阿基米德的方法论》，命题 I，第 15—18 页。

阿基米德的这个方法预示了 14 世纪将要应用的不可分量概念,这一概念在 17 世纪得到更灵活的应用,直接导向了微积分这一步。该方法的基础就是阿基米德的这个假设:面可看作由线组成。我们不太清楚他想让我们从怎样的意义上理解这一点,因为他没有说每个图形中元素的数量是无限的,而是说图形由其所有元素组成。他也许把它们想成数学原子,这不仅可以从他的表达方式中看出,而且可以从这种特别有启发性的事实中看出:他通过在想象中平衡不同图形的元素的过程——精确地使用杠杆原理,就像一个人真的在称一堆薄片或者木条一样——获得了许多成果。

利用这种启发式的方法,阿基米德获得了许多预示积分学产生的杰出成就。尤其是他发现了劈锥曲面和圆柱劈锥的体积,以及半圆、抛物线弓形、球缺和抛物面截段的重心。[①] 然而,若是说在这里"第一次有人能够正确地谈论积分"[②],就是误解了这个名词所指的数学方法。定积分在数学中被定义为一个无穷序列的极限,不是无穷多个点、线或者面的和。[③] 无穷小量观念与《方法论》中的原理类似,都在后一个阶段对微积分的发展有极大的促进作用,但是,正如阿基米德意识到的那样,在他所处的时代,它们缺少一切严密思想的基础。在可变性和极限的概念得到仔细分析以

51

---

① 参阅《阿基米德著作集》第七章,"阿基米德对积分的前期工作"("Anticipations by Archimedes of the Integral Calculus");也可参阅《方法论》。

② 霍庇:《从莱布尼茨到牛顿的无穷小运算史》,第 154 页;还可参阅第 155 页。

③ 希思(《阿基米德的方法论》,第 8—9 页)正确地指出,此处运用的方法不是积分法;不过他把面积微元的概念归功于阿基米德就毫无根据了。

前,情况一直如此。因此,阿基米德认为,这个方法仅仅指明了,而不是证明了结果的正确性。[①]

于是,阿基米德在运用他的启发式方法时,仅仅把它当成用穷竭法做严密证明前的预备性探讨。阿基米德以严格的方式,用穷竭法证明"力学法"的结果,以此补充后者,他这么做并不是一种慷慨的姿态,而只是出于数学上的需要。曾有人宣称,阿基米德的方法"虽然并不能使阿基米德本人满意,但就我们今天使用而言已经相当严密了"。[②] 只有将关于数、极限和连续性的近代理论都归功于他,这个断言才是完全正确的。但是,这种归属难以确证,因为希腊几何学关注的是形状而非变化,结果就必定无法为无穷小量下一个令人满意的定义,无穷小量必定会被当作固定量而不是辅助变量。阿基米德也许很清楚,他的方法缺少坚实的基础,因此,他用传统综合形式的无穷小量修改了他的所有分析,正像差不多1900 年后牛顿发现微积分方法但缺少充足的基础时所做的一样。

在《方法论》中,阿基米德对求抛物线弓形面积的问题,给出了具有启发性的分析。但是,利用穷竭法正式证明(力学的和几何学的)该命题,却是在另一本专著《抛物线求积》(*Quadrature of the Parabola*)中。[③] 在这些证明中,阿基米德像他著名的前辈们那样,完全忽略了所涉及的无穷与无穷小量。例如,在几何证明中,他在

① 希思:《希腊数学史》,卷 II,第 29 页。

② 希思:《阿基米德的方法论》,第 10 页。

③ 参阅《阿基米德著作集》和希思的《希腊数学史》,卷 II,第 85—91 页。史密斯在《数学史》(*History of Mathematics*)卷 III,第 680—683 页中很好地整理了这个几何证明。

抛物线弓形里内接一个面积为 A 的三角形,与弓形共有底边和顶

52 点;然后,在每个以三角形两个边为底的小抛物线弓形中再分别如
法炮制,作内接三角形。继续这个过程,他就获得了一系列边数不
断增加的多边形,如图 3 所示。然后他就证明第 n 个这种多边形
的面积由级数 $A+\left(1+\dfrac{1}{4}+\dfrac{1}{4^2}+\cdots+\dfrac{1}{4^{n-1}}\right)$ 给出,其中 A 是与抛
物线弓形拥有同样底边和顶点的内接三角形的面积。该级数无穷
项的总和为 $\dfrac{4}{3}A$,阿基米德也许就是由此推断,抛物线弓形的面积
同样为 $\dfrac{4}{3}A$。[①]

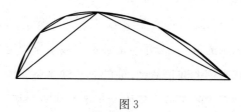

图 3

但是,阿基米德没有用这种方式叙述这个论证。他没有找到
该无穷级数的极限,而是找到前 n 项的总和再加上余项,运用了
等式

$$A\left(1+\frac{1}{4}+\frac{1}{4^2}+\cdots+\frac{1}{4^{n-1}}+\frac{1}{3}\cdot\frac{1}{4^{n-1}}\right)=\frac{4}{3}A。$$

随着项数逐渐增加,只有在余项 $\dfrac{1}{3}\cdot\dfrac{1}{4^{n-1}}A$ 可以随心所欲地变小

的希腊意义上,级数才能够"穷竭"至 $\dfrac{4}{3}A$。当然,这恰好是证明极

---

① 希思:《希腊几何学中特别与无穷小量有关的部分》("Greek Geometry with
Special Reference to Infinitesimals")。

限存在的方法①，不过阿基米德没有如此解释这个论证。他没有表达极限中不存在余项的观点，也没有说这个无穷级数确实等于 $\frac{4}{3}A$②，而是通过穷竭法的双重归谬法证明，抛物线弓形的面积既不大于也不小于 $\frac{4}{3}A$。为了能够将 $\frac{4}{3}A$ 定义为无穷级数的总和，必然要发展实数的一般概念。希腊数学家没有这种观念，因此对他们而言，真实（有限）与理想（无穷）之间总有一段距离。

因此，认为阿基米德的几何运算通往极限，这种看法并不确切，因为极限定义的本质是无穷序列。③ 由于阿基米德没有引用极限的概念，很难说他因为发现了这种级数之和，便以极其明确的方式回答了芝诺提出的一些难题，说"这些难题完全被希腊数学家解决了，其他按这个方法再进行的严肃论证似乎都纯粹是无知或固执已见之举"。④ 无穷级数的极限概念对澄清这些悖论是必不可少的，但是希腊数学家（包括阿基米德）却把无穷排除在他们的推理之外。这种排斥的原因很清楚：首先，当时直觉无法对此提供清晰的想象；其次，无穷到那时还没有逻辑基础。后一个难题在19世纪被解决了，至于前者，现在则认为它与此无关，无穷的概念已经自由地进入数学。相关的极限概念，现在被用于简化阿基米

53

---

① 这是米勒在《数学中的一些基础发现》（"Some Fundamental Discoveries in Mathematics"）里指出的。

② 《阿基米德著作集》，第 cxliii 页。

③ C. R. 沃尔纳（C. R. Wallner）：《论极限的产生》（"Über die Entstehung des Grenzbegriffes"），第 250 页。也可参阅汉克尔的"极限"（"Grenze"）以及威勒特纳（Wieleitner）的《现代数学的诞生》（*Die Geburt der Modernen Mathematik*），卷 II，第 12 页。

④ 米勒：《数学中的一些基础发现》，第 498 页。

德冗长的间接证明,也用来说明这些悖论。

上面给出的级数并不是在阿基米德著作中发现的唯一成果。在利用穷竭法求一个抛物线旋转体截段的体积时,阿基米德也做了性质类似的研究。为了清楚地说明阿基米德证明过程的一般特征,指出它与积分中所使用的方法如何相似(尽管阿基米德没有明确运用极限的概念),现在来详细谈谈阿基米德对该方法的运用,或许是很有益的。[①]

阿基米德给立体 ABC(他称之为圆锥体)做一个外切的圆柱体 ABEF(见图 4),它与抛物体截段有同一条轴 CD。接着他把轴分成长度为 h 的 n 等份,过分点作平行于底面的平面。在这样形成的抛物体截面上,他分别作内接和外切的圆柱台,如图 4 所示。然后他就能够建立比例式:

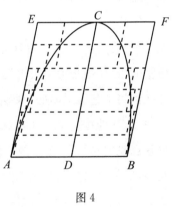

图 4

$$\frac{\text{圆柱体 } ABEF}{\text{内接图形}} = \frac{n^2 h}{h + 2h + \cdots + (n-1)h}$$

和

$$\frac{\text{圆柱体 } ABEF}{\text{外切图形}} = \frac{n^2 h}{h + 2h + \cdots + nh} \text{。}$$

---

① 《关于圆锥体和球体》(*On Conoids and Spheroids*),命题 21、22;《阿基米德著作集》,第 131—133 页。

阿基米德曾经证明[1]（其方法具有几何形式，但除此之外，与一般在初等代数里用来求算术级数之和的方法非常相似）$h+2h+\cdots+(n-1)h<\frac{1}{2}n^2h$，以及 $h+2h+\cdots+nh>\frac{1}{2}n^2h$。在这一点上，近代数学运用极限概念，允许级数 $h+2h+3h+\cdots$ 变为无穷大，可得

$$\lim_{n\to\infty}\left(\frac{n^2h}{h+2h+3h+\cdots+nh}\right)=2\text{。}$$ 阿基米德不是那么做的，而是证明上面的比例式可以根据不等式写成：

$$\frac{\text{圆柱体 } ABEF}{\text{内接图形}}>\frac{2}{1} \quad \text{和} \quad \frac{\text{圆柱体 } ABEF}{\text{外切图形}}<\frac{2}{1}\text{。}$$

现在，根据穷竭原理和普通的归谬法，他得出结论：抛物体截段既不能大于也不能小于圆柱体 $ABEF$ 的一半。

在阿基米德的论证中，不允许把一个结论的逻辑正确性建立在一个无穷级数极限的数值概念基础上，而应该建立在严密几何穷竭法的基础上。有人说，无穷小量方法、穷竭法和极限法让人感觉它们的区别只是措辞上的，而不是观念上的[2]；但是这样的断言可能会导致严重的误解。这些方法当然都是互相关联的，最终它们也会引向相同的结果；不过，正如我们看到的那样，它们的观点确实截然不同。尽管从广泛的意义上说，阿基米德的证明过程可以看作是"实际上的积分"[3]，或者在一般意义上代表"积分过程"[4]；但

55

---

[1] 见《论螺线》（On Spirals）命题 10。参阅《阿基米德著作集》，第 163—165 页。

[2] 参阅米约：《科学思想史的新研究》，第 149 页。

[3] 希思：《希腊数学史》，卷 II，第 3 页。

[4] 卡尔平斯基：《数学发现中是否有进步？》，第 48 页。

是要说它们中任何一个是"真正的积分"[①]或者"等同于真正的积分"[②],那就大错特错了。要正确地阐述定积分,就得了解可变性和函数的概念,还需要了解特征和 $\sum\limits_{i=1}^{n} f(x_i) \Delta x_i$ 的形成,以及在 n 趋向不确定大、Δx_i 变成不确定小的情况下,从该和式中获得的无穷序列的极限概念的运用。当然,上述积分的本质内容在阿基米德的著作中是找不到任何踪迹的,因为它们本来就不在整个希腊数学思想内。

阿基米德在上述命题中所用的级数 $h+2h+3h+\cdots$ 曾在 17 世纪探索微积分的努力中崭露头角,因此,也许不妨指出这一几何证明大致等同于演算 $\int_0^a x \mathrm{d}x$ 表示的积分。在求出由极轴和螺线 $\rho=\dfrac{a\theta}{2\pi}$ 转动一圈所围成的面积是半径为 a 的圆面积的 $\dfrac{1}{3}$ 时[③],阿基米德做了一个相似的计算,相当于计算 $\int_0^a x^2 \mathrm{d}x$ 的值。他不是直接用算术方式求出 $\lim\limits_{x\to\infty}\left(\dfrac{h^2+(2h)^2+\cdots+(nh)^2}{n(nh)^2}\right)=\dfrac{1}{3}$ (如果希腊人没有禁止使用无穷的话,他或许会轻而易举地这么做),而是将不等式

$$\frac{h^2+(2h)^2+\cdots+(nh)^2}{n(nh)^2}>\frac{1}{3}$$

和

① 措伊滕:《古代和中世纪数学史》(*Geschichte der Mathematik im Altertum und Mittelalter*),第 181 页。

② 《阿基米德著作集》,第 cliii 页;参阅同书第 cxliii 页。

③ 《论螺线》,命题 24,参阅《阿基米德著作集》,第 178—182 页。

$$\frac{h^2 + (2h)^2 + \cdots + \left[(n-1)h\right]^2}{n(nh)^2} < \frac{1}{3}$$

与穷竭法的证明结合起来,以类似于在抛物体截段命题中采用的方式,运用几何方法间接地计算。阿基米德也许还知道相应的立方和结果,更晚些的阿拉伯人扩展了他的研究,把四次幂也包括在内。17 世纪,至少有六位数学家——卡瓦列里、托里拆利(Torri-celli)、罗贝瓦尔(Roberval)、费马、帕斯卡(Pascal)和沃利斯(Wal-lis)——求出过 n 为其他数时 $\int_0^a x^n \, dx$ 的值,将阿基米德的这项研究进一步扩展(他们都或多或少是独立研究的),这就直接引出了微积分的运算法则。一般说来,这些人使用的方法不是在阿基米德命题中发现的细致的几何论证,而是以不可分量和无穷级数的观念为基础——在古希腊时代与 17 世纪之间的那些年,数学的严密性观念衰落,使得数学家更易于接受这些概念了,虽然此时它们要受的质疑并不比阿基米德时代更少。

我们已经看到,希腊几何学主要涉及形状而非变化,因此希腊人没有提出函数的概念。不过,希腊的数学偶尔还是要用到运动:柏拉图认为一条直线由一个点移动而形成,甚至在柏拉图时代之前,就有人讨论了某些特殊的曲线,人们用两重运动来描述它们。这些特殊曲线中最著名的也许是智者希庇亚斯(Hippias)的割圆曲线。阿基米德将自己的螺线定义为:当一条射线围绕着其固定端点匀速转动时,一个点顺着这条直线以均匀径向速度移动所构成的轨迹。[①] 该定义也许受到了希庇亚斯观点的影响。

---

① 《阿基米德著作集》,第 165 页。

阿基米德进一步研究该曲线，试图求它的切线，这时，他被引向了希腊几何学中类似于微积分的研究，这种研究在当时是不多见的。欧几里得[①]把圆的一条切线定义为只与圆上一点接触的直线，以符合静态几何的整体设计。希腊几何学家将该定义推广，应用于其他曲线。根据欧几里得在一个命题中的暗示[②]，下面这个定义来自于古人[③]：切线是一条与曲线接触的直线，在这条直线和曲线之间的空间中再不能插入其他直线。当然，这些定义适用范围有限，而且一般不会提出作切线的步骤。虽然阿基米德没有提供更令人满意的定义，但是他在求螺线的切线时运用的方法，似乎暗示了更为一般的观点。就像他在求面积时使用了静力学研究成果一样，在切线的问题上，阿基米德似乎求助于一个源自运动学的表示。看起来，阿基米德很可能通过确定形成螺线轨迹的点 P 的瞬时运动方向[④]，找到了螺线 $\rho = a\theta$ 的切线，虽然他并没有这样表达过。他也许是在产生螺线的运动上运用速度的平行四边形法则做到的这一点，逍遥学派已经认识到其原理。[⑤] 点 P 的运动可看作由两种运动合成：一个是大小不变的径向速度 V_r，沿着直线 OP 方向的运动（见图 5）；另一个是方向与 V_r 垂直、大小由距离 OP 和

57

---

① 《几何原本》，卷 III，定义 2，见希思编辑版卷 II，第 1 页。

② 参阅，例如孔德（Comte）的《数学哲学》（*The Philosophy of Mathematics*），第 108—110 页。

③ 《几何原本》，卷 III，命题 16，见希思编辑版卷 II，第 37 页。

④ 希思：《希腊数学史》，卷 II，第 556—561 页。

⑤ 参阅罗斯编辑的《亚里士多德全集》，卷 VI《小品》（*Opuscula*）中的《力学》（*Mechanica*），卷 XXXIII，854b—855a。还可参阅迪昂（Duhem）：《静力学的起源》（*Les Origines de la statique*），卷 II，第 245 页；以及马赫：《力学史评》，第 511 页。

均匀旋转速度的变化的乘积 V_a 确定的运
动。因为距离 OP 和速度都是已知的,就
可作出速度的平行四边形(此处为矩形),
所以合速度的方向就确定了,从而切线
PT 就确定了。

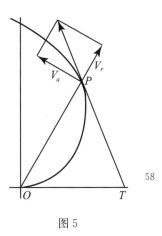

58

图 5

阿基米德求螺线的切线的过程被称为
"微分法"[①],或者是"相当于我们应用微积
分的作法"[②]。但是,这样的说法很不妥
当。显然,阿基米德并没有费力发展这里
涉及的概念,使其成为解决其他曲线切线
问题的一般方法。当 17 世纪该方法再次出现在托里拆利、罗贝瓦
尔、笛卡尔和巴罗(Barrow)的著作中时,其适用范围已略有拓
展;但是只有牛顿的流数法才提供了一种算法过程,可以从任何
曲线的方程中找到确定切线的一对展成运动(generating mo-
tion)。在希腊几何学中不存在一条曲线对应一个函数的概念,
也不存在用极限概念描述的令人满意的切线定义。因此,阿基
米德并没有预见到,相切的几何概念将建立在函数概念和极限
的数值观点的基础上,即建立在为微分学提供了基础的表达式
$\lim\limits_{h \to 0}\left(\dfrac{f(x+h)-f(x)}{h}\right)$ 的基础上。整个希腊数学都没有清楚意识

到对极限概念的需要——不管是用来求曲边形的面积,还是求曲
线的切线,甚至也没有意识到需要给直觉隐隐约约暗示的这些概

59

① 西蒙:《微分学的历史和哲学》,第 116 页。
② 希思:《希腊数学史》,卷 II,第 557 页。

念下定义。

所以，将积分和导数中表达的概念归功于阿基米德是不正确的。这些概念都不属于希腊几何学。但是，阿基米德提供的问题和方法，也许最强有力地推动了这些概念后来的发展，因为它们恰好引到了这个方向。阿基米德的研究强烈地暗示着更新的分析方法，因此到 17 世纪的时候，托里拆利和沃利斯大胆地猜测，古希腊数学家故意将那些引导他们做出发现的分析方法藏到综合论证之下。① 阿基米德的《方法论》被发现以后，关于存在这种方法的猜测得到证实，但是，古代几何学家未能在其著作中进一步详细阐释这些方法，并不意味着有意隐瞒。瞬时速度和无穷小的概念虽被托里拆利、沃利斯和他们的同时代人全盘接受，古希腊思想家当初却不认可将它们纳入数学。然而，到了 17 世纪，阿基米德的无穷小和运动学方法却成为微分和微积分流数形式的基础。莱布尼茨和牛顿将无穷小和瞬时速度的概念引进微积分，这一做法却招致批评。事实上，直到 19 世纪，导数的基本概念被仔细定义之后，批评仍未停止。

阿基米德之后，希腊几何学就更倾向于应用，而不是朝着新的理论研究发展。② 在希腊数学家中，再没有比阿基米德更靠近微积分的了。他的后继者喜帕恰斯（Hipparchus）、希罗（Heron）、托勒密（Ptolemy）等人，都转向了基于数学的科学，如天文学、力学和光学。不过，后来的希腊几何学家并没有忘记阿基米德的无穷小

---

① 希思：《希腊数学史》，卷 II，第 21 页、557 页；托里拆利：《著作》(Opere)，卷 I(第 1 部分)，第 140 页。

② 希思：《希腊数学史》，卷 II，第 198 页。

研究。公元 3 世纪末期（被认为是数学的衰落期），几何学家帕普
斯（Pappus）不仅表现出他对这些方法非常熟悉，而且为阿基米德
的重心研究添加了新的成果——帕普斯定理。①

　　但是，几何方法进一步的重大发展，却依赖于数学其他分支的
某些巨大变革。其中之一就是高度精炼的抽象符号代数的发展，
另一个是引入代数和几何的变化概念——变量和函数关系的概
念。丢番图（Diophantus）的《算术》（Arithmetic）代表了希腊代数
思想的最高成就，是真正的理论数理逻辑②，而不是一般化的算术
或者对某些变量的函数的研究。里面所包含的逍遥学派逻辑基础
多于柏拉图的数学本体论概念。这本书只引入了一元未知数，而
且按照亚里士多德的传统，只有那些可以表示为整数商的数才是
可接受、有意义的解。无理数和虚数未得到认可。③

　　丢番图的《算术》代表了一种"缩写代数"，因为它系统地引进
了某些循环量和运算的字母缩写法。但是，为了让他的著作能与
几何成果联系起来，以便今后成为微积分的合适基础，就必须使之
更充分地符号化，还得推广数的概念，引入变量和函数的概念。中
世纪时期，印度人和阿拉伯人对代数发展的兴趣，以及经院哲学家

---

　　①　但是，我们不能确定，这个定理究竟是帕普斯原创的贡献，还是他给出了它的
证明。参阅亚历山大的帕普斯的《数学文集》（La Collection mathématique），维尔·埃
克（Ver Eecke）翻译；也可参阅韦弗（Weaver）的《帕普斯：人物介绍》（"Pappus. Intro-
ductory Paper."）。

　　②　雅各布·克莱因（Jakob Klein）：《古希腊逻辑学和代数的产生》（"Die griec-
hische Logistik und die Entstehung der Algebra"）；也可参阅塔内里《论希腊科学史》，第
405 页。

　　③　希思：《希腊数学史》，卷 I，第 462 页。

对连续统相关问题的攻击,在某种程度上提供了这些变革所需要的背景。因此,在16世纪和17世纪,正是循着中世纪时形成的传统所提示的路线,阿基米德的经典研究发展成为构成微积分的那些方法。

第三章　中世纪的贡献

印度数学的起源及其在古代的情况这些尚有争议的问题,与导数和积分发展的简史并不直接相关;因为导数和积分的概念依赖于逻辑上的某些微妙之处,它们的意义,似乎超出了早期印度数学家的理解能力,至少是没有引起他们的兴趣。

吸引印度人的显然是数学的算术和计算方面[①],而不是让希腊人极度着迷的几何与理性特色。印度人把数学称为"ganita",字面意思是"计算的科学"[②],恰好突出了印度人的偏好。他们对摆弄数字的游戏的热衷,胜于对大脑创造思想成果的喜爱,因此,不管是欧几里得的几何学,还是亚里士多德的逻辑学,都没有对他们产生深刻的影响。希腊几何学家对毕达哥拉斯学派的不可公度问题有浓厚兴趣,但是印度数学家对此不屑一顾,他们不加区别地处理有理数与无理数、曲线与直线。[③] 这种态度偶尔也许会给代数的发现带来意想不到的推进作用,因为印度人并不像希腊那样排斥无理的二

---

① 参阅卡尔平斯基:《算术史》(*The History of Arithmetic*),第 46 页。

② 达塔(Datta)和辛格(Singh):《印度数学史》(*History of Hindu Mathematics*),第 I 部分,第 7 页。

③ 拉斯韦兹(Lasswitz):《原子论的历史》(*Geschichte der Atomistik*),卷 I,第 185 页。

次方根;还因为印度人创造了绝对负数的概念①,给我们带来了极大方便。这些数系的普遍化和随之而来的算术与几何表示法的分离,在微积分概念的发展过程中起了至关重要的作用,不过印度人对于这些变化的理论的重要性却并不了解。

同样,印度人不能很好地区分各种概念产生的另一个结果,恰好促成了一个符合现代观念的变化。我们已经看到,希腊人曾经企图将数与一切几何量结合起来,而不可公度性的困难致使他们放弃了这个企图。毕达哥拉斯学派的面积叠合问题,按照当时的数和几何量的概念,一般是无法解决的。严格地说,圆的面积不能运用直线形穷竭,因为曲线量与直线量有本质区别。圆形的面积不能与方形的面积相比较,因为面积并不是一个数的概念,一般来说,面积的"相等"有别于"等值",只意味着全等。数 π 在希腊数学中本来毫无意义,但是印度人对此有不同的看法。他们认为方形与圆形没有本质的区别,因为两者都可以用数来度量;这一观念的基础是算术与度量,而不是几何与全等的理论。希腊人明确区分数的离散性与几何量的连续性,但是印度人并不这么认为,因为这种区分对于那些未受芝诺悖论或者其论证困扰的人完全是多余的。他们也忽略了涉及不可公度性、无穷小、无穷大、穷竭过程以及其他导致微积分概念和方法的问题。

在对付数字零的时候,他们感到了运算上的困难,婆罗门笈多(Brahmagupta)因此把零看作一个最终减少到无的无穷小量;这也使得婆什迦罗(Bhaskara)说,一个数与零的乘积为零,但是如果还有进

---

① 法恩(Fine):《代数数系》(*The Number System of Algebra*),第105页。

一步的运算，就必须保留原数作为零的倍数。[①] 不过，对于那些有意要解决不定型隐含的逻辑问题的人，这些困难似乎不在考虑之列（不定型后来让早期的微积分使用者感到迷惑不已）。极限的问题虽然已经隐含在他们的著作中，但是没有得到明确表述。[②] 当然，印度数学家对该学科数字方面的重视，连同印度数字和位置记数法原理（后者也被巴比伦人使用过）的运用，的确使得代数更易于发展，从而也促进了微积分算法步骤的发展。然而，用希腊的记数法来定义导数和积分的逻辑概念，和用我们自己的记数法来定义一样容易，因此，印度数学没有增加对这些概念的发展至关重要的思想。

　　印度数字以阿拉伯文明为媒介传播到欧洲。阿拉伯文明表现出卓越的折中主义，所以在阿拉伯数学中，希腊和印度的因素都能找到。阿拉伯的记数法以印度的为基础，阿拉伯三角学也是印度式的，其中使用了正弦和算术形式，而不是喜帕恰斯弦和几何表示。阿拉伯几何学显示出欧几里得和阿基米德的影响，阿拉伯代数则表明自身回到了希腊的几何证明，并像丢番图一样回避了负数。[③]不过，阿拉伯代数的一般特色却与丢番图的《算术》略有差别，因为它是文字式而非缩写式，处理的绝大多数是实际生活问题[④]，不是

---

　　① 达塔和辛格：《印度数学史》，第 I 部分，第 242 页。

　　② 森古普塔(Sengupta)：《古代和中古印度的微积分历史》("History of the Infinitesimal Calculus in Ancient and Mediaeval India")，第 224 页。

　　③ 法恩：《代数数系》；参阅保罗·塔内里："历史观念"("Notions historiques")，第 333 页；卡尔平斯基：《切斯特的罗伯特的〈花拉子米代数学〉拉丁文译本》(*Robert of Chester's Latin Translation of the Algebra of Al-Khowarizmi*)，第 21 页。

　　④ 甘茨：《花拉子米代数的来源》("The Sources of al-Khowarizmi's Algebra")，第 263—277 页。

数的抽象特性问题。阿拉伯数学的主流与印度的相似,不再思考不可公度性、连续性、不可分量和无穷大——希腊几何学中的这些概念都导向了微积分。而且,他们对希腊经典著作的补充——例如海桑(Alhazen,或称为伊本·海赛姆[Ibn al-Haitham])关于用无穷小量度量抛物线和关于正整数立方和的四次幂之和的论文①——也微乎其微,因为阿拉伯人对深入研究此类富有成果的概念不感兴趣。但是,阿拉伯人却保存并向欧洲传播了许多本已失传的古希腊著作,这是我们应该感激他们的地方。

从帕普斯的时代开始,基督教的欧洲对传统数学理论实际上没有什么贡献,而且很大程度上不熟悉古代文献——直到 12 世纪时出现了阿拉伯文、希伯来文和希腊文手抄本的拉丁文译本。在此之前,要了解欧几里得的著作,主要通过 6 世纪初波爱修斯(Boethius)在其《几何》(*Geometry*)中对选编命题的说明,其中大多数都没有证明。② 阿基米德著作的命运也好不到哪里去,因为直到 6 世纪,他广为人知的著作(由欧托基奥斯[Eutocius]作注)只有关于球体和圆柱体、圆的度量以及平面平衡(也就是关于杠杆定律)的几本。③

在 12 世纪和 13 世纪,古希腊的著作开始以拉丁文译本的形式出现,但它们并没有受到欧洲学者的热情欢迎,这些人感兴趣的是

---

① 参阅伊本·海赛姆(祖特尔[Suter]编):《论抛物线的测量》("Die Abhandlung über die Ausmessung des Paraboloids");还可参阅威勒特纳:《延续到 17 世纪初的阿基米德无穷小方法》("Das Fortleben der archimedischen Infinitesmalmethoden bis zum Beginn der 17. Jahr. , insbesondere über Schwerpunkt bestimmungen")。

② 波尔(Ball):《数学简史》(*A Short Account of the History of Mathematics*),第 107 页。

③ 参阅《阿基米德著作集》,第 xxxv 页。

神学和形而上学。罗杰·培根（Roger Bacon）的兴趣以及诸如约尔丹努斯·奈莫拉里乌斯（Jordanus Nemorarius）等人著作的出现，都表明 13 世纪的人们并不缺少对数学研究活动的兴趣；但是那时所展示的知识却暗示，他们不够熟悉希腊几何学经典著作①，这种无知致使欧几里得《几何原本》的第五命题被称为"可怜虫逃跑"（fuga miserorum）定理②③。

中世纪后期对希腊几何学没有给予足够重视，无独有偶，当时对希腊和阿拉伯代数方法也同样缺乏热情。1202 年，比萨的列奥纳多（Leonardo of Pisa）所著的《计算之书》（*Liber abaci*）出版，给 13 世纪开了个好头。但是，此后大约 300 年间——也就是直到1494 年卢卡·帕乔利（Luca Pacioli）的《算术大全》（*Summa de arithmetica*）出现，其间没有可与之相媲美的著作。该阶段数学传统鲜有进步，因此招致了学者对这一时期数学研究的严厉批评。④ 如果从希腊几

① 金斯伯格（Ginsburg）：《迪昂与约尔丹努斯·奈莫拉里乌斯》（"Duhem and Jordanus Nemorarius"），第 361 页。

② 后来叫作"驴桥定理"（pons asinorum）。

③ 史密斯：《罗杰·培根在数学史中的地位》（"The Place of Roger Bacon in the History of Mathematics"），第 162—167 页。

④ 汉克尔（《古代和中世纪数学史》，第 349 页）说："人们惊奇地发现，列奥纳多给拉丁世界的那一磅钱，在 300 年的时间里，没有生出什么利息。我们看到，除了一些细枝末节，任何思想和方法《计算之书》和《实用几何》（*Practica geometriae*）都早已论及，或可直接由此推论出来。"也可参阅该书第 357—358 页的类似批评。卡约里《数学史》［*A History of Mathematics*］，第 125 页）说，在这个时期，"唯一值得注意的进步是对数字运算的简化及其更加广泛的应用"。同样，阿奇博尔德（Archibald）在其《数学史概要》（*Outline of the History of Mathematics*，第 27 页）中，将从比萨的列奥纳多到雷格奥蒙塔努斯（Regiomontanus）时期描述为"一个长约 250 年的荒芜时期"。布贡波（Björnbo）《中世纪数学手抄本目录》［"Über ein bibliographisches Repertorium der handschriftlichen mathematischen Literatur des Mittelalters"］，第 326 页）说："这一时期没有任何发展，如果想找到重大的数学进步，那根本就是徒劳。"

65　　何学①和阿拉伯代数的贡献的角度来考虑,这种责难倒也还算中肯(不过,14 世纪的尼科尔·奥雷姆[Nicole Oresme]的确贡献了一个分数幂的概念②,后来成了微积分方法的应用工具)。从 1202 年到 1494 年,也许真的没有出现过阿基米德或者比萨的列奥纳多的继承者。③ 另一方面,如果我们考察数学中更广的方面——猜测和研究引导出某些命题,最终得到了演绎的证明——那么,这个所谓的荒芜时期似乎提供了几个在微积分的发展中起重要作用的观点。在这方面,就像在其他方面一样,也许中世纪的创新并不比现在少。④

　　在整个中世纪早期,亚里士多德主要因为其逻辑学著作而闻名欧洲。在 13 世纪,他的科学论著可以自由地流传,虽然 1210 年这些论著在巴黎遭到禁止⑤,但是到 1255 年,大学里又重新展开了对它们的研究,几乎所有亚里士多德的论著都被列入了申请硕士学位者的必读书⑥。在《物理学》中,亚里士多德比较详细地考察了无穷大、无穷小、连续性和其他与数学分析相关的课题。这些成

---

　　① 萨顿(Sarton)在《科学史引论》(*Introduction to the History of Science*,卷 I,第 19—20 页)中说得好,我们不能公平地对待中世纪,那是因为我们根据希腊的最后一步来评价他们的第一步。

　　② 参阅《比例算法》(*Algorismus proportionum*),第 9—10 页。法恩(《代数数系》,第 113 页)甚至说这是该阶段代数方面的唯一贡献。

　　③ 恩内斯特拉姆(Eneström):《基督教中世纪的两种数学教育》("Zwei mathematische Schulen im christlichen Mittelalter")。

　　④ 参阅萨顿:《科学史引论》,卷 I,第 16 页。

　　⑤ 德尼夫勒(Denifle)与夏特兰(Chatelain):《巴黎大学档案》(*Chartularium Universitatis Parisiensis*),卷 I,第 70 页,第 11 号。还可参阅卷 I,第 78—79 页,第 20 号。

　　⑥ 同上书,卷 I,第 277—279 页,第 246 号。还可参阅拉什达尔(Rashdall):《中世纪欧洲的大学》(*The Universities of Europe in the Middle Ages*),卷 I,第 357—358 页。

为经院哲学家热烈讨论的中心,在后一个世纪尤其如此。他们根据逍遥派哲学,而不是数学公设的思想研究这些问题,但由此引起的思辨却有助于保持对这种概念的兴趣,直到以后它们成为数学的一部分。有关经院哲学对这些问题的思考,对中世纪思考产生极大影响的托马斯·布拉德沃丁(Thomas Bradwardine)的著作提供了一个最好的例子。① 布拉德沃丁是坎特伯雷大主教,被称为"渊博的博士",也许还是 14 世纪最伟大的英国数学家。他在《几何猜想》(*Geometria speculativa*)②和《连续统教程》(*Tractatus de continuo*)③中讨论了连续量的性质等许多问题,他的观点以反对原子论的逍遥派观点为主导。留基伯(Leucippus)和德谟克利特的学说否认无限可分性,在每个时代都有支持者和反对者,就此而言,经院学派所处的时代也不例外。中世纪早期的不可分量概念比很久以前德谟克利特所持的观点更初步。卡佩拉(Capella)、塞维利亚的伊西多(Isidore of Seville)、比德(Bede)等人似乎都认为,时间由不可分量组成,1 小时由 22 560 个不可分瞬间构成。④这些瞬间似乎很有可能——或者至少有点可能——被视为时间的原子。在中世纪后期,罗伯特·格罗斯泰特(Robert Grosseteste)、瓦

① 迪昂:《静力学的起源》,卷 II,第 323 页。

② 关于该著作的简要说明,参阅莫里兹·康托尔的《数学史讲义》,卷 II,第 103—106 页;以及霍庇:《微积分的历史》("Zur Geschichte de Infinitesimalrechnung"),第 158—160 页。

③ 关于该文的分析,参阅施塔姆(Stamm):《论托马斯·布拉德沃丁的连续统》("Tractatus de continuo von Thomas Bradwardina");也可参阅康托尔的《数学史讲义》,卷 II,第 107—109 页。

④ 保罗·塔内里:《论中世纪用瞬间划分时间》("Sur la division du temps en in-stants au moyen âge"),第 111 页。

尔特·伯利（Walter Burley）和亨利·戈瑟尔斯（Henry Goethals）等人提出了各种形式的和经过改进的不可分量概念。① 另一方面，罗杰·培根在他的《大著作》（*Opus majus*）中坚决主张，不可分量论与不可公度性学说不相容②，在邓斯·司各脱（Duns Scotus）、奥卡姆的威廉（William of Occam）、萨克森的阿尔贝特（Albert of Saxony）、里米尼的格雷戈里（Gregory of Rimini）等人③的推动下，这一论点得到进一步发展。布拉德沃丁根据连续统的问题，考虑了不可分量学说支持者提出的种种观点。有的按照物理原子论来解释这个问题，有的采用了数学的观点，还有的假定为或有限或无穷个点，等等；有的假定不可分量紧密连接，有的又假定它们构成离散集合。④ 布拉德沃丁自己则认为，连续量尽管包括无穷个不可分量，却不是由这种原子组成的。⑤ 布拉德沃丁说，"连续统不是由无穷多个不可分量累积（integrari）或者组成的"⑥，这也许是第一次在这种背景下使用了"integrari"一词；后来，莱布尼茨在其微积分中就（在伯努利兄弟的建议下⑦）借用该词，命名了无数个无穷小的总和——积分（integral）。而布拉德沃丁则相反，他认定

———————

① 施塔姆：《论托马斯·布拉德沃丁的连续统》，第 16—17 页。还可参阅迪昂：《列奥纳多·达·芬奇研究》（*Études sur Léonard de Vinci*），卷 II，第 10—18 页。

② 史密斯：《罗杰·培根在数学史中的地位》，第 180 页。

③ 迪昂：《列奥纳多·达·芬奇研究》，卷 II，第 8 页。

④ 施塔姆：《论托马斯·布拉德沃丁的连续统》，第 16 页。

⑤ 莫里兹·康托尔：《数学史讲义》，卷 II，第 108 页。

⑥ 同上书，第 109 页注释。霍庇：《从莱布尼茨到牛顿的无穷小运算史》，第 159 页；还可参阅施塔姆：《论托马斯·布拉德沃丁的连续统》，第 17 页。

⑦ 詹姆斯·伯努利（James Bernoulli）：《以前提出的问题的分析》（"Analysis problematic antehac propositi"），第 218 页。

一个连续量是由无数个同类连续统组成的。那么,他与亚里士多德一样,认为无穷小显然只具有潜在的存在性。①

奥卡姆的威廉的观点似乎介于布拉德沃丁和不可分量支持者的观点之间。他承认任何连续统都没有不可分的部分,同时又坚持——与亚里士多德的学说相反——直线事实上(不单是潜在的)的确由点组成。② 然而,在另一个环境下,奥卡姆又说点、线和面都是纯粹的虚无,不具备真实立体那样的实在性。③ 此外,我们决不能过分解读经院学派在连续统性质上的观点。有人非常随意地将布拉德沃丁的观点等同于布劳威尔和近代直觉主义者的看法,后者认为连续统由无穷个无限分割的连续统组成④;奥卡姆的观点据说与罗素和形式主义者的一致,他们把连续统看作稠密的完备点集⑤。这样的比较只有在非常一般的意义上才是合理的,因为经院学派的推测总是集中在不可分量真实性的形而上学问题上,而不注重寻求一个与数学前提一致的表达。中世纪的思想毫无算术严格公理基础的概念,而后者正是近代算术思想的特征。不过,14 世纪关于不可分量的争论,表明人们非常清楚这个问题的难度,而且具有清晰的思路,这让几个世纪之后通向微积分的无

68

---

① 拉斯韦兹:《原子论的历史》,卷 II,第 201 页;施塔姆:《论托马斯·布拉德沃丁的连续统》,第 17 页。

② 伯恩斯(Burns):《奥卡姆的威廉有关连续性的观点》("William of Ockham on Continuity")。

③ 迪昂:《列奥纳多·达·芬奇研究》,卷 II,第 16—17 页;卷 III,第 26 页。

④ 施塔姆:《论托马斯·布拉德沃丁的连续统》,第 20 页。

⑤ 参阅伯奇(Birch):《奥卡姆的威廉的连续性理论》("The Theory of Continuity of William of Ockham"),第 496 页。

穷小方法给人一种可敬的感觉。

在讨论不可分量时,必然产生无限分割和无穷大性质的问题。事实上,中世纪的哲学家讨论这个问题时,多从无限分割和无穷集合而非无穷大量的角度出发。回顾一下亚里士多德,他区分了两种类型的无穷——潜无穷和实无穷。他矢口否认后者存在,而承认前者只有在无穷小连续量和无穷大数的情况下才实现。[①] 古罗马诗人卢克莱修(Lucretius)以敏锐的想象力,认为无穷的概念比无穷增加的潜在性表示的意义更多。他将注意力集中到无穷多而不是无穷量上,预示了无穷集合的许多特性,例如在这种情况下,无穷集合的部分可以等于全体。[②] 不过,中世纪欧洲的学者对卢克莱修的著作并不熟悉。另一方面,经院哲学家继承了亚里士多德所做的区分,不过,可能是因为基督教认为存在一个无穷的上帝,他们修改了结果。13 世纪,佩特鲁斯·伊斯帕努斯(Petrus Hispanus)成为教皇约翰二十一世,他在其《逻辑小集》(*Summulae logicales*)[③]中承认两种无穷:一个是自成无穷(categorematic infinity),其中所有项都是真实实现的;另一个是合成无穷(syncategorematic infinity),总是与潜在性有密切关系。[④] 这种区分与最近一位数学家兼科学家所提出的观点没有太大差异,他区分两种说法,一种说法认为无穷集合是可信的,另一种认为它实际上是想

---

① 《物理学》,卷 III。

② 参阅凯泽(Keyser):《卢克莱修著作中无穷概念的作用》("The Role of the Concept of Infinity in the Work of Lucretius")。

③ 迪昂:《列奥纳多·达·芬奇研究》,卷 II,第 22 页。

④ 同上书,卷 II,《列奥纳多·达·芬奇与他的两种无穷》(*Léonard de Vinci et lex deux infinis*),第 1—53 页,对这个问题做了广泛的说明。

象出来的。①

对两种无穷的讨论从 13 世纪开始，贯穿了整个 14 世纪。例如，萨克森的阿尔贝特仅仅通过变换词汇就清晰地表达了两者的区别，他说，两种观点分别由这两个句子表现出来："无穷连续统是可分的"和"连续统是无限可分的"。② 布拉德沃丁对这个区别的表述，或许没那么巧妙，但是肯定更为清楚，他说，自成无穷是没有止境的量，合成无穷是一个不太大但可以变得更大的量。③

经院哲学时期的哲学家一般都认可两种无穷的区别，但那时和现在一样，人们对这两种无穷是否存在的问题有明显的分歧。奥卡姆的威廉赞成亚里士多德，否认自成无穷可实现，这与他的唯名论态度和他在著名的"剃刀"中阐述的经济原则一致。另一方面，里米尼的格雷戈里则坚持认为④：实无穷的概念——所谓的完全无穷大——在思想上没有自相矛盾之处。后来 19 世纪的数学将要证明这一点。

从数学观点的角度说，理查德·苏依塞思（Richard Suiseth，以"计算大师"的尊号而闻名）在其《算术之书》（*Liber calculationum*）中对无穷大的评论，比这些哲学和漫无边际的讨论更有趣。该书的写作时间应该晚于 1328 年，因为其中提到了布拉德沃丁⑤

---

　　①　恩里克斯：《科学的问题》，第 127—128 页。

　　②　迪昂：《列奥纳多·达·芬奇研究》，卷 II，第 23 页。

　　③　施塔姆：《论托马斯·布拉德沃丁的连续统》，第 19—20 页。

　　④　参阅迪昂：《列奥纳多·达·芬奇研究》，卷 II，第 399—401 页。

　　⑤　迪昂（《列奥纳多·达·芬奇研究》，卷 III，第 429 页）曾错误地断言，计算大师在他的著作中只提到了布拉德沃丁、亚里士多德和阿威罗伊（Averroes），但是在《算术之书》中也有一些古代数学家，例如欧几里得（fol. 29ʳ cols. 1—2）和波爱修斯（fol. 43ᵛ, col. 1）。

于该年出版的《比例论》(*Liber de proportionibus*)①,也许写成于14 世纪的第二个 25 年②。尽管苏依塞思对涉及无穷的辩证论据和微妙诡辩比对它的恰当定义更感兴趣,但他对该主题做了几点具有特别的数学意义的评论。他在第二章中说,所有涉及无穷的诡辩都可以轻而易举地解决,只要承认有限部分与无穷的整体之间没有比率即可。③ 他说,可以通过想象证明这一结论,因为相反的结论就意味着,任何一个部分与整体相加,整体的量不会改变。因此,不能像处理有限量那样论证无穷。④

大约 200 年之后,伽利略对有限和无穷的法则之间的本质区别论述得更加清楚了,但是他把注意力集中在无穷集合之间的对应性上,而不是有限量与无穷量之间的比上——这一观点的变化导向了 19 世纪微积分的最终明确表达。计算大师的陈述中有一种说服力和警示意味,也许在之后的几百年中可以清楚地看出来,

70

---

① "正如可敬的名师托马斯·布拉德沃丁在其《比例论》中明白提到的",见《算术之书》,fol. 3ᵛ, col. 1。林恩·桑代克教授好意允许我使用大英博物馆收藏的一个翻拍照片副本,I B. 29,968,fol. 1ʳ—83ᵛ。它是帕多瓦出版的初版书,未标明日期,桑代克在《巫术与实验科学史》(*A History of Magic and Experimental Science*,卷 III,第 372页)中估计它出版于 1477 年。因为这部著作不是很著名,而且也不容易看到,所以此处引文较长。印刷文本缩写太多,很难阅读,转写时会将它们全部补全。

② 参阅桑代克:《巫术与实验科学史》,卷 III,第 375 页。施塔姆估计("论托马斯·布拉德沃丁的连续统",第 24 页)它是在 1350 年之后出现的。

③ "Infinita quasi sophismata possunt fieri de infinito que omnia si diligenter inspexeris quod nullius partis ad totum infinitum est aliqua proportio faciliter dissoluere poteris per predicta."《算术之书》,fol. 8ᵛ, col. 2。

④ "Que potest concedi de inmaginatione et causa est quia nulla pars finita finite intensa respectu tocius infiniti aliquid confert quia nullam habet proportionem ad illud infinitum si tamen subiectum esset finitum conclusio non foret inmaginibilis quia tunc conclusio inmediate repugnaret illi positioni quia tunc quelibet pars in comparatione ad totum conferet aliquantum et sic non est nunc ideo nullum argumentum procediter de infinito sicut faceret de finito."《算术之书》,fol. 8ʳ, col. 2,fol. 8ᵛ, col. 1。

不过它们表现了逍遥学派的倾向:把无穷视为一个量,而不是对象的集合。在阿基米德的著作中,无穷的成果来自直线或者级数项的无穷集合。当然,下面将提到计算大师对无穷级数的研究,不过在这里我们会看到,最让他感兴趣的并非项的序列具有无限延伸的特性,而是某些无穷的量。但是,考虑这个级数需要研究一个更大的与其相关的问题,这就是下面我们要谈的。

迄今为止可以明显地看出,在经院学派思想中混杂着神学、哲学、数学和科学观点,这种混合对一项研究大有裨益,该研究也许是 14 世纪对数学物理的发展最重要的贡献。过去人们普遍认为,在中世纪,科学知识的扩展(如果有的话)只限于实用发明和应用方面;这一时期唯一的数学成就是对印度-阿拉伯数字运算规则的简化(这些数字是 13 世纪由比萨的列奥纳多等人引进欧洲的)。不过,这样的主张至少有一个例外,因为在这个时期,尤其是在 14 世纪,有一项理论进步注定会在科学和数学领域结出硕果,并最终导出了导数的概念。这项理论存在于定量研究变化的观点中——当然,该观点经常按照辩证而非数学方法来表达——因此使得变化的概念进入了数学。①

赫拉克利特、德谟克利特和亚里士多德曾经对运动做过定性的形而上学推测,希腊几何学家(希庇亚斯、阿基米德、尼科梅德斯

① 关于亚里士多德和经院哲学家,托拜厄斯·但茨格(Tobias Dantzig)在《科学的概况》(*Aspects of Science*,第 45 页)中声称"他的决疑论,他对静态的偏爱,他对一切运动、变化、流动或者演化的事物的厌恶,都与它们的目的极其相称",此类说法十分荒谬。简要地查看亚里士多德关于自然科学的著作,并浏览一下桑代克和凯伯瑞(Kibre)所著的《中世纪拉丁文科学著作引言目录》(*A Catalogue of Incipits of Mediaeval Scientific Writting in Latin*),就可以发现这样的评论有多么不正确。亚里士多德从物理学的角度,对运动现象做了广泛研究。经院哲学家不仅继续了他的研究,而且还加上了定量形式的表述,这后来在 17 世纪得到了有效发展。

［Nicomedes］、狄奥克莱斯［Diocles］）偶尔也会在思想中（尽管不是在证明中）接纳这种概念；但是他们似乎没有产生这样的想法，即用几何量的方式表示连续变化，或者根据数的离散性来研究连续变化。古希腊对天文学、光学和静力学等科学都做过几何学的精心研究，但对变化的现象却没有这种表示法。阿基米德在静力学上的研究十分著名，却没有任何可用数学命题的形式来表示的运动学系统与之对应。

古希腊思想中对严谨的要求，使全等成为几何学的基础，并且不允许混淆离散与连续，也许建立动力学的尝试无法满足这种要求。此外，希腊天文学缺少加速度的概念，所涉及的全都是匀速（因此也是永恒的）圆周运动，在这种情况下，就可以用有关圆的几何学来表示运动。对局部运动——也就是地球的位置变化来说，这样的匀速性绝非显然。看起来，运动是一种质而非量；古人从没有系统地定量研究过这种质。[1] 亚里士多德认为数学与"不涉及运动的事物"有关，认为数学研究的对象是连续，物理学研究的对象是运动，哲学研究的对象是存在。[2] 一般来讲，希腊数学研究的是形式，而不是变化。进入丢番图代数方程的量是常量而不是变量，印度和阿拉伯代数也是如此。然而，在经院学派时期，却出现了一个最终改变这种观点的问题。亚里士多德认为运动是一种质，不会像量

---

① 布隆施威克：《数学哲学的发展阶段》，第 97 页。
② 《物理学》，卷 II，198a；《形而上学》，1061。

那样因为几个部分聚集到一起而增加或减少。① 这种观点支配了大多数人的思想，直到 13 世纪末②兴起反对逍遥学派的潮流，才在巴黎出现了关于运动的新观点。③

13 世纪下半叶的培根仍然遵循着亚里士多德关于运动的讨论④；但是，14 世纪初已有迹象显示，有一种通过引进原推力概念来研究该问题的新方法：物体一旦开始运动，就会因为一种内在的趋向而继续运动，而不是像逍遥学派的学说那样，是因为受到某个外力作用（如空气）的连续推动。这个归功于让·布里丹（Jean Buridan）的新学说⑤，预示了大约三个世纪后伽利略在动力学领域的著名研究，因此特别重要。这个学说在提出之初还使瞬时速度的直觉概念更易于接受，这个概念被亚里士多德排除在其科学之外，在 14 世纪却被有关变化的定量研究所蕴含。当然，那个阶段还不能给瞬时变化率下一个精确的定义——伽利略也没能给出，但当时出现了大量与其说是数学的还不如说是哲学的论文，它们都建立在这一概念的直觉基础上，每个人都认为自己拥有这种直觉。这些论文致力于讨论形态幅度，也就是质可变性。

似乎没有科学术语可以正确表达与这里使用的"形态"（form）

———————————

① 迪昂：《列奥纳多·达·芬奇研究》，卷 III，第 314—316 页；还可参阅威勒特纳的《关于函数概念》（"Über den Funktionsbegriff und die graphische Darstellung bei Oresme"），第 196—197 页。

② 威勒特纳：《关于函数概念》，第 197 页。

③ 迪昂：《列奥纳多·达·芬奇研究》，卷 II，第 iii—iv 页。

④ 汤姆森（Thomson）：《罗杰·培根有关时间与运动的一篇被忽视的论文》（"An Unnoticed Treatise of Roger Bacon on Time and Motion"）。

⑤ 参阅迪昂：《列奥纳多·达·芬奇研究》，书中各处。

一词相同的意思。一般而言，它指的是任何容许有变化并且涉及强度的直觉概念的质，也就是指诸如速度、加速度和密度之类的概念。这些概念现在定量地表示为比的极限——简单地表示为数，因此现在无须找个词表达中世纪的形态概念。一般来说，形态的幅度指的是该形态具有某种质的程度，讨论的中心是形态的增和减，或者是这种质获得或失去的变化。亚里士多德曾经区分过匀速和非匀速，但是经院学派的严格辩证处理要深刻得多。首先，他们认为，相对于时间的变化率不一定是距离的变化率，而可以包括其他许多方面，如光强、热容量、密度的变化率等。其次——也是更重要的，他们不仅区分均匀幅度和非均匀幅度（也即，区分均匀和不均匀的变化率），而且进一步将非均匀幅度分为均匀的非均匀幅度和非均匀的非均匀幅度（也即，根据变化率的瞬时变化率的均匀与否）；后者有时又依次进一步划分为均匀的非均匀的非均匀幅度和非均匀的非均匀的非均匀幅度。

借助文字论述将次序引入令人困惑的可变性问题，这类尝试注定会在几个世纪之后，被数学和科学中的对应表达（采用极其简明的代数与微分术语和符号）所取代。但是，这些努力在当时代表着人们首次试图严肃、仔细地将可变性概念定量化。

形态幅度问题的起源疑点重重。邓斯·司各脱似乎在最先考虑形态增减的那批人之列[1]，尽管松散的形态幅度概念显然产生于此前的某个时间，因为亨利·戈瑟尔斯就在这种背景下使用过

---

① 冯·柏兰特（von Prantl）：《西欧逻辑史》（*Geschichte der Logik im Abendlande*），卷 III，第 222—223 页。参阅施塔姆：《论托马斯·布拉德沃丁的连续统》，第 23 页。

"幅度"一词。[①] 14世纪早期已有论述可变性与形态幅度的著作，由弗利的詹姆斯(James of Forli)、瓦尔特·伯利和萨克森的阿尔贝特所撰写。[②] 1328年在牛津也出现过类似的概念，出处是布拉德沃丁关于比例的论著。[③] 这本论著主要针对的是力学而不是算术，但是，这位大主教并没有特别研究形态幅度的理论。[④]

"在14世纪，关于数学科学的研究在牛津十分繁荣"[⑤]，正是在这里，不仅出现了布拉德沃丁的著作，也出现了关于形态幅度专著的"先驱模式"[⑥]——前面提到过的苏依塞思的《算术之书》[⑦]。

计算大师在第一章一般的讨论之后，就单刀直入，开始论述形态的增减，以及一个非均匀幅度是否与其最大或最小的强度相应。这说明，在14世纪中叶，形态幅度学说已经广为人知。一种形态在何种意义上能对应任何强度尚不清楚，不过计算大师似乎正朝着平均强度的方向努力；如果不使用微积分的概念，平均强度的观点就无法变得精确。不过，在第二章，他得出一个后来对科学和数学的发展特别重要的结果。在考虑了不规则形状的物体后，他结合有关热容量的问题得出结论：如果一种形态在一个时间段的变化率是常

75

---

① 迪昂：《列奥纳多·达·芬奇研究》，卷III，第314—342页。

② 威勒特纳：《奥雷姆的〈论形态幅度〉》("Der 'Tractatus de latitudinibus formarum' des Oresme")，第123—126页。

③ 迪昂：《列奥纳多·达·芬奇研究》，卷III，第290—301页。

④ 施塔姆：《论托马斯·布拉德沃丁的连续统》，第24页。

⑤ 冈瑟(Gunther)：《牛津的早期科学》(Early Science in Oxford)，卷II，第10页。

⑥ 桑代克：《巫术与实验科学史》，卷III，第370页。

⑦ 关于这部著作的一般描述，参阅桑代克的《巫术与实验科学史》，卷III，第XXIII章；以及迪昂的《列奥纳多·达·芬奇研究》，卷III，第477—481页。目前还没有从数学角度对《算术之书》进行分析的论著。

数，或者它在这个时间段的任何一半都是均匀的，那么其平均强度就是该形态最开始和最后强度的平均值。① 要对此做严密的证明，就需要使用极限的概念，不过计算大师采取了以变化率的物理经验为基础的辩证推理。他联系这样的形态论证说，如果允许较大的强度均匀减少至平均值，同时较小的强度以同样的变化率均匀增大到平均值，那么就整体而言，它就既没有增加，也没有减少。② 论证继续深入下去，于是作者增加了诸如下面所示的数字说明：如果强度均匀地从 4 增加到 8，或者在头半段时间里为 4，后半段时间里为 8，那么结果将产生一个均匀强度 6，贯穿整个时间段。③

　　在《算术之书》的其他章节中，此处提出的方法得到扩充，并用于处理有关密度、速度和光强的问题。在这些问题中，苏依塞思再次运用了这一定律，即如果这些量中一个的变化率是常数，或者这个形态在前后两半时间段里的每个变化率为零，那么平均强度就是第一个和最后一个值的平均。就像研究热量强度变

---

　　① "Primo arguitur latitudinem caliditatis uniformiter difformem seu etiam difformem cuius utraque medietas est uniformis, et calidum uniformiter difforme suo gradui medio correspondere."《算术之书》，fol. 4^v, col. 2。

　　② "Capiatur talis caliditas seu tale calidum et remittatur una medietas ad medium et intendatur alia ad medium equeuelociter: et sequitur totum non intendi nec remitti; eo quod totam latitudinem acquiret. Secundum unam medietatem seu partem sicut deperdet secundum aliam partem equalem et in fine erit uniforme sub tali gradu medio. Igitur nunc correspondet tali gradui."同上。

　　③ "Sit enim tale uniformiter difforme seu difforme cuius utraque medietas est uniformis una ut .VIII. et alia ut .IIII. gratia argumenti. Tunc prima qualitas ut .VIII. extenditur per medietatem totius per predicta. Ergo solum denominat totum ut quatuor per idem prima qualitas ut quatuor per aliam medietatem extensa solum facit ut duo ad totius denominatorem. Igitur ille due qualitates totum precise denominabunt ut .VI. qui est gradus medius inter illas medietates. Sequitur igitur positio sic in speciali."同上书，fol. 5^v, col. 2。

化的情况一样,苏依塞思没有给使用的术语下定义,因为要下定义必须先理解极限概念。缺乏这一精确定义,计算大师陷入了有关无穷概念的难题中。例如,他将零度的稀疏度看作无限度的密度,反之亦然。[①] 结果就常常不必要地卷入无穷的悖论中。

计算大师倾向于从强度或者量的观点而非集合的观点考虑无穷大,这在讨论一个非均匀变化的例子中又显现出来。如果苏依塞思的目的主要是将变化的问题引入数学领域,而不是将数学引入变化的辩证讨论,那么这个例子将对微积分的发展产生重要影响。在《算术之书》的第二卷,计算大师出于需要考虑了下面的问题:如果在给定时间段的一半中,变化以某个强度继续,在该时间段接下来的 $\frac{1}{4}$ 部分以该强度的两倍继续,在随后的 $\frac{1}{8}$ 部分以该强度的三倍继续,依此类推直至无穷,那么整个时间段的平均强度将是第二个子区间中的变化强度(或者是第一个强度的两倍)。[②]

[①] "Ergo .a. est infinite densum et per consequens non est rarum. Ex istis sequitur ista conclusio quod aliquid est rarum quod non est rarum quia .a. est rarum quia est uniformiter difforme rarum et non est rarum quia est infinite densum. Pro istis negatur utraque conclusio et tunc ad casum positum quod .a. sit unum uniformiter difformiter rarum terminatur ad non gradum raritatis negatur casus nam ex quo raritas se habet privative sequitur ut argutum est quod ab omni gradu raritatis usque ad non gradum raritatis est latitudo infinita quia non gradus raritatis est infinitus gradus densitatis sed impossibile est quod aliquid sit uniformiter difforme aliquale mediante latitudine infinita. Ideo casus est impossibilis sicut est impossibile quod aliquid sit uniformiter difforme remissum ad non gradum remissionis terminatum."《算术之书》,fol. 19^v,col. 1—2。

[②] "Contra quam positionem et eius fundamentum arguitur sic quia sequitur quod si prima pars proportionalis alicuius esset aliqualiter intensa, et secunda in duplo intensior, et tertia in triplo intensior, et sic in infinitum totum esset equale intensum precise sicut est secunda pars proportionalis quod tamen non uidetur visum."同上书,fol. 5^v,col. 2。

这等价于级数求和：$\frac{1}{2}+\frac{2}{4}+\frac{3}{8}+\frac{4}{16}+\cdots+\frac{n}{2^n}+\cdots=2$。回想

77　一下，阿基米德在他的几何学中利用过一种简单级数，但是禁止使用无穷的典型的希腊思维使他只将求和考虑到第 n 项。对他来说，级数 $1+\frac{1}{4}+\frac{1}{16}+\frac{1}{64}+\cdots+\frac{1}{4^{n-1}}$ 显然可用这样的方法接近 $\frac{4}{3}$，结果取了足够多项以后，就能够使其差小于任意给定的量。但是，他竟然没有将 $\frac{4}{3}$ 定义为这个无穷级数的"和"，因为他的思想仍受芝诺悖论的影响，除非他已具备了如 19 世纪那样精确表达的极限概念。另一方面，14 世纪经院哲学家的讨论经常提到无穷，它可以是实无穷，也可以是潜无穷，于是苏依塞思就信心十足地借助时间区间的一个无限分割，获得了前文那个无穷级数的等价物。他不去解决芝诺疑难，去证明在什么意义上可以说一个无穷级数有一个和——这个问题将留给未来的数学家考虑。相反，计算大师对无穷量的兴趣比对无穷级数的兴趣更大。在他的问题中，不仅时间区间被无限分割，强度本身也变得无穷大了。那么，当一个量的变化率变成无穷大时，它的平均变化率怎么可能是有限的呢？苏依塞思承认，这个不合理的结果需要论证，于是他给出了一个冗长的等价于无穷级数收敛的证明。他的证明如下。

考虑作用在整个给定的时间区间上的两个均匀且相等的变化率 a 和 b，该区间按照比率 $\frac{1}{2}$，$\frac{1}{4}$，$\frac{1}{8}$，$\cdots$划分，现在让变化 b 在整个区间的速率增加为两倍；至于 a，则在第二个子区间增加为两倍，在第三个子区间增加为三倍，如此以至无穷，就像上面的问题一

样。现在，如果 a 在第二个子区间的增量在该子区间及其后所有子区间都持续不变，所得的增量就等价于 b 在第一段时间里的变化。如果 a 在第三个子区间的三倍量在该子区间及其后所有子区间都持续不变，那么 a 进一步获得的增量就等价于 b 在第二个子区间的变化，如此以至无穷。因此，a 从双倍、三倍等获得的增量就等于 b 的两倍所产生的增量；也就是说，在上面所考虑的问题里，平均改变率就是第二个子区间的变化率，这便是所要证明的。①

78

---

① "Nam apparet quod illa qualitas est infinita ergo si sit sine contrario infinite denominabit suum subiectum. Et quod conclusio sequatur arguitur sic: sint .a. .b. duo uniforma eodem gradu, et dividatur .b. in partes proportionales et est illa hora ita quod partes maiores terminentur seu incipiant ab hoc instanti, et ponatur quod in prima parte proportionali illius hore intendatur prima pars .b. ad duplum, et in secunda parte proportionali intendatur secunda pars proportionalis illius ad duplum, et sic in infinitum, ita quod in fine erit .b. uniforme sub gradu duplo ad gradum nunc habitum. Et ponatur quod .a. in prima parte proportionali illius hore intendatur totum residuum .a. prima parte proportionali .a. acquirendo totam latitudinem sicut tunc acquireret prima pars proportionalis .b. et in secunda parte proportionali euisdem hore intendatur totum residuum .a. a prima parte proportionali et secunda illius .a. acquirendo tantam latitudinem sicut tunc acquiret pars proportionalis secunda .b. et in tertia parte proportionali indendatur residuum a prima parte proportionali et secunda et tertia acquirendo tantam latitudinem sicut tunc acquiret tertia pars proportionalis .b. et sic in infinitum scilicet quod quandocumque aliqua pars proportionalis .b. intendetur pro tunc intendatur .a. secundum partes proportionales subsequentes partem correspondentem in .a. acquirendo tantam latitudinem sicut acquiret pars prima in .b. et sint .a. .b. consimilia quantitatiue continue quo posito sequitur quod .a. et .b. continue equeuelociter intendentur quia .a. continue per partes proportionales similiter intendetur sicut .b. quia residuum a prima parte proportionali .a. est equale prime parti proportionali eidem. Cum igitur .b. in prima parte proportionali illius hore continue intendetur per primam partem proportionalem et .a. per totum residuum a prima sua parte proportionali patet quod .a. in prima parte proportionali equeuelociter intendetur cum .b. et sic de omni alia parte eo quod　（接下页）

计算大师给出的证明乏味而冗长，当然，其论点符合我们关于均匀变化率的直觉。由于苏依塞思在他的论著中自由使用速度、密度、光强等术语，而未能给出明确清楚的定义，因此他的著作经常让人觉得——亚里士多德的《物理学》在某种程度上也是如此[①]——他竭力在变化的主题上提出诡辩问题，而没有努力为运动和变化现象的研究建立科学基础。[②]

79　　苏依塞思不幸采取了逍遥学派的态度，认为干燥、寒冷和稀薄这样的质是潮湿、温暖和稠密的对立面，而不只是后者的程度变化。[③]因此，他经常毫无必要地引入无穷的悖论，使讨论变得复杂。不过，让这些数学物理学概念可以从量上得到理解，计算大师也许

（接上页注①）　quandocumque .b. indendetur per aliquam partem proportionalem .a. intendetur per totum interceptum inter partes correspondentes sibi et extremum ubi partes terminantur scilicet minores. Cum ergo quelibet pars proportionalis cuiuslibet continui sit equalis toti intercepto inter eandem et extremum ubi partes minores terminantur. Igitur patet quod .a. continue equeuelociter intendetur cum .b. et nunc est eque intensum cum .b. ut ponitur in casu. Ergo in fine .a. erit .a. eque intensum cum .b. et .a. tunc est tale cuius prima pars proportionalis erit aliqualiter intensa, et secunda pars proportionalis in duplo intensior，et tertia in triplo intensior et sic in infinitum. Et .b. erit uniforme gradu sub quo erit secunda pars proportionalis .a. ergo sequitur conclusio. ”《算术之书》，fol. 5ᵛ，col. 2—fol. 6ʳ，col. 1.

① 参阅马赫：《力学史评》，第 511 页。

② "Multa alia possent fieri sophismata per rarefactionem subiecti, et per *fluxum* qualitatis et alterationis qualitatis si subiectum debet intendi et remitti per huiusmodi rarefactionem, et *fluxum* et alterationem, ad que omnia considerando proportionem totius ad partem responsionem alicere poteris ex predictis faciliter. ”《算术之书》，fol. 9ʳ，col. 2.

③ 关于这一点，应该谈谈几个世纪之后伽利略参与的一次广泛的讨论，有关是否应该将逍遥学派所说的质看作绝对的问题（《伽利略著作集》[*Le Opere di Galileo Galilei*]，卷 I，第 160 页及以后）。甚至到了 18 世纪和 19 世纪，都仍在讨论"冷"光线的存在性问题。参阅，例如尼夫（Neave）：《约瑟夫·布莱克关于化学元素的讲义》（"Joseph Black's Lectures on the Elements of Chemistry"），第 374 页。

是第一个为此认真付出努力的人。他对这些量的变化做出的大胆研究，不仅预示着它们将获得科学的详细描述，而且还预示着变量和导数的概念将被引入数学。事实上，计算大师在此使用的流数（fluxus）和流量（fluens）①，就被大约 300 年后的牛顿所使用。牛顿在自己的微积分里谈到了"流量"（fluent）这样一个变化数学量，并且将其变化的速率称为"流数"（fluxion）。显然，牛顿和苏依塞思一样，认为不需要定义流数这个概念，满足于心照不宣地借助于我们关于运动的直觉。我们对均匀和非均匀变化率的定义，正如苏依塞思所预见的那样，是用数字来表达的；但是它们的严格定义只能在极限概念发展之后才能给出——这是牛顿的贡献。极限来自微积分的概念，微积分则由几何学的直觉演化而来。计算大师的冗长论证并不诉诸几何直觉，这种直觉充当了他早期对变化问题的研究与微积分给出的最终明确表达之间的媒介。14 世纪其他研究形态幅度的人，为苏依塞思的冗长推论和代数的简洁符号化提供了联系。其中最著名的就是奥雷姆。

　　尼科尔·奥雷姆大约生于 1323 年，逝世于 1382 年。因此他比计算大师要稍微年轻一点（我们有一份算术大师的手稿，日期标注为 1337 年②），他的学说很有可能来自苏依塞思和牛津学派的其他人③。

80

---

　　① 《算术之书》，fol. 9^r，col. 2；fol. 75^v，col. 1。

　　② 参阅桑代克：《巫术与实验科学史》，卷 III，第 375 页。

　　③ 迪昂（《列奥纳多·达·芬奇研究》，卷 III，第 478—479 页）在《算术之书》中看到奥雷姆的影响，并将苏依塞思的著作定性为"一位老科学家的著作，以颠三倒四、啰里啰嗦的话开头"；威勒特纳在《中世纪无穷级数的历史》（"Zur Geschichte der unendlichen Reihen im christlichen Mittelalter"，第 166—167 页）中提到迪昂说，计算大师重新发现了奥雷姆的一些例子。不过，桑代克已经清楚地证明，奥雷姆的著作是晚于计算大师的。

此外,根据他们著作的特征,似乎有理由推测,在奥雷姆的著作于巴黎问世之前,《算术之书》就已经在牛津成书了,因为奥雷姆的著作没有《算术之书》的主要缺陷——冗长、复杂的辩证证明以及作者对深奥的诡辩法的偏好。在整部《算术之书》中,没有图表,也没有求助于几何直观,只用文字和算术推理。[1] 另一方面,奥雷姆感觉形态幅度涉及多种类型的变化,很难辨别,除非参考几何图形。[2] 因此,奥雷姆的著作最有效地使用了几何图表和几何直观,还有一个坐标系,令人信服地简化了证明。奥雷姆给形态幅度的这种图示标志着朝微积分的方向又迈进了一步,因为,现代分析的逻辑基础近来虽已尽量摆脱几何直觉,但正是对几何问题的研究以及用数来表示这些问题的努力提出了导数和积分,并使人们有可能详细描述这些概念。

一般都认为《论形态幅度》(*Tractatus de latitudinibus formarum*)[3]是奥雷姆的著作,并认为这是他在这个主题上的主要著

81

---

① 施塔姆(《论托马斯·布拉德沃丁的连续统》,第23页)显然是参考了一个1520年问世的版本,并误以为这是初版本,声称苏依塞思采用了几何图形来图解其论证。这些图解很可能是后来窜改加入的,因为在初版本(1477)中一个都没有。此外,法国抄写员有时会在此类牛津著作手抄本的边缘画图(迪昂:《列奥纳多·达·芬奇研究》,卷 III,第449页)。

② "Quia formarum latitudines multipliciter variantur que multiplicitas difficiliter discernitur nisi ad figuras geometricas consideratio referatur."奥雷姆:《论形态幅度》,fol. 201^r。我曾经在慕尼黑的巴伐利亚州立图书馆使用该著作一种手抄本的影印本,cod Lat 26889,fol. 201^r—fol. 206^r;也可参阅芬克豪泽(Funkhouser)的"统计数据图示的发展史"("Historical Development of the Graphical Representation of Statistical Data"),第275页;还可参阅施塔姆,同上,第24页。

③ 参阅威勒特纳:《奥雷姆的〈论形态幅度〉》,对该书有比较全面的描述。关于对奥雷姆这本著作的评论以及对该时期的整体研究,参阅迪昂《列奥纳多·达·芬奇研究》,卷 III,第346—405页。

作。虽然书中表达的观点也许应该归功于他，但这部论著看起来只是对奥雷姆另一部更大的著作《论力与其度量形式》(*Tractatus de figuratione potentiarum et mensurarum*)①的拙劣模仿，也许是其学生所为。② 《论力与其度量形式》是有关形态幅度最详尽的著作之一，大概写于 1361 年之前。③ 它开篇是用几何方法表示变化，而不是像计算大师那样用数辩证地阐释变化。奥雷姆依照希腊传统，认为数是离散的，几何量是连续的，自然而然地将连续变化与几何图解联系起来。奥雷姆设想由一条垂直于另一条直线的直线来表示一个使形态获得质的强度或变化率，线上的点代表相关的时间或空间分割点。④ 例如，水平线或者说经度可以代表某个给定速度的时间或者持续时间，垂直的高度或者纬度代表速度的强度。⑤ 我们将看到，这里的"经度"和"纬度"用来表示——在一般意义上——现在我们所指的横坐标和纵坐标。当然，奥雷姆

---

　　① 　该著作还有其他书名，如《论均匀及不均匀延伸》(*De uniformitate et difformitate intentionum*)、《论图形的性质》(*De configuratione qualitatum*)。参阅威勒特纳的《关于函数概念》，详尽地描述了该著作里对数学至关重要的比例问题。桑代克在其《巫术与实验科学史》中分析了《论形态幅度》涉及巫术的部分，卷 III，第 XXVI 章。

　　② 　迪昂：《列奥纳多·达·芬奇研究》，卷 III，第 399—400 页。

　　③ 　威勒特纳：《关于函数概念》，第 198 页；迪昂：《列奥纳多·达·芬奇研究》，卷 III，第 375 页。

　　④ 　"Omnis res mensurabilis extra numeros ymaginatur ad modum quantitates continue. Ideo opportet pro ejus mensuratione ymaginare puncta, superficies et lineas aut istorum proprietatis, in quibus, ut voluit Aristoteles, mensura seu proportio perprius reperitur.... Omnis igitur intensio successive acquisibilis ymaginanda est per rectam perpendiculariter erectam super aliquod puctum aut aliquot puncta extensibilis spacii vel subjecti." 威勒特纳：《关于函数概念》，第 200 页。

　　⑤ 　"Tempus itaque sive duratio erit ipsius velocitatis longitudo et ejusdem velocitatis intensio est sua latitudo." 同上书，第 225—226 页。也可参阅《论形态幅度》中的图形，fol. 202ʳ 和 205ʳ。

的著作并不代表对坐标系的最早应用,因为古代的希腊地理学就已经自由使用坐标系了;也不能将他的图示等同于我们的解析几何[①],因为它缺少这个基本概念:任何几何曲线都可通过坐标系与代数方程联系起来,反之亦然。[②]

82

然而,奥雷姆的著作却标志着数学分析取得了一个突出的进步,因为它将变化研究与坐标表示联系起来。尽管亚里士多德否认瞬时速度存在,这个概念却一直被默许使用,有时甚至为希腊几何学家和经院哲学家所用。但是,奥雷姆显然首先迈出了重要的一步,用一条直线表示瞬时变化率。[③] 当然,他无法给瞬时速度下一个令人满意的定义,但仍努力阐明这个概念,他谈到,如果物体一直以这个速度均匀持续运动,那么速度越大,物体经过的距离就越长。[④] 大约 400 年之后,麦克劳林(Maclaurin)在试图详细说明牛顿的流数概念时,也使用了非常相似的表述,但是只有在导数的概念发展起来之后,才能给出一个严密、清晰的定义。此外,奥雷姆还对不可分量和连续统的复杂问题感到困惑不已。虽然他明确主张可以用直线代表一个瞬时速度,但他还是接受了亚里士多德

---

① 迪昂随意地称奥雷姆为解析几何的发明者。参阅,例如他在《天主教百科全书》(*Catholic Encyclopedia*)中有关奥雷姆的词条;还可参阅他的《列奥纳多·达·芬奇研究》,卷 III,第 386 页。

② 参阅库利奇(Coolidge):《解析几何的起源》("The Origin of Analytic Geometry"),第 233 页。

③ "Sed punctualis velocitas instantanea est ymaginanda per lineam rectam." 威勒特纳:《关于函数概念》,第 226 页。

④ "Verbi gratia; gradus velocitatis descencus est major, quo subjectum mobile magis descendit vel descenderet si continuaretur simpliciter." 同上书,第 224 页。

那句格言：每个速度都会在一段时间中持续①。这种观点蕴含了一种数学原子论，它成为导向牛顿和莱布尼茨微积分的许多思想的基础，却被近代数学所抛弃。

有一种普遍的信念认为，17世纪对微积分的形成有重要作用的动力学，几乎完全是伽利略的天才产物，他"为我们创造了……"②"加速度的……全新概念"③。这种观点是十足的误解，不管是谁，哪怕只是浏览一下14世纪有关形态幅度的学说，就能看清这一点。例如，奥雷姆不仅对一般的加速度，而且对特殊的匀加速度，都有清晰的概念。这从他的叙述中看得很清楚：如果加速度是均匀的，那么速度就是均匀的非均匀变化；但是，如果加速度是非均匀的，那么速度就是非均匀的非均匀变化了。奥雷姆进一步将他关于均匀变化率的概念和图示用于如下命题：一个原先静止的物体以匀加速度移动所经过的距离，等于这个物体在相同时段内以最终速度一半的均匀速度移动所经过的距离。后来在17世纪，这一命题对无穷小方法和伽利略动力学的发展，都起到了重要作用。计算大师在更早的时候用更一般的形式叙述过这一点，奥雷姆和伽利略却对它给予几何论证，虽然从近代的观念看来不够严密，但这是积分建立之前能够得到的最好论证了。④

---

① "Omnis velocitas tempore durat."威勒特纳：《关于函数概念》，第225页。

② 马赫：《力学史评》，第133页。也可参阅霍格本：《市民科学》，第241页。

③ 马赫：《力学史评》，第145页。

④ 迪昂（《列奥纳多·达·芬奇研究》，卷III，第388—398页）错误地认为奥雷姆的著作早于计算大师，将该命题称为"奥雷姆定律"。

　　该定理的证明基于这个事实:匀速运动,由于在所有时间里的纬度都是相同的,可以用例如 *ABGF* 这样的长方形(图 6)表示;而匀加速运动,在纬度上的变化与经度上的变化之比为常数①,对应于直角三角形 *ABC*。奥雷姆没有明确表述这个事实(当然,积分

84

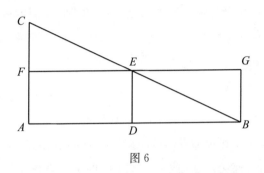

图 6

说明了这一点):*ABGF* 和 *ABC* 的面积各自代表了经过的距离。但这一点似乎已经是他的解释②,因为三角形 *CFE* 和 *EBG* 全等,他得出距离相等的结论③。这也许是一条曲线下的面积第一次被认为代表一个物理量,但不久以后,在将微积分应用于科学研究时,这样的解释就变得很普遍了。奥雷姆没有解释,为什么速度-时间曲线下的面积代表经过的距离。不过,也许他认为面积由大量垂直线段或者说不可分量组成,其中每一个都代表一个持续很短时间的速度。这种原子论的解释,与他在瞬时速度中表达的观

────────────

　　① 　参阅威勒特纳:《关于函数概念》,第 209—210 页;还可参阅《论形态幅度》,fol. 204ʳ。迪昂在这些观察的基础上,没有根据地断言奥雷姆"给出了直线的方程式,因此在解析几何的发明上比笛卡尔早了一步"。参阅他在《天主教百科全书》中的文章《奥雷姆》。

　　② 　迪昂:《列奥纳多·达·芬奇研究》,卷 III,第 394 页。

　　③ 　威勒特纳:《关于函数概念》,第 230 页。

点一致，也与经院学派对无穷小的兴趣一致。几个世纪之后，伽利略更加大胆和生动地阐述了这种解释，那个时候，原子论概念在科学和数学的领域都更加普及了。

与奥雷姆和计算大师的解释相似的论点，也出现在当时其他人的著作中，尤其是在牛津和巴黎。[①] 亨蒂斯贝里的威廉（William of Hentisbery）是牛津著名的逻辑学家，在运动主题上提出诡辩法方面，他也许超过了计算大师，清楚地表述了均匀的非均匀变化的定律。[②] 茵汉的马西留斯（Marsilius of Inghen）在巴黎根据奥雷姆的几何表示，详细阐述了同样的定律。[③] 牛津和巴黎发展起来的传统，在 15 世纪的意大利也得到传承。帕尔马的布拉修斯（Blasius of Parma，或 Biagio Pelicani）被认为是当时最多才多艺的哲学家和数学家，他在《对形态幅度论者的质疑》（*Questiones super tractatum de latitudinibus formarum*）一书中，也解释了这条定律。[④] 16 世纪，巴黎的阿尔瓦勒斯·托马斯（Alvarus Thomas）[⑤]、约翰·梅杰（John Major）、多米尼克·索托（Dominic Soto）等人[⑥] 知道关于质的均匀的非均匀问题的同一个原理。因此，从 14 世纪到 16 世纪，关于匀加速运动的原理似乎已经成为经院学派的一般

85

---

① 参阅迪昂：《列奥纳多·达·芬奇研究》，卷 III，第 405—481 页。

② 威勒特纳在《奥雷姆的〈论形态幅度〉》（第 130—132 页注释）中说，亨蒂斯贝里的论证中附有图表，但是迪昂（《列奥纳多·达·芬奇研究》，卷 III，第 449 页）说他的作品中没有几何论证。

③ 迪昂：《列奥纳多·达·芬奇研究》，卷 III，第 399—405 页。

④ 参阅阿莫蒂奥（Amodeo）：《论帕尔马的比亚吉奥·佩里卡尼》（"Appunti su Biagio Pelicani da Parma"）。

⑤ 威勒特纳：《中世纪无穷级数的历史》，第 154 页。

⑥ 迪昂：《列奥纳多·达·芬奇研究》，卷 III，第 531 页及其后。

知识，伽利略很有可能熟悉他们的著作，并利用它们发展了他的动力学。[①] 无论如何，当伽利略著名的《关于两门新科学的对话》（*Discorsi*）于 1638 年出版时，其中包含的一幅图和一套论证，与前面奥雷姆所给的极其相似。[②]

14 世纪，用数学的方式表示变化的工作导致有关形态幅度的论著盛行，而这些努力以多种方式与涉及微积分的其他问题联系起来。《论形态幅度》的作者在讨论用半圆图解表示一个形态时（与非均匀的非均匀幅度有关）谈论道，一个强度的变化率，在与最大强度对应的点上，是最小的。[③] 这句随意的说明被过度解读成伟大的成果，因为数学史家将下面的观点归功于该书的作者：曲线纵坐标上的增量在其极大值点为零，微商在这个点上变为零！[④] 将这个观点归功于《论形态幅度》的作者显然没有根据，因为这预先假定了他对多个世纪后才提出的极限和微商有清楚定义。[⑤] 此

[①] 措伊滕：《16 世纪和 17 世纪数学史》（*Geschichte der Mathematik im XVI. und XVII. Jahrhundert*），第 243—244 页。

[②] 马赫《力学史评》，第 131 页）也许不知道早期的著作，将图示和概念都归功于伽利略。

[③] "在任意图形中，其增加都在最高度缓慢的点停止，而其减小却在最高度缓慢的点开始，从图中可以清楚地看出，在该点停止了上升而开始下降。"《论形态幅度》，fol. 205ʳ。这里提到的图形(fol. 204ᵛ)很像半圆。

[④] 古茨(Curtze，"关于手稿 R，4°，2"["Über die Handschrift R，4°，2"]，第 97 页)说，奥雷姆注意到，在一般情况下，"曲线纵坐标的增量在极大和极小附近等于零"；莫里兹·康托尔甚至更加有力地指出(《数学史讲义》，卷 II，第 120 页)："奥雷姆看出，在曲线的最高和最低处，纵坐标对横坐标的微商为零，这表明了 300 年后人们才用文字表达出来的定理的真实性。"

[⑤] 威勒特纳在《奥雷姆的〈论形态幅度〉》(第 142 页)中说"我认为这个评论只是描述性的"；季姆琴科(Timtchenko)在《关于尼科尔·奥雷姆〈论形态幅度〉的一点问题》中表示赞成，说"它与公式 $\dfrac{dy}{dx}=0$（针对图像顶点）表达的定理仍然相距甚远"。

外,作者显然没有想到将结论扩展到其他情况,使命题更一般化。　86
不过,他的说明的确清楚地表示,在以后的几个世纪中,形态幅度
的概念进入几何与代数,最终成为微积分的基础,将得到多么有效
的成果。经院哲学家力求用文字和几何图形阐述他们的思想,因
而不如我们理解并运用数学符号的思想来得经济和成功。

如同早些时候的苏依塞思一样,奥雷姆对非均匀的非均匀幅
度的进一步研究,把他引向了另一个在微积分发展中十分重要的
课题——无穷级数。他采用了与计算大师相同的方式,研究一个
物体在某段时间的前一半里以匀速移动,在接下来的 $\frac{1}{4}$ 段时间里
以 2 倍的速度移动,在随后的 $\frac{1}{8}$ 段时间里以 3 倍的速度移动,如此
以至无穷。他发现,在这种情况下,物体移动的总距离是它在头半
段时间经过距离的 4 倍。不过,计算大师在为该结果辩护时求助
于迂回的文字论证;奥雷姆在这里(就像在他早期的著作中一样)
使用的却是几何方法,并比较了面积,这个面积对应于运动图示中
的距离。[1]

他还用这种方式处理了另一个相似的情况,其中时间被分成
$\frac{3}{4}$,$\frac{3}{16}$,$\frac{3}{64}$,…,速度像之前那样按算术比例增加。这次他发现总
距离为第一个子区间距离的 $\frac{16}{9}$。接着奥雷姆研究了更复杂的情
况。例如,他假设在头半段时间,物体以匀速移动;在接下来的 $\frac{1}{4}$

---

[1]　参阅威勒特纳:《关于函数概念》,第 231—235 页。

时间段,物体以匀加速度移动,直到速度达到最初的两倍;在下一

个 $\frac{1}{8}$ 时间段,物体按前段的最后速度做匀速运动;在随后的 $\frac{1}{16}$ 时间

段,又以匀加速度移动,直到速度再次翻番;等等。奥雷姆发现,在

这个情况下,物体经过的总距离(或者"质")与头半段时间里经过

的距离之比为7:2。[①] 这等同于用几何方法求级数 $\frac{1}{2} + \frac{3}{8} + \frac{1}{4} +$

$\frac{3}{16} + \frac{1}{8} + \frac{3}{32} + \frac{1}{16} + \frac{3}{64} + \cdots$,一直相加到无穷的总和。

87　　　考虑这种无穷级数的经院哲学家,并非只有计算大师和奥雷

姆。在一本写于 1390 年之前的小册子《有一热体》(*A est unum*

calidum)[②]里,其匿名作者重新发现了他们的一些关于级数的结

果。1509 年,巴黎的阿尔瓦勒斯·托马斯所著的《三重形态之书》

(*Liber de triplici motu*)中出现了类似的研究,这本书是为苏依塞

思的《算术之书》写的引论,里面处理了早先由计算大师和奥雷姆

提出的几个级数。但是,作者继续研究了类似的但更复杂的情况,

他(使用计算大师和奥雷姆的方式)发现,级数 $1 + \frac{7}{4} \cdot \frac{1}{2} + \frac{11}{8} \cdot \frac{1}{2^2}$

$+ \frac{19}{16} \cdot \frac{1}{2^3} + \cdots$ 和 $1 + \frac{4}{3} \cdot \frac{1}{2} + \frac{7}{6} \cdot \frac{1}{2^2} + \frac{13}{12} \cdot \frac{1}{2^3} + \cdots$ 的无穷总和分

别是 $\frac{5}{2}$ 和 $\frac{20}{9}$。[③] 阿尔瓦勒斯·托马斯指出还能找到很多这样的级

---

① 威勒特纳:《关于函数概念》,第 235 页。

② 威勒特纳:《中世纪无穷级数的历史》,第 167 页;还可参阅迪昂:《列奥纳多·达·芬奇研究》,卷 III,第 474—477 页。

③ 威勒特纳:《中世纪无穷级数的历史》;迪昂:《列奥纳多·达·芬奇研究》,卷 III,第 531 页及以后。

数。因为其中有些总和涉及对数,所以他无法求出精确的总和,而只是给出介于某些整数之间的近似值。所以他会说 $1+\dfrac{2}{1}\cdot\dfrac{1}{2}+\dfrac{3}{2}\cdot\dfrac{1}{2^2}+\dfrac{4}{3}\cdot\dfrac{1}{2^3}+\cdots$(结果是 $2+\log 2$)的总和介于 2 与 4 之间。[①]

必须记住,经院哲学家处理这些无穷级数的方法,与现在微积分的处理方法不一样,因为他们是用修辞的方式而不是通过符号给出的,并且还受形态幅度的概念所束缚。此外,结果要么是通过文字论证,要么以几何的方式从形态的图示中求出的,并非采用基于极限概念的算术方式。如果他们的研究与阿基米德的几何运算更紧密地联系起来,少受亚里士多德哲学的约束,那么他们将获得更丰硕的成果:可以先于斯蒂文(Stevin)和 17 世纪的几何学家从古典的穷竭法中去除归谬法论证,代之以暗示极限概念的分析。

在随后的经院学派衰落时期,14 世纪巴黎和牛津关于形态幅度和相关课题的研究并没有被遗忘,因为这些学说传播到了意大利的大学里。[②] 需要特别指出的是,帕尔马的布拉修斯在帕维亚、波洛尼亚和帕多瓦讲授过这些学说。[③] 一个世纪之后,卢卡·帕乔利和列奥纳多·达·芬奇都提到过他;库萨的尼古拉斯很有可能受到他的影响。[④] 15 世纪和 16 世纪的人十分崇拜计算大师和

88

---

① 威勒特纳:《中世纪无穷级数的历史》,第 161—164 页;也可参阅迪昂:《列奥纳多·达·芬奇研究》,卷 III,第 540—541 页。
② 迪昂:《列奥纳多·达·芬奇研究》,卷 III,第 481—510 页。
③ 参阅桑代克:《巫术与实验科学史》,卷 IV,第 65—79 页。
④ 参阅阿莫蒂奥:《论帕尔马的比亚吉奥·佩里卡尼》,卷 III,第 540—553 页。

奥雷姆的著作,从 1477 年到 1520 年,《算术之书》和《论形态幅度》都印刷了好几个版本①,每个版本都有注解。在卡尔达诺(Cardan)的《论事物的玄秘》(*De subtilitate*)里,计算大师被奉为伟人,与阿基米德、亚里士多德和欧几里得并列。② 我们已经说过,伽利略在他的动力学中给出了一个与奥雷姆几乎相同的几何论证,在另一处,他在有关阻力介质(resisting medium)中活动的问题上参考了计算大师和亨蒂斯贝里的著作。③ 同样,笛卡尔在确定落体定律的研究里,也运用了非常近似于奥雷姆的论据。④ 甚至直到 17 世纪末,计算大师还是声名卓著,莱布尼茨好几次提到他,几乎把他当作将数学应用于物理的第一人,而且还是把数学引入哲学的人。⑤

　　提出形态幅度学说的这些伟大倡导者虽继续享有声望,他们所代表的那种工作类型,却注定不会成为微积分方法发展中具有决定性影响的基础。指导原则是由阿基米德的几何学提供的,尽

89

---

　　① 《算术之书》1477 年和 1498 年在帕多瓦出版,1520 年又在威尼斯出版;《论形态幅度》1482 年和 1486 年在帕多瓦出版,1505 年在威尼斯出版,1515 年在维也纳出版。

　　② 卡尔达诺:《全集》(*Opera*),卷 III,第 607—608 页。

　　③ "Secunda dubitatio: quomodo se habent primae qualitates in activitate et resistentia. De hac re lege Calculatorem in tractatu De reactione, Hentisberum in sophismate."参阅《全集》,卷 I,第 172 页。

　　④ 《著作集》(*Œuvres*),卷 X,第 58—61 页。

　　⑤ "Quis refert, primum prope eorum, qui mathesin ad physicam applicarunt, fuisse Johan. [*sic*] Suisset calculatorem ideo, scholasticis appellatum."致特奥菲卢斯·斯比塞尔(Theophilus Spizelius)的信(1670 年 4 月 7/17 日),《全集》(迪唐斯编[Dutens],卷 V,第 347 页。"Vellem etiam edi scripta *Suisseti*, vulgo dicti *calculatoris*, qui Mathesin in Philosophicam Scholasticam introduxit, sed ejus scripta in Cottonianis non reperio."致托马斯·史密斯(Thomas Smith)的信(1696 年),《全集》(迪唐斯编),卷 V,第 567 页。也可参阅《全集》(迪唐斯编),卷 V,第 421 页。

管这些原则还需要用运动学的概念加以修正,而这些概念又是经院哲学家在讨论变化时,由准逍遥学派式的争论中提出来的。早在 15 世纪初,阿基米德的测量科学和数学就变得更有影响力了,因此,诸如帕尔马的布拉修斯等人,在某些情况下更愿意选择阿基米德而非亚里士多德的解释。帕尔马的布拉修斯写过许多数学题目,据说还写过有关无穷小的文章①,但其已知的现存著作中没有这方面的论著。

不过,我们倒是有枢机主教库萨的卡迪纳尔·尼古拉斯的著作,其中可看出经院学派思辨(也许是通过布拉修斯)和阿基米德研究的双重影响,以及 15 世纪(尤其是在德国的土地上)发展起来的另一个趋势的影响。随着经院哲学(其过分的严谨受到当时正在发展的人道主义的厌恶)极端理性和严密的思想走向衰落②,一股偏向柏拉图和毕达哥拉斯学派的神秘主义潮流出现了③。在某种程度上,这很可能是当时神秘主义④盛行的原因。另一方面,意大利科学的发展(伽利略的动力学使之达到顶点)在很大程度上也归功于柏拉图和毕达哥拉斯学派的数学哲学。⑤ 从

---

①　霍庇(《从莱布尼茨到牛顿的无穷小运算史》,第 179 页)说,"因此,在这方面,他是与其相隔 148 年的卡瓦列里的先驱",布拉修斯死于 1416 年。不过,霍庇也许考虑的是 1486 年出版的布拉修斯的《对形态幅度论者的质疑》一书,与卡瓦列里 1635 年出版的《不可分量几何学》(Geometria indivisibilibus)相距大约 148 年。

②　桑代克:《巫术与实验科学史》,卷 III,第 370 页。

③　拉斯韦兹:《原子论的历史》,卷 I,第 264—265 页;也可参阅伯特:《近代物理学的形而上学基础》,第 18—42 页。

④　参阅桑代克:《15 世纪的科学和思想》(Science and Thought in the Fifteenth Century),第 22 页。

⑤　斯特朗(Strong):《运算与形而上学》(Procedures and Metaphysics),第 3—4 页;也可参阅科恩:《无穷大问题的历史》(Geschichte des Unendlichkeitsproblems),第 95 页。

微积分兴起的观点看,几个世纪以来,柏拉图主义的普及对数学产生了一种并非完全不好的影响,因为它允许亚里士多德哲学和希腊数学的严密性所否认的东西进入几何,即可以自由应用柏拉图主义和经院哲学家所孕育的无穷大和无穷小概念。库萨的尼古拉斯不是一位受过专门训练的数学家,不过他显然十分熟悉欧几里得的《几何原本》,并且读过阿基米德的著作。尽管他主要是神学家,但就像柏拉图的情况一样,数学仍然构成了他整个哲学体系的基础。① 对他而言,数学是阐释宇宙所必需的形式②,而不像亚里士多德认为的那样,是一门仅仅局限于量的科学。亚里士多德坚持数学的运算特征,否认数的形而上学重要性,当时库萨却复兴了柏拉图式的算学。③ 他再次将数学的实体与本体论的实在性联系起来,恢复了数学的宇宙论地位——这是毕达哥拉斯赋予数学的。此外,他认为数学命题的正确性是由智慧建立的,这使得该学科不受经验主义研究的束缚。

认为数学先于或者至少独立于感官证据的观点鼓励了人们的思辨,并且只要不出现思想上的矛盾,就允许不可分量和无穷大进入数学。这样的态度丰富了该学科,导致微积分方法的产生,但得到这一好处却以损害古代几何学的特点——严密性为前提。直到19 世纪以前,近代数学中都找不到与欧几里得的逻辑完美性相匹

---

① 尚兹(Schanz):《论库萨的枢机主教尼古拉斯的数学》(*Der Cardinal Nicolaus von Cusa als Mathematiker*),第 2 页和第 7 页。

② 洛玻(Löb):《关于库萨的尼古拉斯的知识在数学上的重要性》(*Die Bedeutung der Mathematik für die Erkenntnislehre des Nikolaus von Kues*),第 36—37 页;还可参阅马克斯·西蒙(Max Simon):《作为数学家的库萨》(*Cusanus als Mathematiker*)。

③ 参阅希思:《时间的概念》(*The Concept of Time*),第 83 页。

敌的部分。从微积分发展的观点看,这倒也并非不幸的境地,因为无穷大和无穷小几乎可以完全自由地主宰一切,尽管要到大约 400 年之后,人们才为这些概念建立令人满意的逻辑基础,才在数学中建立清楚、严密的极限概念。

　　尽管无穷大和无穷小遭到亚里士多德的排斥,阿基米德仍然暗地里在他的几何学中使用,经院学派也在其辩证哲学中自由地讨论这些概念;但是,库萨的尼古拉斯却让它们与混合了毕达哥拉斯学派和神学神秘主义的没有必要的庞然大物①一起,成为数学公认的主要课题。

　　库萨的尼古拉斯给无穷大(大得不能再大)和无穷小(小得不能再小)②下的定义不能令人满意,而且他的数学证明也并非总是无懈可击。但是,他的工作十分重要,因为他不像亚里士多德那样,仅仅把无穷大和无穷小作为潜在性来使用,而是作为现实存在来使用,把它当作运算有限量的上下界。对库萨的尼古拉斯来说,二角形和圆分别是边数最少和最多的多边形,同样,他也将零和无穷大视为自然数序列的下界和上界。③另外,他最喜欢的哲学学说——有限的智慧只能无限渐进地接近真理——使其观点变得丰富多彩,这种学说也许源于经院学派有关无穷大的准神学讨论。结果,无穷大就成了所有知识的源泉和方法,与此同时,又是不可

91

---

　　①　科恩:《无穷大问题的历史》,第 127 页。

　　②　洛伦茨(Lorenz):《库萨的尼古拉斯的无穷大》(*Das Unendliche bei Nicolaus von Cues*),第 36 页。

　　③　同上书,第 2 页。

企及的目标。[①] 这种态度使得库萨把无穷大视为只有完成有限之后才能达到的边界[②]，这个观点代表了朝向极限概念[③]的奋斗，而极限概念要在下一个 500 年间才获得发展。

在这一观点的基础上，库萨的尼古拉斯提出了一个典型的求圆面积的方法。如果把圆看作一种多边形——与希腊的全等概念相反，有无穷多条边，边心距等于半径，那么就可以用多边形求面积的方法算出它的面积：将圆分割成许多（在这里为无穷多）个三角形[④]，以边心距和周长乘积的一半来计算面积。库萨的尼古拉斯解释圆的测量法时，加上了阿基米德使用内接和外切多边形的一个证明，还加上了一个归谬法证明；但是，后来斯蒂文、开普勒等人使用他的方法时，却抛弃了阿基米德的证明，认为一个初等的等价极限概念就足够了。

柏拉图尽管反对德谟克利特的原子学说，但仍试图将连续统与不可分量联系起来。库萨就像他一样，反对伊壁鸠鲁的原子论，同时又把线视为一个点的伸展。他还以类似的方式提出，虽然连续运动是可以想象的，但实际上却不可能发生[⑤]，因为运动被看作由一系列有序的静止状态组成[⑥]。这些观点让我们想起近代数学的连续统和所谓的变量静态理论（static theory of the variable），但是决不能将现在表征这些问题的任何精确性归功于库萨的尼古

---

① 科恩：《无穷大问题的历史》，第 87 页。
② 拉斯韦兹：《原子论的历史》，卷 I，第 282 页。
③ 参阅西蒙：《微分学的历史和哲学》，第 116 页。
④ 尚兹：《论库萨的枢机主教尼古拉斯的数学》，第 14—15 页。
⑤ 希思：《时间的概念》，第 82 页。
⑥ 科恩：《无穷大问题的历史》，第 94 页。

拉斯。他没有弄清楚,连续以何种方式转变为离散。他断定,虽然在思想中,诸如空间和时间这样的连续量的分割可以无限地继续下去,但是在现实中,这种分割却受限于可获得的最小部分——也就是说,受原子和瞬时的限制。[①]

15 世纪中期,库萨的尼古拉斯在阐述他关于无穷小和无穷大性质的观点时有些表达不够明确。大约两个世纪之后,形形色色的不可分量方法的表述就像库萨的表述一样不够清晰,虽然后面这些方法引出了微分和积分。但是,我们并不能因此得出结论,认为库萨的观点代表了数学的某种复兴,或者认为它预示着新分析的崛起。这位枢机主教当时在涉及教会和国家的事务上十分投入,并没有在数学中贡献具有持久重要性的工作。雷格奥蒙塔努斯对库萨化圆为方的多次尝试提出的批评[②]是完全正确的。在阿基米德运用严密的穷竭法之前,柏拉图的思想仍然有助于他在研究中利用无穷小;与此类似,库萨的尼古拉斯的思辨,也很可能促使后世的数学家结合阿基米德的证明使用无穷的概念。

通过库萨的尼古拉斯,列奥纳多·达·芬奇受到了经院学派思想的强烈影响[③],他也很熟悉阿基米德的著作:据说他在寻找一个四面体的重心时,把四面体想象为由无穷个平面组成,从而运用

93

---

① 希思:《时间的概念》,第 82 页。科恩:《无穷大问题的历史》,第 94 页。拉斯韦兹:《原子论的历史》,卷 II,第 276 页及以后。

② 参阅卡斯特纳(Kästner):《数学史》(*Geschichte der Mathematik*),卷 I,第 572—576 页。

③ 迪昂:《列奥纳多·达·芬奇研究》,卷 II,第 99 页及以后。

无穷小来求四面体的重心。但是，我们不能确定他的观点。① 在米夏埃尔·施蒂费尔（Michael Stifel）的著作里，库萨的观点表达得更清楚。施蒂费尔提出，一个圆可以正确地描述成一个有无穷条边的多边形，在数学圆产生前，所有拥有有限条边的多边形都已经存在，就像所有给定的数都先于无穷数一样。② 稍晚些的弗朗索瓦·韦达（François Viète）也把圆说成是具有无穷条边的多边形。③ 这些都表明，16世纪的数学家普遍接受这个概念。但是，对库萨的尼古拉斯关于无穷大和无穷小的数学思想的最完整的表达，出现在约翰·开普勒的著作中。开普勒深受这位枢机主教的观点影响，称他为"非凡的库萨"；他也许还深受柏拉图和毕达哥拉斯学派神秘主义的感染。很可能是库萨对无穷概念富于想象力的运用，将开普勒引向了他的连续性原理——在一个定义中包括了一个图形的普通和极限形状，与之相应，他认为圆锥曲线构成了一族曲线类型。④ 这种概念常常会导致矛盾的结果，因为无穷大的概念还没有一个坚实的数学基础；但是开普勒的大胆观点提示了一条后来富有成果的道路。开普勒生活的时间比库萨晚一个半世

---

① 利百里（Libri）：《意大利数学史》（*Histoire des sciences mathématiques en Italie*），卷 III，第 41 页；迪昂：《列奥纳多·达·芬奇研究》，卷 I，第 35—36 页。前者声称列奥纳多使用了不可分量，后者则质疑这一点。迪昂说，在这种情况下（参阅《静力学的起源》，卷 II，第 74 页），阿基米德在其关于重心的研究中把自己局限于平面图形时，他显然错了。因为在《方法论》里，已经求出了球缺和抛物体截段的重心。

② 参阅格哈特（Gerhardt）：《德国数学史》（*Geschichte der Mathematik in Deutschland*），第 60—74 页。

③ 莫里兹·康托尔：《数学史讲义》，卷 II，第 539—540 页。

④ 这从他的叙述中可以看出来："……我说直线是最钝的双曲线，库萨说无穷大的圆是直线……，诸如此类，他要做类似的表达，没有别的目的。"开普勒：《全集》（*Opera omnia*），卷 II，第 595 页。

纪。另外，与其前辈不同的是，尽管开普勒早期接受了神学方面的训练，但他主要是个数学家。因此，他能够最大限度地利用 16 世纪中期翻译出版的大量阿基米德著作。

94

曾经有评论说，中世纪几乎没有给古希腊在几何学或者代数理论方面的著作增添什么。这时的主要贡献是从哲学角度出发，思辨地讨论无穷大、无穷小和连续性，还有涉及运动和可变性研究的新观点。在微积分方法和概念的发展中，这样的论著并非无足轻重，因为它们使得该学科的早期奠基者将变量的图示和函数的概念与希腊的静态几何学联系起来。

牛顿和莱布尼茨，以及他们的许多前辈，都从量的产生探索微积分的基础——这个观点也许可视为经院哲学对该学科的发展所做的最杰出的贡献。然而，当 17 世纪的人们把无穷小演算详细描述成一种崭新的分析时，是阿基米德早就写成的有关度量的专著，为它提供了坚实的数学基础。这些论著已经失散了，有的已经失传，但是阿拉伯人熟悉其中许多论著，而且阿基米德的手抄本在经院学派时期很有名。① 但是，在他的论著的印刷本出现之前，人们没有给他的成果增添什么重要的东西。1543 年，意大利数学家尼科洛·塔尔塔利亚(Nicolo Tartaglia)在威尼斯出版了一部分阿基米德的著作，包括有关重心、抛物线求积、圆的度量方面的内容，还包括有关浮体的第一本书。1544 年，巴塞尔出版了维纳托留斯(Venatorius)的初版书；1558 年，威尼斯出版了弗雷德里戈·科曼

---

① 参阅桑代克和凯伯瑞所著的《中世纪拉丁文科学作品引言目录》，其中可以找到 12—15 世纪大约 12 篇手抄本的引文。

迪诺(Federigo Commandino)的重要译本。科曼迪诺自己也仿照阿基米德写了一本论著——《固体重心书》(*Liber de centro gravitatis solidorum*)，可见有关这位伟大的叙拉古数学家的方法的研究，已经取得长足进步，可以在此基础上做出新的贡献了。可是，不久之后，开普勒等人就多番尝试用新方法代替阿基米德那严密到近乎乏味的论证，这些新方法与旧方法等价，但是更加简单，很容易用于解决新问题，这恰好是穷竭法所缺少的。

　　正是对这种替代方法的探索，再加上经院学派思辨的帮助，在下一个世纪带来了微积分的方法。为了叙述的方便和统一起见，我们将在下一章里详述这一主题。

第四章 一个世纪的期待

　　毕达哥拉斯学派曾试图通过叠合几何量来比较长度、面积和体积,希望将每一个构形与一个数字联系起来,微积分概念发展的起点也许不妨从这里算起。这些量的不可公度性问题使他们的努力受挫,后来希腊几何学家便运用欧多克索斯的穷竭法,绕开此类直接比较。通过穷竭法就不需要使用无穷大和无穷小了——尽管阿基米德曾经把这两个具有启发性的概念,用于研究有关面积和体积的问题,并将它们作为古典几何的穷竭法给出直觉清楚、逻辑严密的证明之前的预备工作。

　　在中世纪后期,无穷大和无穷小的概念,还有相关的变化和连续统概念,都可以更加自由地讨论和运用。但是,这种思辨的兴趣主要涉及形而上学或者科学,甚至解释自然巫术(natural magic)[1]的可能性的尝试,与几何学关系不太密切。因此,对微积分的产生有主要影响的,并不是经院哲学家的学说,而是对于阿基米德方法的更大热情,这种热情在 16 世纪末就非常明显,随后还持续了整整一个世纪。15 世纪末与 16 世纪初,约尔丹努斯·奈莫拉里乌

---

　　① 桑代克:《巫术与实验科学史》,卷 III,第 371 页。

斯、布拉德沃丁、计算大师、奥雷姆、亨蒂斯贝里等中世纪学者的著作曾多次重版,但是 16 世纪中期兴起了一股强烈反对亚里士多德哲学和经院学派方法论的思潮①,拉米斯(Ramus)的态度就说明了这种思潮。就在这股反对浪潮高涨的时期,出现了阿基米德著作的许多版本,当时的人们对他崇拜有加,拒不认可中世纪的研究。②

　　不过,可以明显看出,这一时期的数学受到经院学派时代影响的干扰——有人试图调和阿基米德的思想与新近发现、正在发展中的无穷小方法。在这个发展过程中,还有一个与阿基米德和经院学派时期都毫不相干的趋势值得注意——对意大利发展的阿拉伯代数具有更加浓厚的兴趣,其中不包括无穷的概念。与大约 300 年前从比萨的列奥纳多著作中发现的代数相比,卢卡·帕乔利的《算术大全》中的数学没有什么大的进步③,但是,到了 16 世纪,人们又重新刻苦地研究该学科。在 1545 年之前,塔尔塔利亚和卡尔达诺就已经解决了三次方程,费拉里(Ferrari)解决了四次方程;此后,卡尔达诺、邦贝利(Bombelli)、施蒂费尔等人就更加自由地使用无理数、负数和虚数了。希腊人认为,在严格意义上说,无理比值不能当作数,中世纪的看法与此相似。布拉德沃丁断定,一个无理比值不能用任何数表示④;奥雷姆在讨论天体运动是可

---

　　①　约翰逊(Johnson)与拉基(Larkey):《罗伯特·雷科德的数学教学和反亚里士多德运动》("Robert Recorde's Mathematical Teaching and the Anti-Aristotelian Movement")。

　　②　迪昂:《静力学的起源》,卷 I,第 212 页。

　　③　卡约里:《数学史》,第 128 页。

　　④　霍庇:《微积分的历史》,第 158 页。

公度还是不可公度的普遍问题时,得出结论说:几何学偏爱后者,但算术偏爱前者。[①]

另一方面,印度人和阿拉伯人都没有清楚地区分有理数和无理数。16 世纪的数学家在引入印度-阿拉伯代数时,继续采用无理比值。当时他们把这个比值当作一个数,但又效仿比萨的列奥纳多,轻蔑地把它看成是一个无理的数,并且继续把它解释为几何的线段比。[②] 负数量得到了印度人的承认,但是没有得到希腊人和阿拉伯人的认可;16 世纪时它们被认为是错的数或者虚构的数,不过到了 17 世纪,这些都作为严格意义上的数得到承认。[③] 虚数在 16 世纪后也经常被使用,尽管在高斯(Gauss)之前,它们仍然在数学上处于一种不正常的地位。

当时,数的一般化虽然没有建立在令人满意的定义基础上,却对后来通向极限概念和数学的算术化产生了影响。比这更重要的是,在 16 世纪后期微积分运算法则的发展过程中,系统引进了代数关系中包含的量的符号。

早在 13 世纪,约尔丹努斯·奈莫拉里乌斯就在其科学和数学研究中将字母用作量的符号。不过,它们作为进入代数的抽象量

98

---

① 桑代克:《巫术与实验科学史》,卷 III,第 406 页。

② 参阅普林斯海姆(Pringsheim):《无理数与极限概念》("Nombres irrationnels et notion de limite"),第 137—140 页;芬克(Fink):《数学简史》(*A Brief History of Mathematics*),第 100—101 页。但是,晚至 1615 年,开普勒还把无理数说成是"不可言喻的",《全集》,卷 IV,第 565 页。

③ 参阅法恩:《代数系》,第 113 页;保罗·塔内里:"历史观念",第 333—334 页;费尔(Fehr):《数字概念在其逻辑和历史发展中的延伸》("Les Extensions de la notion de nombre dans leur développement logique et historique")。

符号得以确立,在很大程度上应归功于法国数学家弗朗索瓦·韦达[①],他用辅音字母表示已知量,元音字母表示未知量。他将算术("数的逻辑")和代数("类的逻辑")区分开来,因此使代数不仅用数,而且用字母进行计算。

在随后几个世纪中,字母符号对解析几何与微积分的迅速发展极其重要[②],因为它允许变化与函数的概念进入代数思想。符号改进后,也带来了比阿基米德累赘的几何运算更易于使用的方法,从而改进了阿基米德的方法,使其最终得到认可,形成一种新的分析——微积分。发生这些转变的年代,也许可看作牛顿和莱布尼茨工作的先驱世纪。[③]

16 世纪中期,出现了阿基米德著作的多种译本,不久之后,数学家就能够在希腊的经典著作之外,做出他们自己独创的贡献了。1565 年,科曼迪诺出版了一本有关重心的著作,就可证实这一点。在该书中,他尤其证明了旋转抛物体截段的重心位于轴上从顶点到底边距离的 $\frac{2}{3}$ 处。[④] 凑巧的是,阿基米德在《方法论》里用无穷小量证明过这个命题,而当时该著作显然还不为人知。科曼迪诺的证明遵循了穷竭法的正统方式。不过,对微积分的发展而言,这种推广与后续数学家引入的某种显著的方法创新相比,也许影响

①　卡约里:《数学史》,第 139 页。

②　参阅卡尔平斯基:《数学发现中是否有进步?》,第 47 页。

③　要全面了解这一时期所研究的方法,可参阅措伊滕:《16 世纪和 17 世纪数学史》。措伊滕的叙述描绘了在此期间该学科(而不光是基本概念)的发展轮廓,因此包含了大量数学细节。

④　科曼迪诺:《固体重心书》,fol. 40^{v}—41^{v}。

力要小得多。第一个这样的重要改进可能是布鲁日的西蒙·斯蒂文于 1586 年提出的，比第一部微积分著作的出版时间大约早了 100 年——莱布尼茨是 1684 年，牛顿是 1687 年。

斯蒂文主要是一位工程师，也是一位以实用为准则的科学家。出于这个原因，他也许对科学哲学和数学严密性的苛求不够重视，而更看重工艺传统和方法论。① 因此，斯蒂文并不像科曼迪诺那样只是模仿阿基米德对穷竭法的运用：他承认其典型证明的直接部分足以确立任何需要穷竭法的命题的正确性，无须给每个证明都加上希腊严密性所要求的归谬法。此外，就像我们在积分中所做的那样，他常常省略阿基米德使用的一个近似图形，只用内接或者外切图形。斯蒂文（在他关于静力学的著作里，1586 年出版）证明三角形的重心位于其中线上，论证如下。在三角形 ABC 中内接若干等高的平行四边形，如图 7 所示。根据两侧对称图形的平衡原理（阿基米德证明杠杆定律时使用过该原理，斯蒂文在证明其著名的斜面定律时也使用过），内接图形的重心将位于中线。我们可以在三角形中内接无数个这样的平行四边形，它们的重心都将位于 AD 上。此外，这样内接的平行四边形越多，内接图形与三角形 ABC 的差就越小。现在，如果三角形 ABD 与 ACD 的"重量"不相等，那么它们之间将有某个固定差。然而，这样的差不

100

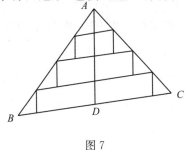

图 7

———————————

① 斯特朗：《运算与形而上学》，第 91—113 页。

可能存在,因为,我们可以使这两个三角形中的每一个都与其内接平行四边形的之和相差很小,而其内接四边形之和是相等的。所以,*ABD* 和 *ACD* 的"重量"相等,那么三角形 *ABC* 的重心就位于中线 *AD* 上。①

在包括抛物线弓形在内的平面曲边图形的重心的命题上,斯蒂文给出了完全类似的证明。斯蒂文的这些证明指出了极限法作为一个明确概念的发展方向。希腊的穷竭法还没有像斯蒂文所做的那样,得出大胆结论:如果通过连续细分会使两者之差小于任何给定的数量,那么它们就没有差异。希腊人感觉必须在每一个论证里加上完整的归谬法才能证明它们相等。当然,斯蒂文没有把三角形说成是内接平行四边形总和的极限;但是只需对他的方法稍加改变——主要在具有进一步算术化的性质和更准确地使用术语方面——就能从中认出我们近代的极限法。

斯蒂文认为他解决这些问题的方法是对阿基米德方法的重要改进,这一点从他对抛物体截段重心命题的证明里可以看出来——此命题用"灵巧、敏锐的数学家弗雷德里戈·科曼迪诺在《固体重心书》的命题 29 中给出的证明,根据我们的习惯与方法作如下说明"。② 给截段 *ABC* 作两个等高的外切圆柱 *FGCB* 和 *MLKI*,如图 8 所示。现在,根据两侧对称图形的平衡原理,这些圆柱的重心分别位于其轴 *AH* 和 *HD* 的中点 *N* 和 *O* 上;那么整

① 斯蒂文:《数学论文》(*Hypomnemata mathematica*),卷 IV,第 57—58 页。还可参阅博斯曼(Bosmans):《西蒙·斯蒂文著作中的微积分》("Le Calcul infinitésimal chez Simon Stevin")。

② 斯蒂文:《数学论文》,卷 II,第 75—76 页。

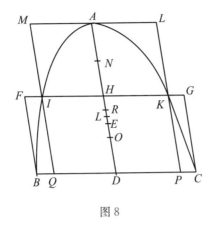

图 8

个外切图形的重心就在 R 点上,其中 $NR=2RO$。作一点 E,使 $AE=2ED$,那么可以证明 $ER=\frac{1}{12}AD$。现在,如果同样给截段 ABC 外切 4 个这样的等高圆柱体,我们将发现这些外切图形的重心位于 E 上方的 L 点,并且 $EL=\frac{1}{24}AD$。继续使圆柱数量加倍,则外切图形的重心将一直保持在 E 上方,与 E 之间的差为 $\frac{1}{48}AD$, $\frac{1}{96}AD$,依此类推。这样重心就不断下降,越来越接近 E 点。近代数学将得出结论:E 是外切图形重心的极限,因此也就是这个抛物体截段的重心。不过,斯蒂文是在仔细观察之后,发现类似的内接图形的重心以同样的方式上升接近 E 点,才得出这个结论的。

在上述命题中,斯蒂文根据序列 $\frac{1}{12}$,$\frac{1}{24}$,$\frac{1}{48}$,$\frac{1}{96}$,…所作的证明可与阿基米德在抛物线求积里使用的级数 $1+\frac{1}{4}+\frac{1}{16}+\frac{1}{64}+\cdots$

102

相媲美。这位希腊数学家和这位佛兰芒的工程师在使用这种序列和级数时,都因为没有极限概念而止步。他们都没有想到把这种序列和级数延续到近代意义上的无穷多项。阿基米德在第 n 项 $\frac{1}{4^{n-1}}$ 上就明确地停了下来,并加上项 $\frac{1}{3} \cdot \frac{1}{4^{n-1}}$ 代表级数余项;斯蒂文只在逍遥学派意义上把"无穷"当作潜在可能性来使用——序列可以随意继续延展,结果误差就会随心所欲地缩小。出于这个原因,阿基米德曾奋力通过归谬法论证来完成其工作;斯蒂文虽然没有援引这样正式的论证,却也曾求助于补充证明,例如上面关于抛物体的命题中就包含一个从另一侧接近重心点的第二个序列。斯蒂文在充分接受无穷序列的极限概念上表现出了犹豫,他的一个流体静力学命题(可能代表着他最接近极限法)也体现了这一点。在这里,他给上面演示的对命题的"数学证明"补充了一个"数字证明",这也许是受到那时刚出现于意大利的代数和求积法的启发,并且受到 16 世纪荷兰忽视几何强调算术的观念的鼓励。[①]

为了补充下面这个证明[②]—— 一只装满水的容器的一块垂直正方形壁上承受的平均压力等于其中点的压力,他给出了一个"证明实例"。他将这块容器壁分成 4 个水平条,指出每条的压力分别大于 $0, \frac{1}{16}, \frac{2}{16}$ 和 $\frac{3}{16}$ 个单位,分别小于 $\frac{1}{16}, \frac{2}{16}, \frac{3}{16}$ 和 $\frac{4}{16}$ 个单位,这样总的压力就大于 $\frac{6}{16}$ 而小于 $\frac{10}{16}$ 个单位。如果这块容器壁再分成 10

---

① 参阅斯特罗伊克(Struik):《16 世纪上半叶的荷兰数学》("Mathematics in the Netherlands during the First Half of the XVIth Century")。

② 斯蒂文:《数学论文》,卷 II,第 121 页及以后。

个水平条,同样就会发现压力大于 $\frac{45}{100}$ 而小于 $\frac{55}{100}$ 个单位;分成

1000 个水平条,则压力大于 $\frac{499\,500}{1\,000\,000}$ 而小于 $\frac{500\,500}{1\,000\,000}$ 个单位。[①]

他注意到,增加水平条的数量,压力可以无限接近比值的二分之一,因此就证明,这种情况下的压力与将容器壁水平放置且水的深度为二分之一个单位时观察到的结果相等。[②]

如果斯蒂文将自己限定于两个序列中的一个,并且把逐次细分容器壁所得出的结果看作是完全形成一个极限为 $\frac{1}{2}$ 的无穷序列,那么这个"数字证明"将与微积分给出的证明完全一致。但是,斯蒂文不仅在无穷问题上赞成希腊的观点,而且保持了尊崇几何学的传统——古代数学的典型特征,将在 17 世纪盛行一时——虽然他的崇拜不像大多数同时代人那么强烈。甚至他也只是把上面概括的算术证明当作一种区别于一般数学证明的力学说明。[③]

将几何概念而非算术概念作为微积分基础的尝试所带来的趋势,使数学家在差不多两个世纪的时间里不了解微积分的逻辑基

104

---

① 这让人回想起斯蒂文曾经在《论十进制》(De Thiende)中介绍了他对小数的运用,该书出版于 1585 年,比他的静力学著作早一年。参阅萨顿:《对小数和约数的第一个解释(1585 年)》("The First Explanation of Decimal Fractions and Measures [1585]")。

② 斯蒂文:《数学论文》,卷 II,第 125—126 页。还可参阅博斯曼:《西蒙·斯蒂文著作中的微积分》,第 108—109 页。

③ "Mathematicae & mechanicae demonstrationis a doctis annotatur differentia, neque injuria. Nam illa omnibus generalis est, & rationem cur ita sit penitus demonstrat, haec vero in subjecto duntaxat paradigmate numeris declarat." 斯蒂文:《数学论文》,卷 II,第 154 页。

础，这一趋势的影响甚于其他任何趋势。斯蒂文的继承者比他本人更适用这一点。不过，我们显然必须记住，尽管微积分的逻辑基础是算术，这个新分析却主要是受了几何学启发。

　　斯蒂文用来代替穷竭法的运算过程，构成了迈向极限概念的标志性一步。不过，他对同时代人的思想产生的影响却很难估量。他对微积分的预想包含在其静力学著作里，该著作是1586年用佛兰芒语出版的。在他1605—1608年出版的佛兰芒语、法语和拉丁语版本的数学著作和后来在1634年由吉拉德（Girad）翻译的法语版本中[①]，也包含了这样的思想。但是，除了刚才提到的最后一个版本，数学家很难接触到其他版本[②]，而且，到1634年法语译本出版时，意大利和德国已经出现了许多后来比斯蒂文的方法更加普及的替代方法。然而，这位佛兰芒的科学家仍然对后来低地诸国许多数学家的思想产生了显著影响。[③] 不过，在我们将话题转向这些人之前，也许有必要简要地介绍一下，在斯蒂文发表他的方法之后不久，意大利和德国对阿基米德的工作的改进。

　　卢卡·瓦莱里奥（Luca Valerio）在出版于1604年的《论立体重心》（*De centro gravitatis solidorum*）中，也尝试将阿基米德的运算系统化，以避免使用归谬法，而又保持论证的严密。他的改动不如斯蒂文彻底，其观点与现代的关系也不那么紧密。他只是试

---

　　① 关于斯蒂文的传记、对其著作的分析和详尽的参考书目，可参阅萨顿的文章：《布鲁日的西蒙·斯蒂文（1548—1620）》（"Simon Stevin of Bruges［1548—1620］"），以及博斯曼："西蒙·斯蒂文"（"Simon Stevin"）。

　　② 博斯曼："西蒙·斯蒂文"，第889页。

　　③ 博斯曼：《关于西蒙·斯蒂文极限法的若干例子》（"Sur quelques exemples de la méthode des limites chez Simon Stevin"）。

图用几个一般的定理取代阿基米德的方法,引用这些定理就不必对所有问题的各种情况都作详尽的证明了。在希腊几何学里,从未尝试建立这样的命题,只需在特定的情况下加以引证,便可替代双重归谬法的证明。[1]

瓦莱里奥声称,科曼迪诺出版的关于重心的著作,像斯蒂文那样[2]激励他[3]改进阿基米德的方法。该命题最重要的普遍化是:若任意图形中一条直径端点两侧的点之间的距离趋近于零,就可以作对应的内接和外切平行四边形,使外切图形与内接图形的面积之差小于任何已定面积。[4] 通过观察可以证明,在每一种情况下,两者的面积之差都等于平行四边形 BF (图 9)的面积,而且对于恰当选择的近似图形,它"能够小于任何一个给定的面积"[5]。然后,瓦莱里奥未经证明就假定,若内接图形与外切图形的差小于任何给定的面积,则曲边图形与这些图形中任何一个之差也是如此。这种几何推理与目前

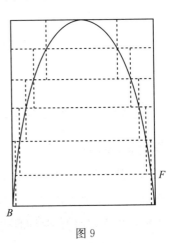

图 9

---

① 《阿基米德著作集》前言,第 cxliii 页。

② 瓦莱里奥是否知道斯蒂文的著作还值得怀疑。参阅博斯曼:《卢卡·瓦莱里奥著作中有关无穷小分析的证明》("Les Démonstrations par l'analyse infintésimale chez Luc Valerio"),第 211 页。

③ 瓦莱里奥:《论立体重心》,第 1 页。

④ 瓦莱里奥:《论立体重心》,第 13 页。

⑤ "Sed parallelogrammum BF est minus superficie proposita."同上书,第 14 页。

许多初等微积分课本惊人地相似。但是,瓦莱里奥并不认为,随着这种平行四边形的数量变成无穷大,曲边形的面积可用内接或者外切图形面积的极限来定义。这是一个精致的算术概念,要到两个世纪之后才建立起来。不过,在某种意义上,瓦莱里奥以几何形式预见了极限概念,指出了这种极限存在的必要条件,即这些面积之差可以小于任何特定的面积。

通过上述论证,瓦莱里奥已经推广了内接面积的方法,然后他进一步说明一般的命题,使之至少在提到比例时,可以取代穷竭法中使用的归谬法推理。其意图可用下列形式说明:给定 A,B,C,D 四个量,而且另外两个量 G 和 H 分别同时大于或者小于 A 和 B,且其差小于任何给定量,如果比值 $\dfrac{G}{H}$ 同时大于或者小于比值 $\dfrac{A}{B}$ 和 $\dfrac{C}{D}$,则 $\dfrac{A}{B}=\dfrac{C}{D}$。① 这个命题非常重要,不管是作为对阿基米德运算的系统化和条理化,还是作为朝向这种概念的模糊努力——现在简洁地表述为:两个变量之比的极限等于这两个变量极限之比。不过,后一个概念依赖于对无穷的研究,而瓦莱里奥并未沉迷于对无穷的思考,他的许多同时代人和后来者却对此很感兴趣,那些带着神学兴趣来研究数学的人尤其如此。

约翰·开普勒曾经以成为路德宗牧师为目的接受教育,但是后来为了谋生而被迫去教授数学。这也许可以部分地说明这个事实:尽管他和斯蒂文一样从阿基米德那里获益匪浅,但其研究的性质却迥异于那位布鲁日的工程师。开普勒的思想有一种很深的神

---

① 《论立体重心》,第 69 页。也可参阅沃尔纳:《论极限的产生》,第 251 页。

秘主义气质,斯蒂文的看法则没有(开普勒对斯蒂文可能有所了
解①)。不过,认为开普勒有这种猜想式倾向是因为受了柏拉图主
义和毕达哥拉斯学派的影响,也许更合理;这两个学派此前一个世
纪在欧洲的影响很大②,对库萨思想的影响也很明显,而开普勒至
少有一部分灵感来自库萨③。宇宙是一个有序的数学和谐,这种
信念在开普勒的《宇宙图景之谜》(*Mysterium cosmographicum*)
一书中表现得十分强烈。它与柏拉图主义和经院学派关于无穷性
质的思辨相结合,使开普勒改进了阿基米德的求积法研究,对微积
分的发展形成产生了巨大的影响。

　　古希腊哲学家在这个充满复杂多样性的宇宙中探索统一性,
但终究没能在曲边形和直边形之间的空隙架起沟通的桥梁。原因
有二:首先,他们在几何中禁用无穷;其次,随着无理数的发现,他们
对毕达哥拉斯学派将数的研究与几何构形相结合的进一步探索表
现出了迟疑。但是,在这个僵局中,开普勒以虔诚的热情,看到了创
造和谐万物的造物主之造物的又一个明证。"非凡的库萨"和其他
认为曲边形和直边形互补的人,大胆地把曲线比作上帝,把直线比
作上帝的造物,他们使开普勒看清了这一事实:上帝希望量存在,好
让人们能够对曲线和直线加以比较。"出于这个原因,那些曾试图
将造物主与其创造物联系起来、将上帝与凡人联系起来、将神谕与

---

　　①　博斯曼(《卢卡·瓦莱里奥著作中有关无穷小分析的证明》)认为,开普勒显然
熟悉斯蒂文的著作;霍庇(《微积分的历史》,第 160 页)认为,他也许知道;而威勒特纳
(《延续到 17 世纪初的阿基米德无穷小方法》)则认为这样的设想是没有理由的。

　　②　伯特:《现代物理学的形而上学基础》,第 44—52 页;斯特朗:《运算与形而上
学》,第 164 页及以后。

　　③　比较开普勒:《全集》,卷 I,第 122 页;卷 II,第 490 页、509 页、595 页。

107

俗事联系起来的人代表的职业，并不比那些试图比较圆与正方形的人代表的职业更有用。"① 开普勒受到这种灵感的启发，又获得库萨和乔尔丹诺·布鲁诺（Giordano Bruno）关于宇宙论中无穷的思辨的指引②，而"自然只通过直觉教授几何学，甚至都不需要推理"③的认识更加强了他的看法，最终让他改进了阿基米德的运算。

开普勒打算写一部完整的求体积的论著，这似乎是由确定酒桶最佳比例的普通问题引起的。结果就产生了《测量酒桶的新立体几何》（*Nova stereometria doliorum*），出版于 1615 年。④ 它包括三部分：其一有关阿基米德测体积法，还有一个附录，里面包含约 92 种阿基米德未处理的立体；其二是关于奥地利葡萄酒桶容积的测量；其三是整个方法的应用。

开普勒的曲边形求积著作以简单的求圆面积开头。在这个问题上，他抛弃了经典的阿基米德算法，也没有用斯蒂文和瓦莱里奥提出的极限取而代之，而是使用了库萨的尼古拉斯不够严密但更具启发性的方法。就像施蒂费尔和韦达一样，他把圆看作一个由无穷多条边组成的正多边形，因此把它的面积看作由无穷多个无限小三角形组成，这些三角形以多边形的边为底、圆心为顶点。那么这些三角形面积的总和就是周长与边心距（或者半径）乘积的一半。⑤

---

① 开普勒：《全集》，卷 I，第 122 页。

② 同上书，卷 II，第 509 页。

③ 同上书，卷 IV，第 612 页。

④ 大概一年之后出版了一个德文普及版。拉丁文版本在《全集》卷 IV 中，带注释；德文本在卷 V。

⑤ 《全集》，卷 IV，第 557—558 页。

开普勒没有把自己局限于上面的简单命题,而是依靠技巧和想象力将相同的方法应用于更加广泛的问题。他把球体看作由无穷多个无限小的圆锥组成,圆锥的顶点是球体的中心,底面构成球体表面,由此他证明球体的体积是半径与球面面积乘积的三分之一。[①] 他对圆锥和圆柱的看法不同:前者由无穷多个无限薄的圆薄片组成(和两千年前德谟克利特的想法一样),或者由无数个从轴线辐射出来的无限小楔形体组成,或者是其他类型的垂直或倾斜截面的总和。[②] 他运用这种观点,计算出了这些立体的体积。他采用同样的方式,令圆围绕一条直线旋转一圈,再通过无穷小方法计算这样生成的锚环或者说圆环的体积。[③] 这种求积法相当于经典的帕普斯定理在特殊情况下的一种应用,该定理后来又称为古尔丁(Guldin)法则。然后,开普勒又将研究扩展到古人未处理过的立体。他让圆上一条弦所切下的弓形绕该弦旋转,根据弓形是大于还是小于半圆,把得到的立体形象地称为苹果形或柠檬形。[④] 对于这些和其他立体的体积,开普勒一概用他的无穷小法计算体积。开普勒向斯蒂文著作的编辑维勒布罗德·斯涅耳(Willebrord Snell)提出挑战,要求用类似方法计算旋转圆锥曲线

109

[①] 《全集》,卷 IV,第 563 页。

[②] 同上书,卷 IV,第 564 页、568 页、576 页及之后。

[③] 同上书,卷 IV,第 575—576 页、582—583 页。

[④] 沃尔夫(Wolf)曾经在《16 世纪和 17 世纪科学、技术和哲学史》(*History of Science，Technology，and Philosophy in the Sixteenth and Seventeenth Centuries*,第 204—205 页)中正确地指出,开普勒在这种情况下使用的"citrium"一词应恰当地译为"葫芦形",不过他没有说,开普勒自己在其德语本中译为"柠檬形"。《全集》,卷 V,第 526 页。

弓形形成的立体的体积。[①] 该问题后来在意大利数学家卡瓦列里的著作中非常重要。

开普勒的一些求和法非同寻常地预示了以后在积分中找到的结果。[②] 例如,在他出版于 1609 年的名著《新天文学》(*Astronomia nova*)里,有一个计算[③]类似于用现代符号法表示的 $\int_0^\theta \sin \theta \, d\theta = 1 - \cos \theta$。该著作中的其他一些计算结果与椭圆积分的近似值一致[④],其中一个给出半轴为 a 和 b 的椭圆的近似周长为 $\pi(a+b)$[⑤]。不过,开普勒对涉及的基础概念还远不够清楚,结果他的研究免不了出现错误。[⑥] 他一般把曲面面积和体积说成是由同样维数的无穷小元素组成,但是偶尔也会使用不可分量的说法,这正合他的继承者卡瓦列里之意。他曾经在一个地方把圆锥说成仿佛是由圆构成[⑦],而在得出其著名的天文学第二定律时,他把椭圆扇形面积视为径向量之和[⑧]。

----

① 《全集》,卷 IV,第 601 页、656 页。

② 参阅斯特罗伊克:《约翰·开普勒,1571—1630》(*Johann Kepler，1571—1630*)中的"作为数学家的开普勒"("Kepler as a Mathematician")一章,其中也包括一个不错的开普勒著作书目,由 F. E. 布拉施(F. E. Brasch)编辑。

③ 参阅《全集》,卷 III,第 390 页;比较冈瑟:《帕普斯和开普勒之间值得注意的关系》("Über ein merkwürdige Beziehung zwischen Pappus und Kepler");恩内斯特拉姆:《所谓的开普勒三角函数积分》("Über die angebliche Integration einer trigonometrischen Funktion bei Kepler")。

④ 参阅斯特罗伊特:"作为数学家的开普勒",第 48 页;措伊滕:《16 世纪和 17 世纪数学史》,第 254—255 页。

⑤ 《全集》,卷 III,第 401 页。

⑥ 莫里兹·康托尔:《数学史讲义》,卷 II,第 753 页。

⑦ "Nam counus est hic veluti circulus corporatus",《全集》,卷 IV,第 568 页。

⑧ 《全集》,卷 III,第 402—403 页。

开普勒似乎没有清楚地区分运用穷竭法、极限概念、无穷小元

素和不可分量所做证明之间的差异。他在论证里运用的概念，与

古代几何学持有的观念是不大相同的。希腊思想家发现，找不到

一条既能填补直边形与曲边形之间的鸿沟，又能满足他们对数学

严密性的严格要求、迎合感官经验的清楚证据的途径。在经院学

派关于绝对无穷的争论和柏拉图的数学思辨的激励之下，开普勒

像库萨的尼古拉斯那样，求助于一种模糊的"连续性桥梁"——这

种观点认为多边形和圆之间、椭圆与抛物线之间、有限与无穷之

间、无穷小面积与直线之间没有显著差别。① 在微积分方法形成

之前大约 50 年的时间里，不断有人尝试描述连续性概念。当莱布

尼茨需要为微分学辩护的时候，他也像开普勒那样，经常退而求助

于他所谓的连续性定律；牛顿运用的连续性概念，被隐藏在一个更

符合实际经验但同样未定义的概念下，这就是瞬时速度或者流数

的概念。

开普勒的《测量酒桶的新立体几何》对随后的无穷小思想产生

了非常强烈的影响，这种影响半个世纪后在牛顿的著作中达到高

峰。因此，人们不无夸张地称该书为后来所有求积法的灵感源

泉。② 在叙述积分的这些预想之前，还应该提到开普勒对微分的

指导思想所做的一个贡献。测量酒桶的课题引导开普勒去思考

确定酒桶的最佳比例的问题③，这使他考虑了许多极大值与极小

---

① 参阅泰勒(Taylor)：《开普勒与牛顿的几何学》("The Geometry of Kepler and Newton")。

② 莫里兹·康托尔：《数学史讲义》，卷 II，第 750 页。

③ 开普勒偶然发现，奥地利酒桶非常接近于最佳的比例。

值的问题。他在《测量酒桶的新立体几何》里证明，在球内所有以正方形为底的内接平行六面体中，正方体是最大的[①]；在所有有公共对角线的圆柱体中，直径与高之比为 $\sqrt{2}:1$ 的那个圆柱体是最大的[②]。

111　　　这些结果由制作表格获得，表格列出了若干长度组合和它们的体积，最佳比例就是从中挑选的。仔细审查这样的表格，开普勒发现了一个有趣的事实。他说，接近最大体积的时候，由尺寸变化导致的体积变化就越来越小了。在几个世纪之前，奥雷姆曾经做过类似的观察，但是表述不同。奥雷姆注意到，用半圆图示表现的一个图形，在极大值点处，其变化率最小。这个思想在 17 世纪法国数学家费马的方法中再次出现。在这个方面，费马到底是受到开普勒还是奥雷姆的影响尚有疑问，但是，比较后面两个人截然不同的观点，将有助于以后理解费马的方法。开普勒的说明是在数值研究的基础上做出的。此外，他更为关心在希腊几何学和不可分量法中发现的静力学研究。因此，在接近极大值点的时候，他根据增量和减量来表达自己的观点。另一方面，中世纪的形态幅度和连续可变性的图示问题导致奥雷姆按照变化率来描述结果。后一个观点通过导数概念成为数学的基础，但是出现在费马著作里的却是开普勒的表达模式。经院学派关于变化性的观点在微积分的前期工作中起了重要作用，但开普勒的静力学方法却占优势。在莱布尼茨的著作中，基本要素是增量和减量而非变化率，并且增

---

① 《全集》，卷 IV，第 607—609 页。
② 同上书，卷 IV，第 610—612 页。

量和减量在牛顿的微积分中所起的作用也比通常认识的要大。微分成为主要概念，直到柯西(Cauchy)在 19 世纪用导数有效地代替微分，成为微积分的基本概念。

开普勒的《测量酒桶的新立体几何》出版后 20 年，意大利出现了一本在普及性上可与之匹敌的著作。博纳文图拉·卡瓦列里的《不可分量几何学》非常有名，以至于曾有人主张新分析就是从该书出版的 1635 年产生的[①]，这种说法不无道理。该书在多大程度上借鉴了早期开普勒的著作，还很难判断。除了"几种立体的名称和经常引起哲学家深思的钦佩"[②]之外，卡瓦列里断然否认曾受到开普勒方法的任何启发。但是，开普勒对卡瓦列里的影响，也许间接来自于两人与伽利略的通信[③]，这并非没有可能。伽利略曾计划写一本有关不可分量的书，却从未发表，但是他对该主题的看法曾在经典论著《关于两门新科学的对话》(Two New Sciences，它在卡瓦列里的《不可分量几何学》发表 3 年后出版)里说得很清楚。伽利略的看法与他的学生卡瓦列里所表达的非常相似，也许真的是卡瓦列里灵感的来源。[④] 因此，从这一点上考察其老师伽利略的观点大概是不错的。

塑造伽利略和卡瓦列里思想的力量，与塑造开普勒观点的力量并没有太大区别。这些人都掌握了希腊的几何学方法，但是从

[①] 莱布尼茨：《早期的数学手稿》(The Early Mathematical Manuscripts)，蔡尔德(Child)翻译，第 196 页。

[②] 《六个几何问题》(Exercitationes geometricae sex)，第 237—238 页。

[③] 保罗·塔内里："历史观念"，第 341 页；莫里兹·康托尔：《数学史讲义》，卷 II，第 774—775 页。

[④] 保罗·塔内里：同上书，第 341 页。

他们身上可看出经院学派思辨的影响，也可看出柏拉图的数学观点的影响，这两派从库萨的尼古拉斯时期起就影响深远。伽利略和卡瓦列里很可能都很熟悉瓦莱里奥对阿基米德方法的改进。伽利略在《关于两门新科学的对话》里提到过瓦莱里奥几次，把后者称为伟大的几何学家和他那个时代的新阿基米德。[①] 伽利略也在他的著作里对抛物线求积[②]给出了一个阿基米德式的证明，附录里还包括科曼迪诺和瓦莱里奥式的重心研究。[③] 不过，在态度和方法上，他和卡瓦列里似乎都从中世纪后期关于运动、不可分量、无穷和连续统的思辨上获益更多。[④]

伽利略早期的著述清楚地证明了经院学派思想对他的影响。其中他特别研究了逍遥学派关于物质与形、原因与质的学说，还有经院学派有关强度与弛度以及作用与反作用的问题。[⑤] 对于后者，他特别引述了计算大师和亨蒂斯贝里的著作。[⑥] 他把冲力学视为动力学的基础，前者是 14 世纪的经院哲学家比里当提出的。当然，库萨的尼古拉斯、列奥纳多·达·芬奇和其他 15、16 世纪的学者对此都很熟悉。[⑦] 库萨是否对伽利略产生了很大影响（就像

---

① 《伽利略著作集》，卷 VIII，第 76 页、184 页、313 页。

② 《著作集》，卷 VIII，第 181 页及以后。

③ 同上书，卷 VIII，第 313 页；卷 I，第 187—208 页。

④ 沃尔纳：《不可分量的演变：从卡瓦列里到沃利斯》（"Die Wandlungen des Indivisibiliensbegriffs von Cavalieri bis Wallis"）。

⑤ 《著作集》，卷 I，"Iuvenalia"，第 111 页及以后，第 119 页及以后和第 126 页及以后。

⑥ 同上书，卷 I，第 172 页。

⑦ 迪昂：《列奥纳多·达·芬奇研究》，卷 III，书中各处。

对开普勒也许还有乔尔丹诺·布鲁诺一样)还很难确定[①]；不过，他对经院学派关于运动的讨论是有所了解的，《关于两门新科学的对话》里有一个命题非常强烈地表明了这一点。

回想一下，计算大师和亨蒂斯贝里曾经辩证地证明：一个做匀加速运动的物体在给定时间段中点的速度即为其平均速度。奥雷姆对这个命题给出了一个几何证明，他指出，代表速度的直线下的面积，是距离的度量。伽利略对该命题的证明与奥雷姆的极其相似。设 AB（图 10）代表一个从静止开始做匀加速运动的物体经过距离 CD 所需的时间。设该物体的最终速度为 EB，则与 EB 平行的直线就代表物体的速度。那么，似乎也可以把它们解释为移动物体经过距离中的瞬时或者无穷小增量。那么，匀加速运动的移动也许可用三角形 AEB 内的平行线表示，而矩形 $ABFG$ 内的平行线则代表物体

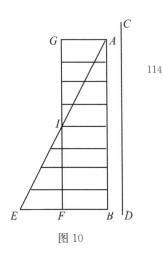

图 10

匀速运动所对应的瞬时。但是矩形 $ABFG$ 内平行线的总和等于三角形 AEB 内平行线的总和。因此，显然两个物体经过的距离相等，因为，如果 I 为 FG 的中点，那么三角形和矩形的面积就相等。[②]

正如上面概括的那样，伽利略不仅相当忠诚地再现了奥雷姆

----

① 戈德贝克（Goldbeck）:《伽利略的原子论及其来源》（"Galileis Atomistik und ihre Quellen"）。

② 《著作集》，卷 VIII，第 208—209 页。

的图形和论证,还在该问题上推广了计算大师和亨蒂斯贝里的一个注释。伽利略可能在这些人的著作或者有关他们的评论里读到过,在匀加速运动中,物体在给定时间后半段经过的距离是在前半段经过距离的三倍。[①] 伽利略拓展了这个观察,并证明如果进一步细分时间,那么每一个时间区间经过的距离将与 $1,3,5,7,\cdots$ 成比例。[②] 当然,这个结果相当于表达式 $s=\dfrac{1}{2}g\,t^{2}$,经院学派的早期著作就蕴涵这个公式。

　　伽利略与奥雷姆的论证的差异主要在于完整性。奥雷姆只是说,因为三角形 EIF 和 AIG 相等,那么距离肯定也相同,这就隐含了证明面积代表距离所必需的无穷小概念。奥雷姆和伽利略的几何证明都以下面的假设为基础:速度-时间曲线下的面积代表了物体经过的距离。[③] 他们两人都没有极限概念,所以只好或直接或间接地求助于无穷小。伽利略是这样表达他这种观点的:瞬时或者距离上的小增量,由三角形和矩形的直线段表示,而且后一种几何图形实际上是由这些直线段构成的。伽利略没有解释清楚,同样的直线段,是怎样由表示速度转变成表示瞬时的。奥雷姆用直线段表示瞬时速度,但又坚持认为所有速度都在一段时间内发生作用,同样也是把有待证明的假定作为论据。伽利略和奥雷姆显然不加批判地运用了数学原子论,它出现在各个时代的数学家的

---

　　① 迪昂:《列奥纳多·达·芬奇研究》,卷 III,第 480 页、513 页。

　　② 《著作集》,卷 VIII,第 210 页及以后。

　　③ 保罗·塔内里:"历史观念",第 338—339 页。他错误地把该观点归功于伽利略而非奥雷姆。

思想中——德谟克利特、柏拉图、库萨的尼古拉斯、开普勒等许多人。曾有人提出,伽利略在使用不可分量时受到强烈影响,没有清楚地区分物理不可分量和数学无穷小。[①] 这些影响来自于毕达哥拉斯学派和柏拉图的科学方法[②],或者来自于他那个时代对亚历山大的希罗的原子论重新产生的兴趣。经院学派对无穷小的讨论同样也有可能导致他产生了这样的观点。

无论如何,在《关于两门新科学的对话》第一天的对话中,伽利略对中世纪时期非常大众化的一个话题展开了广泛的讨论:无穷大、无穷小和连续统的性质。伽利略明确承认经院学派的自成无穷可能存在,但是,由于它似乎会导致许多悖论,伽利略得出结论,"我们是无法理解无穷和不可分量的本质的"。[③] 不过,他至少在这个主题上做过一次锐利的观察。计算大师曾经说过,一个无穷大量与一个有限量不能相比。伽利略更加一般化地宣称,"在无穷大量之间互相比较或者将无穷大量与有限量相比较时,根本说不上'大于'、'小于'还是'相等'"。[④] 在证明这个结论时,伽利略强调的重点明显转变了,因为他没有像亚里士多德和许多中世纪学者那样,从量的角度考虑无穷大,而是像柏拉图那样,把注意力集中到作为数或者集合的无穷大上面。在这种情况下,他指出,所有正整数的无穷集合可以与其中的部分集合(例如所有完全平方数

116

---

① 参阅施密特(Schmidt):《17 世纪时亚历山大的希罗》("Heron von Alexandria im 17. Jahrhunder");该卷中也有其他关于希罗的文章。

② 威纳(Wiener):《伽利略方法论后的传统》("The Tradition behind Galileo's Methodology");也可参阅布隆施威克:《数学哲学的发展阶段》,第 70 页。

③ 《著作集》,卷 VIII,第 76 页及以后。

④ 同上书,第 82 页及以后。

组成的集合）一一对应。[①] 无穷集合的这个特性在 19 世纪被波尔查诺（Bolzano）重新发现；19 世纪后期，在人们根据严密的无穷集合理论建立微积分时，它又成为微积分的基础。[②]

尽管伽利略在无穷大问题上做出了敏锐的观察，但他却强烈地感受到直觉无法理解这个概念。他甚至推测，或许在有限与无穷之间存在第三种集合。这似乎是因为很难将连续统的模糊概念精确化。与布拉德沃丁相反，他坚持认为连续量由不可分量组成。但是，由于各部分的个数无穷多，部分的集合与其说像一堆极细的粉末，不如说像流体那样融合成整体。[③] 当人类试图用某种方法描绘从有限到无穷的过渡时，这样的类比是一种非常美妙的说明。

伽利略还寻求在某种程度上弄清有关运动的悖论。他在此处的做法是，把静止视为一种无限的缓慢，因此再次求助于对连续的模糊感觉——库萨和开普勒都曾经试图对此做出解释。在详述这个概念时，伽利略把芝诺在二分法上的论证用于自由落体，然后借助颠倒降落过程的直觉，来回答这个悖论。在物体上升的时候，通过无穷多级缓慢，最后归于静止。运动的启动也完全相同，只是顺序颠倒过来了。[④] 这个论证承认了二分法和阿基里斯难题的相似性——亚里士多德也承认。它也是说明无穷级数

---

① 《著作集》，第 78 页。

② 卡斯纳（Kasner）：《伽利略与近代无穷概念》（"Galileo and the Modern Concept of Infinity"），第 499—501 页。

③ 《著作集》，卷 VIII，第 76 页及以后。

④ 同上书，卷 VIII，第 199—200 页。

可能有一个总和的尝试。后来,当牛顿在微积分中说到作为最初比或最终比的瞬时速度时,也求助于这个事实:运动的开始和结束相似。伽利略似乎没有意识到,只有用极限概念,才能给出无穷级数之和或者最初比与最终比的精确意义,而牛顿则模模糊糊地意识到了这一点。

117

不管是什么样的力量塑造了伽利略的思想,他的朋友兼学生卡瓦列里所感觉到的不可能与此有太大差别。卡瓦列里熟悉瓦莱里奥,也许还有斯蒂文的观点[①],但他没有发展这些人所启示的极限概念。相反,他采用了伽利略使用过的不太精细的不可分量概念。[②] 伽利略将该概念用于物理解释,卡瓦列里却使之成为一个广为人知的几何论证方法的基础。卡瓦列里早在 1626 年就研究出了这个方法,因为他在这一年给伽利略写信说,他将出版一本关于该主题的著作。[③] 这本书出版于 1635 年,题目为《用新的论证推进连续不可分量几何学》(*Geometria indivisibilibus continuorum nova quadam ratione promota*)[④],12 年之后,书中提出的方法在《六个几何问题》中得到进一步发展。

卡瓦列里在书中用"不可分量"(indivisible)一词描述他的方法中使用的无穷小元素,但没有确切地解释自己对该词的理解。他说到这些概念,就像伽利略提到在三角形和四边形中表示速度

---

① 博斯曼:《卢卡·瓦莱里奥著作中有关无穷小分析的证明》,第 211 页。

② 玛丽(Marie):《数学和物理学史》(*Histoire des sciences mathématiques et physiques*),卷 III,第 134 页。

③ 莫里兹·康托尔:《数学史讲义》,卷 II,第 759 页。

④ 我使用了后来的版本,1653 年出版于博洛尼亚。

或者瞬时的平行直线段一样。卡瓦列里设想平面由数量不确定的等距离平行直线组成，立体由等距离平行平面构成[①]，这些元素被各自指定为面积或者体积的不可分量。尽管他意识到，它们的数量肯定是不确定大，但他没有像老师伽利略那样推测无穷大的性质。卡瓦列里对无穷怀着不可知论的态度[②]，他没有接受亚里士多德把无穷仅仅看作潜在性的观点——将这个概念与斯蒂文和瓦莱里奥的研究联系起来，就指向了极限法。另一方面，卡瓦列里也没有加入库萨的尼古拉斯和开普勒的行列，认为无穷具有形而上学的重要性。与卡尔达诺的"诡辩"量相比，他只把无穷当作一个辅助概念。因为它没有出现在结论中，所以不需要弄清楚它的性质。无穷没有明确出现在卡瓦列里的论证里，也是因为在每一阶段，他都把注意力集中到两个图形对应的不可分量上，而不是单个面积或者体积内不可分量的全体上。立体几何学教科书中仍然称为卡瓦列里定理的命题就是他的典型方法：如果两个立体的高相等，且如果平行于底面等距离切割的截面恒成定比，那么两个立体的体积之比即这个定比。[③]

　　关于平行四边形的直线段和组成它的三角形内直线段的一些定理，在不可分量法的命题里很典型，并且在后来的发展中具有深远的意义。其中一个命题包含在一个更大的证明里：如果一个平

---

　　① 《六个几何问题》，第 3 页。
　　② 参阅布隆施威克：《数学哲学的发展阶段》，第 166 页。
　　③ 《不可分量几何学》，第 113—115 页；《六个几何问题》，第 4—5 页。还可参阅埃文斯（Evans）：《卡瓦列里自己表述的卡瓦列里定理》（"Cavalieri's Theorem in His Own Words"）。

行四边形 AD（图 11）由对角线 CF 分成两个三角形 ACF 和 DCF，那么该平行四边形是这两个三角形中任何一个的两倍。[①]
此命题可证明如下：作 EF ＝ CB，并作 HE 和 BM 平行于

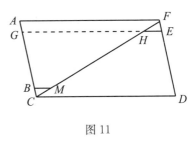

图 11

CD，则直线 HE 和 BM 相等。因此三角形 ACF 中全体直线段与 CFD 中的全体直线段相等；那么三角形 ACF 和 CDF 相等，并且平行四边形 AD 全体直线段之和为任何一个三角形全体直线段之 和的两倍。

119

　　卡瓦列里由此继续用一种相似但难度大得多的论据证明：这个平行四边形中直线段的平方和是其中任何一个三角形内直线段的平方和的三倍。[②] 利用后一个命题，他轻松地证明了其他一些命题，尤其是圆锥的体积是其外切圆柱体积的三分之一，以及抛物线弓形的面积是其外切矩形面积的三分之二。[③] 阿基米德当然都知道这些结果，但是开普勒若干年前提出的一个问题，促使卡瓦列里使用不可分量（比《不可分量几何学》中论述的更加大胆），并且获得了一个重要的新结果。[④]

----

　　① 《不可分量几何学》，命题 XIX，第 146—147 页；《六个几何问题》，命题 XIX，第 35—36 页。

　　② 《不可分量几何学》，命题 XXIV，第 159—160 页；《六个几何问题》，命题 XXIV，第 50—51 页。

　　③ 《不可分量几何学》，第 185 页、285—286 页；《六个几何问题》，第 78 页及以后。

　　④ 该著作的概览请参阅博斯曼的《卡瓦列里著作中的一章》（"Un Chapitre de l'œuvre de Cavalieri"）。

开普勒在《测量酒桶的新立体几何》中向几何学家发起挑战：求一个抛物线弓形围绕其弦旋转所得立体的体积。[①] 卡瓦列里求这个体积的时候，把该问题建立在这个发现的基础上：平行四边形内直线段的四次方之和，为组成它的一个三角形内直线段四次方之和的五倍。然后他回想到，在《不可分量几何学》里，他已经发现这些直线段之比为 2：1，直线段平方的比为 3：1。为了不让关于平行四边形及其三角形内直线段的各次幂之比的结果留下缺口，卡瓦列里又找到了直线段立方和的比，发现它是 4：1。然后他就根据类推得出结论：五次幂之比是 6：1，六次幂之比是 7：1，等等，平行四边形直线段 n 次方之和与三角形直线段 n 次方之和的比例为 $n+1$：1。[②]

卡瓦列里这里使用的方法建立在几条引理的基础上，这些引理等价于二项式定理的一些特殊情况。[③] 例如，为了证明一个平行四边形内直线段立方和为组成它的一个三角形内直线立方和的四倍，他以 $(a+b)^3 = a^3 + 3a^2b + 3ab^2 + b^3$ 开始，然后继续证明如下：设 $AF=c$，$GH=a$，$HE=b$，在图 11 中，我们得到 $\sum c^3 = \sum a^3 + 3 \sum a^2b + 3 \sum ab^2 + \sum b^3$，这些总和都是对平行四边形和三角形直线段求和。使之对称，可写成 $\sum c^3 = 2 \sum a^3 + 6 \sum a^2b$。现在 $\sum c^3 = c \sum c^2 = c \sum (a+b)^2 = c \sum a^2 + 2c \sum ab + c \sum b^2$。

120

①　《全集》，卷 IV，第 601 页。

②　《六个几何问题》，第 290—291 页，关于他得出这个结论的方式的描述，参阅第 243—244 页。

③　同上书，第 267 页。

但是在早先的一个关于直线的命题里，卡瓦列里已经说明 $\sum a^2 =$ $\sum b^2 = \dfrac{1}{3} \sum c^2$，由此我们可知

$$\sum c^3 = \frac{2}{3} c \sum c^2 + 2c \sum ab$$

$$= \frac{2}{3} \sum c^3 + 2(a+b) \sum ab$$

$$= \frac{2}{3} \sum c^3 + 2 \sum a^2 b + 2 \sum b^2 a$$

$$= \frac{2}{3} \sum c^3 + 4 \sum a^2 b \ ,$$

或者 $\sum a^2 b = \dfrac{1}{12} \sum c^3$。以此代入上述方程，我们就得到 $\sum c^3 =$ $2 \sum a^3 + \dfrac{1}{2} \sum c^3$，即 $\sum c^3 = 4 \sum a^3$，则命题得证。[①]

　　卡瓦列里意识到，这个方法可以推广到 n 的所有值[②]，但是他最高只完全证明到 $n=4$ 的情况。对于更高的值，他只给出了某些"代数的"（cossic）指示，是博格朗（Beaugrand）提供给他的。[③] 这些很有可能来自同一时期费马的著作[④]，我们将在后面讨论他的方法。

　　上面概括的卡瓦列里的证明结果，在一般意义上等价于我们现在用 $\displaystyle\int_0^a x^n \mathrm{d}x = \dfrac{a^{n+1}}{n+1}$ 表示的公式。我们看到，阿基米德通过在

①　《六个几何问题》，第 273—274 页。
②　"Et sic in infinitum."同上书，第 268 页。
③　同上书，第 286—289 页。
④　参阅费马：《全集》（Œuvres）附录，第 144 页。

求积研究中使用无穷级数，已经认识到 $n=1$ 和 $n=2$ 情况下这个命题是正确的。他也许还知道 $n=3$ 时的情况，阿拉伯人则证明了 $n=4$ 时的命题。[①] 卡瓦列里的研究虽然建立在略微不同的观点上，却是阿基米德和阿拉伯人这些结果的推广。我们之后会谈到，与卡瓦列里同时代的几个数学家在他之前做过这方面的工作。不过，他 1639 年的论述[②]标志着这一定理的第一次出版。它在 1636 年到 1655 年间对无穷小方法的发展起了重要作用。在此期间，数学家托里拆利、罗贝瓦尔、帕斯卡、费马和沃利斯基本都通过不同的方法独立得出了这个基本结果，并且还将 n 扩展到负数、有理分数甚至无理数值上。在无穷小分析中，它也许是第一个指出可能存在一个更一般的代数运算规则的定理，这种运算经由后一代的牛顿和莱布尼茨的阐述，成为积分学的基础。卡瓦列里自己并没有预想到这种新分析；他和伽利略似乎都没有真正对代数产生兴趣——不管是把代数作为一种表达方式还是一种论证形式。对卡瓦列里而言，这个涉及平行四边形的直线段与平行四边形内三角形的直线段的幂的和之比的命题，仍然是一个几何定理。另外，他从来没有对无限小平行四边形的和的极限之比的概念——这在我们的定积分概念中是基本的——做出任何清楚的解释。卡瓦列里也没有解释清楚不可分量，正因为如此，他的方法才容易受到

　　① 参阅保罗·塔内里：《论古代立体总和》（"Sur le sommation des cubes entiers dans l'antiquité"），以及阿尔哈森：《论抛物线的测量》。

　　② 《一百个不同问题》（Centuria di varii problemi），第 523—526 页。西蒙（《微分学的历史和哲学》，第 118 页）曾经说（很有可能是根据某些错误信息）卡瓦列里是在 1615 年发现这个结果的。

批评。

卡瓦列里在其《不可分量几何学》中对不可分量的使用，遭到耶稣会教士保罗·古尔丁的批评，古尔丁宣称，这个方法不仅是从开普勒那里抄袭过来的，而且也不正确，因为它会导致悖论和谬论。卡瓦列里针对第一条指责为自己辩护说，他的方法只运用了不可分量，开普勒则设想一个立体由很小的立体组成①，两者是有区别的。对于方法本身错误这个责难，卡瓦列里坚持认为，尽管把不可分量看作没有厚度或许才是正确的，但是，如果愿意，他也可以采用阿基米德的方式，用很小的面积和体积替代它们。古尔丁曾经说过，不可分量的个数是无穷的，因此它们不能够互相比较。另外，他还指出不可分量法似乎会导致许多谬论。为了回应这些争论，卡瓦列里说，只要遵守只比较两个同类无穷元素的规则，就能避开这个方法中的难题。例如，如果两个图形的高度不相等，那么它们的水平截面就不能相比，因为一个图形中不可分量之间的距离与另一个图形中的距离不相同。在一个图形里，两个截面之间也许有 100 个不可分量，而在另一个图形里相应的两个截面之间，却可能有 200 个不可分量。②

卡瓦列里在这个解释之后随即又打了一个巧妙的比方，把一个曲面的不可分量比作一块布上的线，再将一个立体的不可分量

122

---

① "Ex minutissimis corporibus."《六个几何问题》，第 181 页；也可参阅开普勒：《全集》，卷 IV，第 656—657 页，可找到关于这一点的注释，包括卡瓦列里著作摘录。卡瓦列里在这个问题上的主张，足以反驳这种常见的论调（如沃尔夫《16 世纪和 17 世纪科学、技术和哲学史》），即认为他也许很清楚其不可分量肯定与它们构成的图形处于相同的维数。

② 《六个几何问题》，第 238—239 页；还可参阅第 17 页。

比作一本书的书页。① 尽管在几何立体和曲面中，不可分量的数量无穷大，并且根本没有厚度，但是如果遵循上面提到的规则，仍可以采用布和书本那样的方式加以比较。卡瓦列里在许多场合将他的不可分量法与运动概念联系起来，但他没有解释，没有厚度的元素组成的集合怎样构成一个面积或者体积。柏拉图和经院哲学家隐约指出过这种联系，伽利略追随着他们将动力学和几何表示联系起来。纳皮尔（Napier）在 1614 年也使用过量的流数概念，借助直线段描述对数和数之间的关系。② 卡瓦列里跟随这个潮流，支持将面和体积看作由不可分量的流动所生成。③ 不过，他没有把这个启发性的概念发展成几何方法。这个任务由其后继者托里拆利完成，最终使牛顿提出流数法。但是在牛顿和莱布尼茨的思想中，也可以找到与卡瓦列里的不可分量本身相似的成分——牛顿的是瞬时概念，莱布尼茨的是微分概念。就这样，卡瓦列里的模糊建议就对微积分的发展产生了很大作用。

123　　　卡瓦列里的《不可分量几何学》几乎立即就名声大噪，成为继阿基米德著作之后，研究几何学中无穷小问题的数学家引用最多的著作。该书在数学史上的重要地位已经得到公认，不过这种认可有时会导致另一种趋向，就是将卡瓦列里根本没有的观点归功于他。有人宣称，从他的著作里可以清楚地辨别出"微分学的基础

---

① 《六个几何问题》，第 239—240 页；还可参阅第 3—4 页。
② 措伊滕：《16 世纪和 17 世纪数学史》，第 134—135 页。
③ 《六个几何问题》，第 6—7 页；《不可分量几何学》，第 104 页。

概念",因为"不可分量就是微分"[①];还可以发现"柯西和黎曼(Riemann)式的定积分"[②]。如果仔细研究他的思想和方法,就会发现这样的判断并不合理。卡瓦列里距离"微分"和"积分"这两个术语所表示的观点还很远。他自己似乎只把他的方法当作回避穷竭法的一种实用几何工具;他对这种运算的逻辑基础毫无兴趣。他说,严密性是哲学的而非几何的问题。[③] 斯蒂文和瓦莱里奥研究的极限概念在卡瓦列里的方法里比在开普勒的方法里隐藏得更深。此外,《不可分量几何学》完全没有强调代数和算术的要素,而这些要素先是带来了微积分运算法则,之后又带来了对微分和积分的满意定义。卡瓦列里认为面积和体积是直观、清楚的几何概念,总是求它们的比,而不是求与单个面积或体积相关的数值。在随后的两个世纪中,这种对于比的先入之见是导致微积分基础概念混乱的一个主要原因。

卡瓦列里极少注意数学严密性,这个事实使得几何学家不敢轻易把不可分量法作为有效的论证来接受——尽管他们在初步研究时愿意使用这种方法。在卡瓦列里的朋友、伽利略的学生埃万杰利斯塔·托里拆利的著作中,这种犹豫表现得特别突出。

托里拆利十分清楚不可分量法的优势和不足。他怀疑古人为了发现难解的定理,已经掌握了某种这样的方法,证明定理的却是

----

① 米约:《关于微积分起源的看法》("Note sur les origines du calcul infinitésimal"),第37—38页。

② 波托洛蒂(Bortolotti):《积分法的一个基本定理的发现及逐步推广》("La scoperta e le successive generalizzazioni di un teorema fondamentale di calcolo integrale"),第210页注释。

③ 《六个几何问题》,第241页。

另一种方法,目的是为了"隐藏他们所用方法的秘密,或者避免给心怀妒意的诽谤者以反驳之机"①。阿基米德的著作表明,托里拆利对该方法存在性的假设非常正确,但是采用穷竭法证明,更多的是为了满足希腊人对直觉清楚和逻辑严密的要求。托里拆利自己不太满意用不可分量法作出的证明,因为他通常像阿基米德或者瓦莱里奥——被他称为(附和伽利略)"我们这个世纪的阿基米德"②——那样,对它给予补充证明。

托里拆利的《抛物线的面积》(*De dimensione parabolae*)是一本有趣的习作,作者对抛物线求积法提供了 21 种证明。其中 10 种是根据古人的方法确立的③,其他 11 种则建立在不可分量的新几何方法之上④。前者⑤包括采用穷竭法的著名论证,是阿基米德在《抛物线求积》中给出的。还有一个证明⑥非常接近于卢卡·瓦莱里奥关于内接和外切图形的基本命题,也就是有可能在抛物线弓形中内接一个图形,它由若干等高的平行四边形组成,与弓形的差应该小于任何给定的量。当然,托里拆利没有用内接图形的极限来定义抛物面的面积,但是他比瓦莱里奥更接近这个概念。瓦莱里奥只说明外切和内接图形之差小于一个给定的量,并且暗示

---

① 《埃万杰利斯塔·托里拆利著作集》(*Opere di Evangelista Torricelli*),卷 I(第一部分),第 140 页。

② 同上书,卷 I(第一部分),第 95 页。

③ "More antiquorum absoluta."同上书,卷 I(第一部分),第 102 页。

④ "Per novam indivisibilium geometriam pluribus modis absoluta."《著作集》,卷 I(第一部分),第 139 页。

⑤ 命题 V,《著作集》,卷 I(第一部分),第 120—121 页。

⑥ 引理 XV,《著作集》,卷 I(第一部分),第 128—129 页。

这个图形本身和外切与内接图形任何一个之差小于这个给定的量，这样便足够了；托里拆利则清楚地说明了这种暗示，如果把涉及的量算术化，就可由这种暗示轻而易举地得出极限概念。但是，托里拆利追随卡瓦列里，将自己局限于几何学研究，结果不可分量比极限更吸引他。

在 11 个利用不可分量几何学的证明中，有一个[①]与阿基米德在《方法论》里给出的力学求积法几乎相同——真是奇怪，因为这部著作在 17 世纪还不为人知。这个巧合表明，卡瓦列里的不可分量几何学与数学原子论非常相似，阿基米德的方法很可能就建立在数学原子论的基础上。

在利用不可分量法研究新成果方面，托里拆利比他的导师卡瓦列里灵活、聪明得多。其中最让他高兴的一个新成果出现于 1641 年[②]，证明用等轴双曲线的一部分围绕其渐近线旋转所得的无限长立体的体积是有限的[③]。托里拆利相信，他是最先发现尺寸为无穷大的图形可以有一个有限量的人；不过在这方面，费马和罗贝瓦尔可能比他更早，而 14 世纪的奥雷姆肯定有此想法。回想一下，奥雷姆在将几何表示用于计算大师关于形态幅度和无穷级数的研究时就表明，一个高（速度）为无穷大的图形，其面积（距离）可能是有限的。托里拆利的证明很有意思，因为他使用了圆柱不

125

126

---

① 命题 XX，《著作集》，卷 I（第一部分），第 160—161 页。

② 波托洛蒂：《托里拆利"关于双曲线的无穷性"论文》（"La memoria 'De infinitis hyperbolis' di Torricelli"），第 49 页。

③ 《论等边双曲体》（"De solido hyperbolico acuto"），《著作集》，卷 I（第一部分），第 173—221 页。

可分量的概念,而卡瓦列里的不可分量都是平面的。设双曲线围绕 *BA* 旋转,*ED* 为一条固定的水平直线(图 12)。再设 *ACGH* 为一个正圆柱,以 *AC* 为高,*AH* 为底面直径。[①] 然后托里拆利证明,与 *ED* 平行的直线段 *NL* 不管处于什么位置,高为 *NO*、直径为 *OI* 的圆柱的侧面积都等于圆柱 *ACGH* 的横截面面积 *IM*。但是圆柱的侧表面 *NLIO* 构成了长为无穷大的旋转体 *FEBDC* 的体积;同样,直径为 *IM* 的那些圆的面积构成了圆柱 *ACGH* 的体积。因此这两个体积是相等的。[②]

由托里拆利的证明可清楚地看出,比较不可分量可以让证明

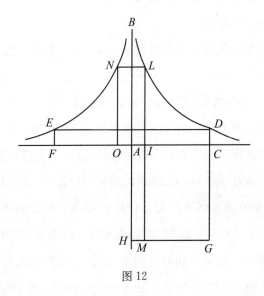

图 12

<hr />

① 这里 *AH* 的长度是 *A* 点到双曲线距离的两倍。

② "Propterea omnes simul superficies cylindricae, hoc est ipsum solidum acutum *EBD*, una cum cylindro basis *FEDC*, aequale erit omnibus circulis simul, hoc est cylindro *ACGH*. "《著作集》,卷 I(第一部分),第 194 页。

变简便,而且这种论证与积分学里所用的运算步骤十分相似;当然,在积分学中圆柱与圆具有一定的厚度,而且厚度趋近于零时,和的极限是确定的。托里拆利说,定理的真实性已经足够清楚,他自己很满意;但是,为了顾及那些对不可分量不太赞成的人[1],他通常还是会加上一个按古代方法给出的证明[2]。

托里拆利的工作极其广泛地应用了前辈和同代人提出的概念和方法,这使得他的名字频频成为有关优先权的争论中心。也许没有一个世纪像 17 世纪那样有那么多关于剽窃的指责。其主要原因在于,许多国家的数学家都广泛而有效地使用了不可分量法和相关的算法,他们的研究对象相似,都是导向微积分的问题。由于这些启发式的无穷小方法没有在逻辑上建立合理性,人们对各种观点相互间的关系只有模糊的认识,而且还经常否认这种关系。对许多贡献者来说(特别是罗贝瓦尔、费马和牛顿),判断他们对该主题的理论做出的贡献会更有难度,因为他们要么没有发表研究成果,要么发表得太慢。而数学家没有给自己的著作标定日期,更为试图确认应将某项贡献归功于某人增加了难度。本书无意详细考察这类剽窃指责,其中许多指责都缺乏足够的证据。不过,笔者会尽可能努力弄清楚,在这个令人犯难的时期,每个人在微积分概念的发展中都起了什么作用。

回想一下,卡瓦列里曾经用几何术语阐明了一个等同于 $\int_0^a x^n \, dx = \dfrac{a^{n+1}}{n+1}$ 的定理,其中 n 为所有正整数。这也许应该被看

---

① 《著作集》,卷 I(第一部分),第 194 页。
② 同上书,第 214—221 页。

作是微积分的第一个普遍性定理。把该定理推广到 n 为所有有理数(除了 $n=-1$)并加以证明的成就,通常归功于费马。① 但是,由于费马生前未出版他的成果,很难确定他的工作和托里拆利、罗贝瓦尔相似或几乎一致的结果是什么关系。看来②,至少普遍化的阐述应该归功于费马。其日期尚有疑问,有可能早至 1635 年③,或者晚至 1643 年④。罗贝瓦尔给出的正整数证明和费马给出的一般有理数的证明,是否都早于托里拆利 1646 年在其未经整理的论著《关于双曲线的无穷性》(*De infinitis hyperbolis*)中所做的证明?现在还不清楚。⑤ 但是,他们每个人的证明形式都是他们的思想所特有的,从微积分概念发展的角度考虑,我们可以认为他们都独立做出了各自的研究,这种观点应该没有误导之嫌。

　　托里拆利以阿基米德的方式——纯几何的方式——给出了证明,并且运用了穷竭法。给定任意一条双曲线 DC(图 13),他证明

　　① 例如,可参阅措伊滕:《16 世纪和 17 世纪数学史》,第 265 页。

　　② 波托洛蒂:《积分法的一个基本定理的发现及逐步推广》,第 215 页。

　　③ 参阅沃克(Walker):《关于罗贝瓦尔〈不可分量论〉的研究》(*A Study of the Traité des Indivisibles of Roverval*),第 142—164 页。

　　④ 波托洛蒂:《积分法的一个基本定理的发现及逐步推广》,第 215 页。

　　⑤ 措伊滕断言,我们应该把高次抛物线研究归功于费马。他说,费马很有可能在 1636 年就拥有了正整数的规则,并且几乎可以肯定他于 1644 年就有了关于所有情况的一般证明。《关于数学史的看法》("Notes sur l'histoire des mathématiques"),卷 IV。《关于积分尤其是费马方法之前的求积法》("Sur les quadratures avant le calcul intégral, et en particulier sur celles de Fermat",1895 年),第 43 页及以后。另一方面,苏里科(Surico)则坚持托里拆利在这个问题上具有优先权,将该发现的时间定于 1641 年,普遍化时间定于 1646 年。他得出结论:费马的求积法产生于 1654 年之后,也许是 1656 年左右。《埃万杰利斯塔·托里拆利对 $y=x^n$ 在 n 为负数、有理数时(−1 除外)的积分》("L'integrazione di $y=x^n$ per n negativo, razionale, diverso da −1 di Evangelista Torricelli")。

"曲边四边形 $EDCF$ 与截面 $DCBG$ 之比等于 BA 的幂与 AE 的幂之比"①。他在论证中使用了内接和外切图形,运用了几条引理,包括瓦莱里奥的基础命题,该命题表明这两个图形之差可以小于任何给定的面积。托里拆利还顺便提到,同样的证明和结论稍加改变,也适用于抛物线。

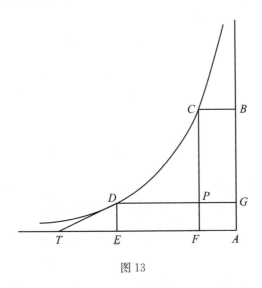

图 13

这个结果等价于这样一个解析论述:对曲线 $x^m y^n = k$, $EDCF$ 与 $DCBG$ 面积之比为 $\dfrac{n}{m}$。从一般意义上说,该比值的求法相当于现在写成 $\displaystyle\int_a^b x^{-\frac{m}{n}} \mathrm{d}x$ 的计算。不过,这种用现代符号体系描写该问

①　《著作集》,卷 I(第二部分),第 256 页。

题的表示法①,会对人产生强烈的诱惑:想在作者的著作中辨认出更新的符号所蕴涵的概念。但是,千万不能把隐含在近代积分记号中的任何代数概念归功于托里拆利。他的思想里没有丝毫的解析观念,也没有任何线索表明他有过建立可用于其他情形的运算法则的念头。尽管他使用的独特求积法后来对微积分非常重要,这个结果仍然只是有关面积之比的简单几何命题。

在评估他的切线工作时,也能看出用近代的符号和观念来解释托里拆利的工作的危险。托里拆利发现,如果 DT 是上述双曲线 D 点上的切线(图13),那么 TE 与 EA 之比就等于 AB 的幂与 AE 的幂之比②;也就是说,如果双曲线为 $x^m y^n = k$,则次切距与横坐标之比为 $\frac{n}{m}$。有人阐释这个命题时暗示说③:托里拆利认为,C 趋近于 D 时,经过 C 和 D 的割线决定了 D 点的切线,因此他距离微商的概念不远了。但是,从托里拆利的表述中得不出这个结论。托里拆利的证明不是建立在视切线为变动割线极限的近代观念之上的,而是基于古代的静态定义:切线是只与曲线在一点接触的直线。他证明,如果由上述比所决定的直线 TD 并非 D 点的切线——也就是说,它还与曲线在另一点相交,就会导致矛盾。当然,这个证明不包含任何近代的极限观念。④ 但是,在另一个问题中,托里拆利运用了切线的一个基于实际速度的平行四边形的动

---

① 在某种程度上,就像波托洛蒂所说的那样。参阅《积分法的一个基本定理的发现及逐步推广》。

② 《著作集》,卷I(第二部分),第257页。

③ 波托洛蒂:《积分法的一个基本定理的发现及逐步推广》,第143—144页。

④ 参阅《著作集》,卷I(第二部分),第304页及以后。

态概念,对牛顿流数微积分的发展有重要的启发。

我们可能会认为逍遥派的科学暗含[1]了速度的平行四边形原 130
理,但是由于亚里士多德没有发展瞬时速度的概念,该学说很长时
间都未得到广泛应用。阿基米德似乎曾经把它应用于几何学,更
晚些时候的列奥纳多·达·芬奇又再次提出该学说[2],并且为斯
蒂文所使用[3]。斯蒂文的主要兴趣是静力学,因此他是按照虚位
移而非速度来看待该学说的。在伽利略根据惯性概念和叠加效应
的独立性学说来阐明轨道之后,运动合成的思想注定会在 17 世纪
的科学(尤其是动力学和光学)和数学中扮演重要角色。

托里拆利通过运动合成的方式来确定任意正整数次抛物线的
切线,这为他提供了应用伽利略和卡瓦列里方法的一个显著的范
例。自 14 世纪起,人们就认识到自由落体运动是匀加速运动——
速度随着时间的流逝成正比地增加,伽利略的动力学中包含这个
事实。计算大师、奥雷姆等人都描述过,落体运动所经过的距离,
是另一物体在相同时间内,以落体最终速度的一半做匀速运动所
经过距离的一半。伽利略再次强调这一点,并且认为这说明自由
落体经过的距离与时间的平方成正比。托里拆利继续深入探索这
个思想,研究如果速度与时间的平方成正比,会出现什么状态。在
这种情况下,经过的距离将由三角形 ABE(图 14)中全体直线段的

---

① 参阅迪昂:《静力学的起源》,卷 II,第 245 页。

② 迪昂,同上书,卷 II,第 245—265 页、347—348 页;还参阅杜林(Dühring):《力
学的一般理论的批评史》(*Kritische Geschichte der allgemeinen Principien der Mechan-
ik*),第 15 页。

③ 拉斯韦兹:《原子论的历史》,卷 II,第 12—13 页。

平方和给出，这些平方代表了给定时间区间 AB 内物体运动的速度。但是，卡瓦列里已经证明，三角形 ABE 中全体直线段的平方和，是平行四边形 ABEI 中全体直线段平方和的 $\frac{1}{3}$，因此物体经过的距离，将是第二个物体在时间 AB 内以第一个物体的最终速度做匀速运动所经过距离的 $\frac{1}{3}$——

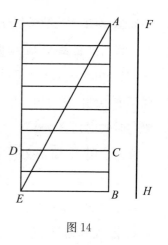

图 14

131　或者，相反地，最终速度将由经过距离的 3 倍所决定。而且，距离将与时间的立方成正比。[①]

　　所以，如果我们想象一个抛射体以合成运动的方式移动：由一个均匀水平速度和一个与时间的平方成正比的垂直速度组成，运动轨迹将是一条三次抛物线；如果垂直速度与时间的立方成正比，运动轨迹将是一条四次抛物线；依此类推。这些曲线的切线现在可求出如下：例如，设曲线 ABC（图 15）为三次抛物线，如果 EB 是该曲线的切线，我们就可得出 ED＝3AD。这一点

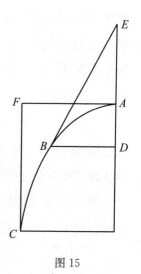

图 15

---

① 《著作集》，卷 I（第二部分），第 311 页。

可由以下事实清楚地说明：运动点在 B 点有两个速度，一个是水平的，由距离 BD 决定；另一个是垂直的，为垂直距离 AD 的 3 倍（从上述说明可知）。因此，根据这两种速度的合成，B 点的方向将是直线 BE 的方向，因而也就是切线方向。[①] 托里拆利指出，同样的论证可以用于其他抛物线，比 $\dfrac{ED}{AD}$ 为抛物线的次数。

132

托里拆利的方法运用了瞬时方向的观点，因而隐含了极限概念。这种方法相比古代几何学家给出的荒谬可笑的切线定义，是一个重大进步。随着瞬时速度概念进入几何证明，它还标志着对古典传统的背离。动力学研究偶尔会引起希腊几何学家的注意。阿基米德在为他的螺线求切线的时候，本来有充分的理由使用托里拆利那样的方法；但是他认为运动概念不够严密，还不能用于其静力学和正式的几何证明。他甚至也没有发展出运动学的科学，在这一方面，他并没有超越同时代人。然而，14 世纪的经院哲学家已经给予动力学定量表示法，这项工作由伽利略完成。现在，托里拆利在纯几何学中就使用这些方法来求抛物线的切线。

133

他还利用这些方法求出了阿基米德著作中提出的一大类曲线的切线。托里拆利研究了由一个点沿着一条匀速旋转的直线移动形成的曲线，该点的速度不一定是匀速的，而是该点到直线所绕定点的距离的函数。[②] 如果该速度在相等的时间区间里使动点到定点的距离之比连续，托里拆利就把这条曲线叫作"几何螺线"，以区

---

① 《著作集》，卷 I（第二部分），第 310—311 页。

② 《论不定螺线》（"De infinitis spiralibus"），《著作集》，卷 I（第二部分），第 349—399 页。

别于阿基米德的"算术螺线"。[①] 这条几何螺线的方程可按极坐标写成 $\rho = ae^{t\theta}$，不过托里拆利没有用解析方法处理这些曲线，而是运用综合几何与力学的理论找到了切线，也找到了曲线的弧长和它们围成的面积。

托里拆利在数学中使用了运动学表示，这种表示可能早已由法国数学家罗贝瓦尔[②]和笛卡尔（我们稍后将谈到他）先行采用；不过主要是由于托里拆利的研究，这个观念才普及起来，进而被巴罗的几何学吸收，并被巴罗的学生牛顿用于流数法。

在托里拆利使用穷竭法、不可分量法和合成运动法所获得的成就中，可以找到许多出现在微积分里的卓越预想。它们不仅包括大量有关求积法和切线的定理，还包括一些关于求曲线弧长的最早成果。托里拆利似乎已经意识到，切线问题与求积问题是互逆的，并且开始利用这一事实。[③] 不过，他并不打算根据这些方法建立适用于所有情况的运算规则。他不认为它们构成了一种新型的分析学，结果也没有探索一种普遍性的算法。例如，合成速度只能用于事先已知道其形成运动的曲线。只有运用费马、笛卡尔和巴罗的解析方法，或者牛顿和莱布尼茨的微积分，才有可能从一条曲线的方程中，一般地求出作为运动轨迹的曲线或者瞬时方向。

托里拆利的研究标志着数学家们朝微积分迈进了重要一

---

① 《论不定螺线》，《著作集》，卷 I（第二部分），第 361 页。

② 参阅杰科里（Jacoli）：《托里拆利及应用罗贝瓦尔方法求切线的方法》（"Evangelista Torricelli ed il metodo delle tangenti detto Metodo del Roberval"）。

③ 波托洛蒂：《积分法的一个基本定理的发现及逐步推广》，第 150—152 页。

步,但其中使用的基本概念离近代观点还十分遥远。在通过极限定义瞬时速度的概念方面,托里拆利的思想并不比他的老师伽利略,或者他的后继者牛顿更高明。同样,托里拆利虽然很清楚不可分量法得出的结果与古人所用方法得出的结果一致,但他似乎远远没有意识到,这两者将通过极限概念联系起来。他的不可分量的观点与德谟克利特模糊的数学原子论惊人地相似。托里拆利赞成一个点等同于一条直线段,他把这个观点归功于伽利略[①];他在"证实"伽利略关于速度-时间曲线图下的面积代表距离的论断时,断言线段不相等时,每条线上点的个数是相同的,但是这些点本身却不相等[②]。不可分量缺少合适的基础,这或许比忽视瞬时速度的定义更为严重,因为将速度作为未被定义的元素使用时,可以用直觉阐述清楚,而在使用不可分量时,却没有这样安全的指引。托里拆利意识到了其中的困难,但是,尽管他撰写了一本有关运用无穷小时产生的悖论的著作[③],却无法解决这个逻辑混乱。

1647 年对微积分的发展至关重要,这有好几个理由:首先,卡瓦列里和托里拆利都在这一年英年早逝;其次,卡瓦列里那本关于不可分量的更具抱负的著作——《六个几何问题》——问世了;第三,伟大的"化圆为方者"——圣文森特的格雷戈里冗长的《几何著作》,在安特卫普出版。

---

① 《著作集》,卷 I(第二部分),第 321 页。

② 同上书,第 259 页。

③ 《论不可分量原理的误用》(*De indivisibilium doctrina perperam usurpata*),同上书,第 415—423 页。

现在,让我们先放下意大利无穷小的发展,简要地考察一股同时出现于低地国家的潮流,他们的观点略有不同。圣文森特的格雷戈里和卡瓦列里的研究也许彼此独立[①],并且在 1625 年和 1626 年前后几乎同时得出各自的方法[②]。在数学灵感方面,两个人都与阿基米德的传统有直接联系,也都直接得益于其他人——卡瓦列里得益于伽利略(引用了他的不可分量法)、瓦莱里奥,也许还有开普勒;格雷戈里得益于斯蒂文和瓦莱里奥,从他们那里借鉴了一个想法:给涉及穷竭法的命题一种直接而又严密的证明,以代替希腊的归谬法。[③] 不过格雷戈里增加了一点他们的著作所没有的元素,他将这个问题与经院学派关于连续统性质的讨论和无限细分的结果联系起来。阿基米德、斯蒂文和瓦莱里奥只把细分进行到误差小于某个值为止,格雷戈里则把它理解为事实上的无限细分。在《几何著作》(有时又叫作《奥地利问题》[*Problemum austriacum*])里,他没有使用斯蒂文和瓦莱里奥的平行四边形,而使用了无穷多个无限薄的矩形[④];并且像库萨的尼古拉斯那样,用一个边数为无穷多的内接多边形代替了阿基米德使用的 n 边形[⑤]。

格雷戈里通过一个他称为"平面在平面上延伸"("ductus plani in planum")的过程,将他的概念用于求体积问题。这个词组指的是由两个给定平面建立一个几何立体的方法。例如,设这两个

① 莫里兹·康托尔:《数学史讲义》,卷 II,第 818 页。

② 同上书,卷 II,第 759 页;也可参阅博斯曼:《圣文森特的格雷戈里》("Grégoire de Saint-Vincent")。

③ 博斯曼:《圣文森特的格雷戈里》,第 250—256 页。

④ 《几何著作》,第 961 页。

⑤ 沃尔纳:《论极限的产生》。

图形为一个半圆和一个以圆直径为一边的矩形(图 16)。然后,通过"将矩形贴在半圆上",格雷戈里的想法如下:令矩形 $ABB'A'$ 垂直于半圆所在的平面,接着在 AB 上任选一点,在这两个图形上作垂线 XX' 和 XZ,据此作出矩形 $XZZ'X'$。以 AB 上所有对应于点 X 的矩形作为截面的那个几何立体就是所求的立体。在这种情况下,它是一个圆柱的一部分,但是格雷戈

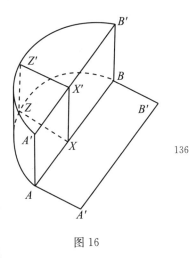

图 16

里把这一过程用于许多其他的图形①,并找到了由此所得立体的体积。

　　显而易见,在这个运算中,圣文森特的格雷戈里暗中运用了无穷小量。他对无穷小量性质的理解虽然可能不像卡瓦列里那么幼稚,但同样既不清楚也不严密。② 他建立立体图形的方式表明他是根据不可分量来设想的。不过,我们在其他地方可以看见,他采用了开普勒的方式,认为这些不可分量实际上组成了几何图形,而不是像卡瓦列里那样,认为它们没有厚度。在向两个三维图形中内接很薄的平行六面体后,他又补充说,"这些平行六面体能够增加到穷竭它们所内接的物体的程度"③。

---

① 《几何著作》,第 VII 册。

② 莫里兹·康托尔:《数学史讲义》,卷 II,第 818 页。

③ "Parallelepipeda ilia ita posse multiplicari ut corpora ipsa, quibus inscribuntur, exhauriant."《几何著作》,第 739 页。

　　这也许是第一次在这个意义上使用"穷竭"一词，也可能是一个图形真正以这种方式被穷竭的最早例子。希腊的穷竭法证明只是在给定的精确性上，简单地把这个图形看作近似于内接或者外切图形。因此，在某种意义上，将希腊的方法命名为穷竭法不太合适；但格雷戈里显然是按照字面意思来使用这个词的，即允许继续细分到无穷。他没有明确说明，应该怎样通过无穷小元素想象物体的穷竭，不过，与德谟克利特和经院学派甚至卡瓦列里和托里拆利相比，他当然更接近近代的概念。他没有考虑静态不可分量，而是按照变动的细分来推理，由此接近了极限的方法。该事实将格雷戈里引到了最终为微积分提供严密基础的方向，因为无限细分使他理解了一个无穷等比数列的极限。[①]

　　希腊人从未试图把曲线定义为被内接或者外切图形不断趋近的终点或者极限。瓦莱里奥直截了当地说明，可以使不断趋近的内接或者外切图形之差小于任何量。他因此缩小了穷竭法和极限概念之间的差距。斯蒂文通过使用算术序列，偶然省略了两个近似图形中的一个，从而朝这个方向再次迈出了重要一步。然而，或许是圣文森特的格雷戈里第一个明确阐述了这一点：一个无穷级数本质上可定义一个可称为级数极限的量。"一个数列的终点是该数列哪怕延续到无穷也不能达到的级数末尾，但是它比任何已知区间都更接近这个末尾。"[②] 为了说明这一点，格雷戈

---

　　① 沃尔纳（《论极限的产生》，第 251—252 页）说，这是第一次使用真正的无穷级数；但是，在这一点上，他错了，因为我们已经看到，计算大师、奥雷姆和其他经院学派学者早就结合形态幅度使用了该概念。

　　② 《几何著作》，第 55 页。

里给出一条被点 B，C，…分隔的线段 AK，它以 K 为这些点的极限，使线段 AB，BC，…都成连续比。不过，格雷戈里下面的说法却失去了极限的实质："量 AK 等于整个级数……延伸至无穷的量；或换句话说，K 是 AB 与 BC 之比延伸至无穷的终点。"[①] 也就是说，AK 没有被定义为和，因为 K 是极限。格雷戈里根据几何直觉指出，认为 AK 是和就相当于认为 K 是极限。不过，他比此前的任何人都更清楚地说明，一个无穷级数可以被严格地看作具有一个和。

圣文森特的格雷戈里也认识到，阿基里斯悖论可以根据无穷级数的极限来解释。他像经院学派和伽利略那样，假设"运动是一种量"，再断言阿基里斯和乌龟的速度必成一定的比例，并用等比数列计算两者相遇位置的点。[②] 他没有意识到，就此而论，芝诺的问题并非阿基里斯将在什么时候或者什么地方追上乌龟，而是他怎样追上乌龟。就无穷序列的极限来说，这种在悖论中诉诸感官经验而非推理的情形，无疑是其向微积分发展的主要障碍。尽管圣文森特的格雷戈里表达的观点不具备 19 世纪典型的严密性和清晰性，但是我们应该记住，从积极意义上说，他的研究是仔细说明极限学说的第一个明确的尝试——尽管这种说明仍然使用几何术语。而斯蒂文和瓦莱里奥，也许还有运用穷竭法的阿基米德，都曾经含蓄地设想过这个极限学说。

圣文森特的格雷戈里坚持认为，他已经完成了化圆为方。[③]

---

① 《几何著作》，第 97 页。

② 同上书，第 101—103 页。

③ 同上书，第 1099 页及以后。

也许就是因为这件事①，才有人说②格雷戈里从同时代人那里只得到了蔑视，是惠更斯（Huygens）和莱布尼茨恢复了他的名声③。另一方面，他的研究无疑对当时许多数学家都产生了强烈的影响。格雷戈里曾经在不同的耶稣会学校当老师，他把保罗·古尔丁、安德烈亚斯·塔凯（Andreas Tacquet）④、让-夏尔·德拉·法伊（Jean-Charles della Faille）⑤等人都列为自己的学生，他们都使用过无穷小方法，尤其是在那时流行的求重心问题上。

139

　　古尔丁以过去阿基米德的方式写作，但他的著作因为两个原因闻名于世：首先，所谓的古尔丁定理——旋转立体的体积为旋转面的面积与重心在一次旋转中经过的距离之乘积⑥——曾经被认为可能剽窃自帕普斯⑦的成果，招致激烈争论；其次，我们已经看到，在指责开普勒所用的无穷小和卡瓦列里所用的不可分量缺乏严密性方面，古尔丁是主要批评者。不过，从思想发展的观点来看，塔凯的著作比古尔丁的更重要。

---

　　①　博斯曼：《圣文森特的格雷戈里》，第 254—255 页。

　　②　玛丽：《数学和物理学史》，卷 III，第 187 页。

　　③　参阅莱布尼茨：《数学全集》（*Mathematische Schriften*），卷 V，第 331—332 页。

　　④　关于塔凯著作的概要，参阅卡斯特纳：《数学史》，卷 III，第 266—284 页、442—449 页。

　　⑤　参阅博斯曼：《安特卫普的耶稣会数学家让-夏尔·德拉·法伊》（"Le Mathématicien anversois Jean-Charles della Faille de la Compagnie de Jésus"）。

　　⑥　1615 年，开普勒在求环的体积时，曾经提出该定理的一种特殊情况。

　　⑦　关于这件事的激烈争论，见史密斯和米勒的《古尔丁是否是剽窃者？》一文。最近的帕普斯著作法语版编辑保罗·维尔·伊克（Paul Ver Eecke）以确定无疑的口气为古尔丁开脱，说古尔丁定理不能从帕普斯给出的图形中演绎出来，当然两者灵感之间的关系尚有疑问。见保罗·维尔·伊克：《从历史的角度考虑古尔丁所给的定理》（"Le Théorème dit de Guldin considéré au point de vue historique"）。

安德烈(或安德烈亚斯)·塔凯在借鉴其前辈的多种无穷小方法并推广到一般性方面,与同时代人托里拆利有相似之处。例如,他在《柱与环》(*Cylindricorum et annularium libri*)卷 IV 中,对下列命题给出了 4 种证明,这个命题是:一个球体的体积等于以球体大圆一半为底、以球体圆周长为高的圆柱劈锥的体积。自从开普勒起,就有许多数学家提出该定理;阿基米德也在《方法论》中提过,不过当时也许还见不到这本书。但是,塔凯在利用内接和外切图形以两种方法证明这一定理之后,又通过建立在三角形与圆截面相等基础上的不可分量给出了两种证明。托里拆利为别人着想,提供了其他证明,但他自己对不可分量方法证明的严密性是感到满意的。另一方面,塔凯说他认为卡瓦列里的方法既不合理,也不能算是真正的几何方法。[①] 他坚持认为,从严格意义上说,不能认为圆柱劈锥是由三角形组成的,也不能认为球体是由圆组成的。圆柱劈锥不是由三角形移动生成的,球体也不产生于圆的运动。他宣称,一个几何量只能由同型体(homogenea)构成,也就是说,由相同维度的多个部分组成(立体由小立体组成,面积由小面积组成,线段由小线段组成),而不是像卡瓦列里主张的那样,由异型体(heterogenea)组成,或者说由低维度的多个部分组成。因此,他觉得所考虑的量将"按照古代的方式"[②],通过在里面内接同型体来穷竭(毫无疑问,"穷竭"一词是他从圣文森特的格雷戈里那里学来的)。

140

---

① 《柱与环》,第 23—24 页;或者《全集》,3d 段,第 13 页。

② 同上。

　　塔凯批评不可分量法，坚持运用同型体，这当然是相当正确的。如果他试着依据极限学说，运用"穷竭"（其字面意思）来调和这两种观点，他的研究也许会有助于澄清不可分量法——人们继续使用这个方法，不是因为他们理解其重要性，而是因为他们能从中获得正确结果。塔凯既然发展了圣文森特的格雷戈里有关极限的思想，却没有这么做，这就更加奇怪了。例如，他在 1656 年的《算术的理论与实践》一书里，根据等比数列解释阿基里斯悖论[①]；又在另一段中说，在一个延续到无穷且各项按照定比递减的序列中，最小的项将消失[②]，如此便运用了极限的准则。塔凯的这本算术著作几乎与约翰·沃利斯的《无穷小算术》（*Arithmetica infinitorum*）同时出现，我们将在沃利斯的著作里找到更加有力的极限概念。不过，在评述沃利斯的观点之前，有必要详细考察一些对微积分方法十分重要的预想，这些思想由当时一群杰出的法国数学家提出，包括罗贝瓦尔、帕斯卡和费马（塔凯至少对其中的帕斯卡有一定影响）。

　　吉尔·珀森纳·德·罗贝瓦尔是皇家学院的拉姆教授，要获得这个职位就得在三年一度的考试中取得最好成绩，考试的问题由当时的学术机构的负责人提出。出于这一考虑，罗贝瓦尔对他的方法和结果保密，这最终使他在首先发现不可分量法的声誉上输给了其他人。他说他曾经专心研究"非凡的阿基米德"，从中发

---

　　① 《算术的理论与实践》（*Arithmeticae theoria et praxis*），第 502—503 页。

　　② "Minimus terminus evanescat." 同上书，第 475 页；还可参阅博斯曼：《安德烈·塔凯和他有关理论与实用算术的论文》（"André Tacquet et son traité d'arithmétique théorique et pratique"）。

现了"卓越但从未受到足够赞扬的无穷大学说"。[①] 罗贝瓦尔大概
在 1628—1634 年研究出了他的不可分量法[②],也就是说,比圣文森
特的格雷戈里和卡瓦列里的研究成果只晚了几年,而又在他们出版
著作之前。这些运算几乎同时出现,表明在 17 世纪早期,人们对无
穷小的研究非常普遍。

罗贝瓦尔只承认他的研究灵感来自于阿基米德。不过,他很
有可能在某种程度上受到了开普勒的影响[③],其研究的一部分与
斯蒂文和瓦莱里奥的思想也极其相似,只是没有明确迹象表明他
受惠于二人[④]。如果我们知道 17 世纪上半叶斯蒂文的著作在法国
有多高的知名度,这将非常有趣。帕斯卡和罗贝瓦尔表达的某些
思想,与半个世纪前斯蒂文著作中的思想惊人地相似;然而前两位
科学家不承认他们受益于这位布鲁日的工程师——其著作曾以佛
兰芒语、拉丁文和法文多次出版。[⑤]

罗贝瓦尔无疑十分熟悉卡瓦列里的著作,并且曾经保护它们
免受吹毛求疵的批评家责难[⑥];不过他的不可分量观点似乎远不
如那位意大利人的质朴。他非常清楚地指出,在他的方法中,他并
不认为面真的由直线组成,或者立体由面组成,而是认为它们分别

---

① 沃克:《关于罗贝瓦尔〈不可分量论〉的研究》,第 15—16 页。

② 同上书,第 142—164 页。

③ 同上书,第 81 页。

④ 迪昂(《静力学的起源》,卷 I,第 290—326 页)主张罗贝瓦尔知道斯蒂文和瓦莱
里奥的著作。

⑤ 曾有人提出(参阅《帕斯卡的物理论文》[*The Physical Treatises of Pascal*],第
4 页注释),由于斯蒂文的自由思想,他成为了低地国家天主教保持缄默协定的受害者。

⑥ 《M. 珀森纳耶·德·罗贝瓦尔的多部著作》("Divers ouvrages de M. Personier
de Roberval"),第 444 页。

由更小的面和立体构成,这些"无穷多的东西"被视为"就像是不可分量一样"。① 罗贝瓦尔在他的《不可分量论》(*Traité des indivisibles*)里宣称,应该始终把词组"无穷多个点"理解为构成整条直线的无数条微小线段,把"无穷多条线"理解为构成整个面的无数个微小面,等等。②

142

罗贝瓦尔把类似的观点归功于卡瓦列里,说后者并非真的认为面由直线组成;不过在这一点上,他明显过于宽容了。罗贝瓦尔主要受阿基米德经典著作影响,他没有认识到,在卡瓦列里的著作中,原子论和经院学派传统的影响冲淡了作者的不可分量法的思想和结果,就像在伽利略和托里拆利的著作中那样。然而,罗贝瓦尔与阿基米德不同,他采用了类似圣文森特的格雷戈里的方式,用无穷这一概念代替穷竭法,却没有明确阐述极限概念。但是,他的确提供了在我们的定积分概念中可以找到的实质性要素,因为,他在把一个图形分成小截面之后,令它们的量不断减小——这个过程主要以算术的方式展开,最后通过一个无穷级数的求和获得结果。这种方法与斯蒂文的方法极其相似,却与卡瓦列里著作中具有几何特征的固定不可分量形成鲜明对比。

前面说过,卡瓦列里已经预先证明了 n 为正整数的情况下等价于 $\int_0^a x^n \mathrm{d}x = \dfrac{a^{n+1}}{n+1}$ 的定理,托里拆利又证明了 n 为有理数时(当然,$n=-1$ 除外)的情况。大约在同一时间,罗贝瓦尔也通过研究获得了这个结果(可能是根据费马的建议);从他的作品可看出,他

---

① 沃克:《关于罗贝瓦尔〈不可分量论〉的研究》,第 16 页。
② 《M. 珀森纳耶·德·罗贝瓦尔的多部著作》,第 249—250 页。

的研究重点与别人略有不同。卡瓦列里和托里拆利是用穷竭法和不可分量法在纯几何问题的基础上进行研究；而伟大的法国数学三巨头罗贝瓦尔、费马和布莱兹·帕斯卡[①]，则将他们对阿基米德几何学的兴趣与对数论的热情结合起来，这对他们的研究产生了影响。结果，罗贝瓦尔将数与几何量结合，这与毕达哥拉斯学派，尤其是尼科马霍斯（Nicomachus）的研究非常相似。前面已经说过，罗贝瓦尔认为一条直线线段由无限多条小线段组成，可用与正整数相对应的点表示这些小线段。现在，如果我们依次想象一系列直角等腰三角形的边分别由 4，5，6，…个点或者不可分量组成，那么三角形中这种单位一的总数将计算如下：

边为 4 的三角形：$10 = \dfrac{1}{2}(4)^2 + \dfrac{1}{2}(4)$

边为 5 的三角形：$15 = \dfrac{1}{2}(5)^2 + \dfrac{1}{2}(5)$

边为 6 的三角形：$21 = \dfrac{1}{2}(6)^2 + \dfrac{1}{2}(6)$

……

每一行等号右边的第二项是边的一半，表示三角形超过正方形一半的部分。随着点数和直线数增加，它和第一项的比不断减小。由于一个几何三角形或正方形所包含的直线数是无穷大的，超出部分，或者说一条直线的一半，"就不用考虑在内了"[②]。因此很清楚，三角形是正方

---

① 在这方面，他们著名的同时代人和同胞笛沙格（Desargues）和笛卡尔表现出略微不同的精神。

② 《M. 珀森纳耶·德·罗贝瓦尔的多部著作》，第247—248 页。

形的一半。显然,这个论证大致等价于 $\int_0^a x\mathrm{d}x = \dfrac{a^2}{2}$ 表达的意思。

罗贝瓦尔继续这种研究,提出类似的说法:如果这些线段按照正方形的顺序,一条接一条地排列,那么这些微小线段,或者说代表这些线段的点的总和,与底层的点数和相迭次数的乘积所成之比,等于棱锥与棱柱之比,也就是说,为 $1:3$。例如,如果一个正棱锥每条边有 4 个点,则 $1^2+2^2+3^2+4^2=30=\dfrac{1}{3}(4)^3+\dfrac{1}{2}(4)^2+\dfrac{1}{6}(4)$;如果每条边有 5 个点,可得 $1^2+2^2+3^2+4^2+5^2=55=\dfrac{1}{3}(5)^3+\dfrac{1}{2}(5)^2+\dfrac{1}{6}(5)$;依此类推。在这些等式中,等号右边的第一项为点数立方的 $\dfrac{1}{3}$,第二项为点数平方的 $\dfrac{1}{2}$,最后一项为点数的 $\dfrac{1}{6}$。因为在一个几何立方体里正方形的个数是无穷的,后两项微不足道,因此总和是立方的 $\dfrac{1}{3}$。[①] 同理,立方的总和为四次幂的 $\dfrac{1}{4}$,四次幂的总和为五次幂的 $\dfrac{1}{5}$,五次幂的总和为六次幂的 $\dfrac{1}{6}$,等等。[②] 换言之,罗贝瓦尔以这种方式指出了等价于 $\int_0^a x^n\mathrm{d}x = \dfrac{a^{n+1}}{n+1}$ 在 n 的值为正整数时的定理。他似乎没有像托里拆利和费马那样,对 n 的其他值给予证明。[③]

---

① 《M. 珀森纳耶·德·罗贝瓦尔的多部著作》,第 248 页。
② 同上书,第 248—249 页。
③ 措伊滕:《关于数学史的看法》,1895 年,第 43 页。

　　罗贝瓦尔的论证类似于此前半个世纪的斯蒂文给出的"算术证明"，也和罗贝瓦尔著作出版几年后沃利斯的证明相似。[①] 这些论证代表了试图解释极限观念的努力，但是罗贝瓦尔在研究中借助不可分量概念，略微模糊了极限思想。他没有从有关的算术级数极限中得出结论，却像大多数同时代人一样求助于几何直觉。根据毕达哥拉斯和尼科马霍斯将数与几何点相联系的方法，他提出：因为"边与立方体不能相比……所以增加或者减去单个正方形都没有什么影响"。[②] 这种直觉通过忽略高阶无穷小，通向了莱布尼茨的微分法，而不是牛顿提出并最终获得成功的极限法。

145

　　罗贝瓦尔顺利运用这种准算术的不可分量法解决了各种求积问题。他的抛物线求积法是比较典型的例子。[③] 他使用的运算与托里拆利的 21 种抛物线求积法截然不同。罗贝瓦尔的方法更接近于斯蒂文用数证明的方法，不可分量的直觉加强了其论证力量。设 $AE=1, AF=2, AG=3, \cdots$（图 17），由抛物线的定义，我们知道 $\dfrac{EL}{FM}=\dfrac{AE^2}{AF^2}$，其他分割点也是如此。因此

$$\frac{\text{面积 } ADC}{\text{面积 } ABCD}=\frac{AE(EL+FM+GN+\cdots)}{AD \cdot DC}$$

$$=\frac{AE(AE^2+AF^2+AG^2+\cdots)}{AD \cdot AD^2}$$

　　① 沃克（《关于罗贝瓦尔〈不可分量论〉的研究》，第 165 页）在这方面没有提到斯蒂文，错把罗贝瓦尔的研究当作此类研究中的第一个。当然，认为算术极限的观点第一次出现在 17 世纪（同上书，第 35 页）是不正确的，因为斯蒂文关于算术极限的著作出现在 1586 年。

　　② 《M. 珀森纳耶·德·罗贝瓦尔的多部著作》，第 249 页。

　　③ 同上书，第 256—259 页。

$$= \frac{1^2 + 2^2 + 3^2 + \cdots + AD^2}{AD \cdot AD^2} = \frac{1}{3} \text{。}$$

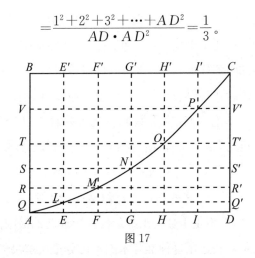

图 17

　　罗贝瓦尔通过类似的方法求出了其他曲线下的面积，例如，更高次的抛物线、双曲线、摆线和正弦曲线，以及与它们相关的多种体积和重心。在这方面，他也许早于托里拆利求出了无限长立体的体积。他还巧妙地将一种图形转换成另一种图形，这被称为罗贝瓦尔曲线法，和圣文森特的格雷戈里的平面在平面上延伸的方法相似。这种变换在 17 世纪的几何学中作用很大，因为当时缺乏处理方程中含根式的曲线的简便方法，但是在微积分发展起来之后，这些方法就不再重要，也不再流行了。

　　罗贝瓦尔在其研究中表现出卓越的灵活性，他使用了各种无穷小元素，例如三角形、平行四边形、平行六面体、圆柱和同心圆柱壳体。这些研究蕴涵极限的思想，但都藏在罗贝瓦尔不可分量法的术语下面。罗贝瓦尔调和了不可分量法与古代几何学家的论证，这也隐含了极限法的思想。首先，罗贝瓦尔证明，未知量介于内接和外切图形之间，后两者的面积差"小于每一个提出的已知量"。然后他又证明，所求量与外切图形之比小于事先提出的比值，与内接图形之比则大于这个比值。最后，罗贝瓦尔使用一个一般引理证明了该命题："设有一个确定的比 $R:S$ 和两个量 A 与 B，且 A 加上一个很小的(量)之和与 B 之比大于 $R:S$ 之比，A 减去一个很小的(量)之差与 B 之比小于 $R:S$，则可说 $A:B$ 等于 $R:S$。"①这种论证形式，与瓦莱里奥(罗贝瓦尔可能熟悉瓦莱里奥的著作)相应的命题极为相似，等价于下面这个命题：两个变量之商的极限等于它们各自极限之商。

可以看出，在罗贝瓦尔关于不可分量的命题中，已经有积分的萌芽，其中有些等价于求代数和三角函数定积分的方法。罗贝瓦尔也关心微分问题——他曾提出一种切线法，与托里拆利的非常相似，结果招来了剽窃的指控。②他把每一条曲线都视为运动点的路径，并且承认"运动方向就是切线方向"是一条公理。③他认为点的移动由两个分运动合成，通过求它们的合成矢量可以找到切线。于是，在求抛物线的切线时，他就利用了这个事实：因为抛物线是那些与焦点和准线等距的动点轨迹，所以可看作由一个点运动生成。这一运动包含了两个分运动：其一是离开准线的匀速平移运动，其二是离开焦点、与前者速度相等的匀速径向运动。由此，通过其速度的平行四边形(此处为菱形)就能确定合速度——

147

---

① 沃克：《关于罗贝瓦尔〈不可分量论〉的研究》，第 38—39 页。

② 《M. 珀森纳耶·德·罗贝瓦尔的多部著作》，第 436—478 页；沃克：《关于罗贝瓦尔〈不可分量论〉的研究》，第 142—164 页。莫里兹·康托尔(《数学史讲义》，卷 II，第 808—814 页)总结说，这些指责没有得到证实。

③ 《M. 珀森纳耶·德·罗贝瓦尔的多部著作》，第 24 页。

因此也能得到抛物线上任何一点的切线——所在的方向，就在该点焦半径与该点至准线的垂线之间夹角的平分线上。知道这个方向后，就可画出切线了。[①] 这里涉及的运动与托里拆利在同一曲线中用到的运动不同，但是依据的合成运动思想本质上是相同的。当然，这个方法会遇到一个困难，即在确定切线之前，必须采用某些方法发现运动的规律。从 1636 年罗贝瓦尔和费马的通信看，他似乎已经找到另外一种利用分析运算的切线法，据他说，这种方法与求积法的问题有联系。[②] 该方法也许在微积分的历史上十分重要，但是显然已经失传了。

很难确定罗贝瓦尔对当时的数学家产生了多大的影响，因为他的《不可分量论》直到 1693 年——也就是微积分问世之后才出版。不过，他很可能对年轻的布莱兹·帕斯卡有重要影响，因为后者的父亲艾蒂安·帕斯卡（Etienne Pascal）是他的密友。

从某种意义上说，布莱兹·帕斯卡代表了在古典几何学传统下应用的无穷小法取得的最高发展水平。作为一个数学家、科学家和哲学家，他不是富有创造力的天才；但是他有一种非凡的禀赋，善于廓清别人提出的含糊思想，并能为这些思想提供合理的基础。[③] 帕斯卡的这种强烈倾向表现在科学上，就是他使流体静力学原理变得清晰、系统；表现在数学中，就是他揭示了无穷小的性质——当然，从中也可窥见他典型的神秘气质。

---

① 《M. 珀森纳耶·德·罗贝瓦尔的多部著作》，第 24—26 页。

② 参阅莫里兹·康托尔：《数学史讲义》，卷 II，第 812 页。

③ 博斯曼：《关于布莱兹·帕斯卡的数学著作》（"Sur l'œuvre mathématique de Blaise Pascal"）。

　　帕斯卡不是职业的几何学家,因此他的几何研究分两个阶段完成,中间那段时间(1654 年到 1658 年),他的兴趣在神学上,在数学上无所作为。此外,他在两个阶段对无穷小性质的认识略有不同。他对数学主要有两方面的兴趣:几何学和数论。在第一个数学研究阶段的末尾,数论占主导地位,其间他把无穷小理论运用到算术三角形研究中。一般把这种三角形称为帕斯卡三角形,但是,二项式系数的排序在很早以前就为施蒂费尔所知了。①

　　关于这一点,他在 1654 年出版的《数字幂求和》(*Potestatum numericarum summa*)里,阐明了关于 x^n 积分的定理,我们在卡瓦列里、托里拆利和罗贝瓦尔的著作中都见过。帕斯卡的证明②不是来源于古典几何命题,而是由对算术三角形所表达的形数的研究导出的,这种证明形式受罗贝瓦尔启发,那时在巴黎似乎还不太为人所知。③ 在算术三角形中,第一行(或者列)数字可视为组成一条线段的单位或者点;第二行数字代表第一行数字之和,由此可视为点或者单位长的和,即线段;第三行数字依次是第二行数字之和,由此可视为诸线段之和,也就是三角形;类似地,第四行数字就代表棱锥。几何直觉的想象只能到此为止,但是通过类比可以继续下去。④

148

　　①　参阅博斯曼:《关于帕斯卡算术三角形的历史观点》("Note historique sur le triangle arithmétique de Pascal")。

　　②　《著作》,卷 III,第 346—367 页、433—593 页。

　　③　措伊滕:《关于数学史的看法》,1895 年,第 43 页。

　　④　参阅博斯曼:《关于帕斯卡对四维空间的几何阐释》("Sur l'interprétation geometrique, donnée par Pascal à l'espace à quatre dimensions")。

$$1 \quad 1 \quad 1 \quad 1 \quad 1 \quad . \quad .$$
$$1 \quad 2 \quad 3 \quad 4 \quad . \quad .$$
$$1 \quad 3 \quad 6 \quad . \quad .$$
$$1 \quad 4 \quad . \quad .$$
$$1 \quad . \quad .$$

这种几何研究和三角形内部的数值关系,致使帕斯卡立即考虑正整数幂之和。他回想起古人通过几何运算求平方和与立方和的结果,意识到这些不能直接用于高次幂。但是,帕斯卡研究出一种一般的求和算术方法,不仅可用于其项为头 N 个自然数整数幂(同次幂)的情况,而且可用于算术级数中的任何整数的幂(同次幂)。帕斯卡用文字表达了他获得的结果,不过也可以用符号形式表示成如下方程:

$$^{n+1}C_1 d \sum {}^{(n)} + {}^{n+1}C_2 d^2 \sum {}^{(n-1)} + \cdots + {}^{n+1}C_n d^n \sum {}^{(1)}$$
$$= (a + Nd)^{n+1} - a^{n+1} - Nd^{n+1},$$

其中 a 为级数的第一项,d 为公差,N 为项数,n 为所求幂次,$^{n+1}C_i$ 是帕斯卡三角形中第 $(i+1)$ 列、第 $(n-i+2)$ 行的数字,$\sum {}^{(j)}$ 是级数中各项第 j 次幂的和。

正如帕斯卡所说,但凡熟悉不可分量学说的人,都清楚该结果可用于求曲边形面积。例如,要求曲线 $y = x^n$ 下的面积,可以把问题中的曲边形面积看作纵坐标的总和,这些纵坐标是依算术级数(第一项为 0,公差等于 1)选择的横坐标的 n 次幂,在这里其数目为无穷大。此外,单个点不会改变一条线段的长度,一个面加上一条线段也不会改变面积,因为线是面的一个不可分量。或者用算术

149

的方式讲,根不能表示为平方的比,平方也不能表示为立方的比,依此类推。[①] 如果把最大的横坐标称为 b,并把低阶项视为零而忽略,那么上述规则就变成了 $(n+1)\sum^{(n)} = b^{n+1}$。当然,这通常就等价于表达式 $\int_0^b x^n \mathrm{d}x = \dfrac{b^{n+1}}{n+1}$ 了。用当时常用的术语来解释就是,三角形中直线段的总和是最长直线段平方之半,直线段平方的总和是立方的 $\dfrac{1}{3}$,立方的总和是"平方的平方"的 $\dfrac{1}{4}$,等等。

帕斯卡证明的要点在于省略了低阶项。人们常常认为这类论证来自卡瓦列里[②],但是这样做似乎没有根据。卡瓦列里的方法建立在两个图形中不可分量严格对应的基础上,其中没有不成对或者省略掉的元素。通过将几何不可分量与算术和数论相结合,省略项的方法似乎为罗贝瓦尔和帕斯卡所采用。在他们的工作中,较低维不可分量的几何直观,被归结为算术问题来证明省略某些低阶项的合理性。帕斯卡竟然将几何不可分量与算术的零相比,与欧拉(Euler)后来将微积分的微分视为零的方法非常相似。

帕斯卡这种略去项的方法,曾被认为[③]是微分学基本原理。这个名称很容易让人误解,因为这门学科不再用忽略固定无穷小来阐述了。不过,帕斯卡的著作也许对莱布尼茨形成自己的观点产生了最强烈的影响,莱布尼茨吸收了可略去高阶"差"的学说,以此作为其微积分的基础。牛顿偶尔也会陷入这种论证,省略对结

150

① 《著作》,卷 III,第 366—367 页。
② 波尔:《数学简史》,第 249 页;卡约里:《数学史》,第 161 页;玛丽:《数学和物理学史》,卷 IV,第 72 页;米约:《关于微积分起源的看法》,第 35 页。
③ 西蒙:《微分学的历史和哲学》,第 120 页。

果无关紧要的"瞬"的计算。在差不多两个世纪的时间里，数学家们试图证明这些运算的合理性，分析的基础最终并不是在这些方法中，而是在极限法中找到的，斯蒂文、塔凯和罗贝瓦尔等人提出的几何穷竭法及其算术修正就是指向极限法的。

帕斯卡的同时代人认为，忽略无穷小量违背了常识。在回应这些反对的声音时，帕斯卡依靠的是他最爱的口头禅——只可意会。在这里，必不可少的是"敏感性精神"（或者说直觉），而不是"几何学精神"（或者说逻辑思维），就像上帝赐予人恩典的行为以及物理经验是超越理智的一样。在这方面，几何悖论可与基督教教义中显而易见的谬论相比，不可分量之于几何构形正如我们凡人的道义之于上帝的道义。①

帕斯卡对无穷小量的看法中经常表现出的神秘主义倾向，并没有出现在他的所有著作中；特别是在后期的数学活动中，他的观点似乎改变了。那个时候，他的兴趣集中到摆线上，这种曲线被蒙蒂克拉（Montucla）称为"不和的苹果"②，因为它引发了很多关于优先权方面的争论。在 1659 年出版的《四分之一圆的正弦论》（*Traité des sinus du quart de cercle*）里，帕斯卡像阿基米德在其力学方法中那样，采用了微元平衡法。他结合书中的问题，在提到纵坐标求和时用了无穷小量的说法；不过他又说，用不着害怕这么做，因为它实际上是指任意小矩形的求和。③ 在后来的数值证明里，帕斯卡也设法回避基于忽略无穷小量的论证。亚里士多德

① 参阅《著作》，卷 XII，第 9 页；卷 XIII，第 141—155 页。
② 蒙蒂克拉：《数学史》（*Histoire des mathématiques*），卷 II，第 52 页。
③ 《著作》，卷 IX，第 60—76 页。

否认数的领域存在无穷小,同时承认存在一种潜在的无穷大;帕斯卡却相反,他在《几何学精神》(De l'esprit géométrique)中主张,在数的王国里,无穷大和无穷小是互补的。每一个大数字(例如 100 000)必定有一个小数字(倒数 $\frac{1}{100\ 000}$)与它对应,因此存在不确定大就存在不确定小。他认为,就像几何中其他如时间、运动和空间等未定义的基本术语一样,数受两个无穷(即无穷大和无穷小)的控制。[①] 离散量与连续量的差别并不像亚里士多德感觉的那样大,事实上,这种差别会随着解析方法在几何学里的传播而消失。

帕斯卡在无穷小方面的观点逐渐明确,也许是同罗贝瓦尔交往的结果,后者曾说卡瓦列里并不真的认为不可分量是线段;也有可能是因为帕斯卡读过《柱与环》[②],其作者塔凯否认从面的不可分量或者线段之比推断面之比的有效性。塔凯尤其否认一个图形由异型体或者较低维的元素组成的观点。在同型体问题上,帕斯卡一般同意塔凯的看法,但是他关于从有限转化到无穷的观点与塔凯的不同。塔凯倾向于圣文森特的格雷戈里的极限概念,不过为了回避这个难点,他更愿意回头采用穷竭法提供的清晰思路。

152

另一方面,帕斯卡把无穷大和无穷小视为神秘事物——大自

---

① 《著作》,卷 IX,第 247 页、253 页、256 页、268 页。

② 博斯曼:《关于布莱兹·帕斯卡不可分量的看法》("La Notion des indivisibles chez Blaise Pascal")。

然把它们提供给人类,不是为了让人们理解,而是让人们赞赏。[1]
此外,塔凯就像斯蒂文和罗贝瓦尔一样,利用了无穷级数的极限。
帕斯卡的研究则和更古老的数论以及古典几何学有关,他认为自
己的方法是对它们的进一步完善和发展。他没有被费马和笛卡尔
提出的更加新颖的解析方法吸引,而是用一个极其熟练的几何变
换法代替它们,与圣文森特的格雷戈里和罗贝瓦尔的类似。通过
这些途径,他将数论里的形数与连续量的综合几何问题联系起来,
预示了积分学的许多结果,包括相当于分部积分法的方法。但他
低估了代数观点和解析观点的价值,也许这导致他不仅无法定义
积分的核心、统一的概念——和的极限,也未能认识到求积和切线
问题的互逆关系。

现在所说的微分三角形的概念和图形,在帕斯卡之前就出现
过若干次,有的甚至早在 1624 年就出现了。斯涅耳在《荷兰的阿
尔戈舵手》(*Tiphys Batavus*)一书中曾提出,由一条斜航线、纬线
圈和经线圈围成的小球面,相当于一个平面直角三角形。[2] 许多
与微分三角形略微相似的图形在 17 世纪中期的几何著作中都能
找到,例如托里拆利的《关于双曲线的无穷性》和罗贝瓦尔的《不可
分量论》,帕斯卡也许对它们都比较熟悉。不过,这些著作似乎都
没有重视三角形两边之商对于求切线的重要性。帕斯卡也不例
外。关于他出版于 1659 年的《四分之一圆的正弦论》中的一个图
形(参阅图 18),他指出 AD 与 DI 之比等于 EE 与 RR 或者 EK 之

---

① 《著作》,卷 IX,第 268 页。

② 奥布里(Aubry):《1620 年和 1660 年的微积分史》("Sur l'histoire du calcul infinitésimal entre les années 1620 et 1660"),第 84 页。

比,而且在小区间里,可用弧线代替切线。帕斯卡利用这些引理求一段曲线的正弦(纵坐标)之和,也就是该线段下的面积。这时,只要帕斯卡更关注算术研究和切线问题,他也许就会先得出商的极限这一重要概念,并发现它在求切线和求积中的重要性。如果他这样做,他本来可以比牛顿早 7 年、比莱布尼茨早 14 年发现微积分的关键点。

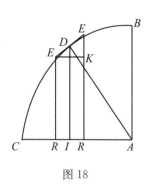

图 18

我们将看到,莱布尼茨后来就是利用这个图形建立了他的无穷小量的微积分,他在 1703 年给詹姆斯·伯努利的一封信中说,帕斯卡有时候似乎被蒙住了眼睛。① 帕斯卡明显缺乏想象力,很可能是特别偏好古典的结果,这一点也使科学家惠更斯日后未能充分地应用新的算法。

帕斯卡的朋友皮埃尔·德·费马也许是那个世纪最伟大的法国数学家,他才学卓越,对希腊语和拉丁语有浓厚兴趣。这引导他潜心研究诸如阿基米德、阿波罗尼奥斯(Apollonius)和丢番图等人的古典数学著作。这三个人中的第一个——阿基米德在差不多两个世纪里产生了重要影响,不过在韦达和费马的著作中也能看出另外两个古人的影响,以及阿拉伯和意大利代数发展的影响。韦达意识到把几何问题简化为求代数方程的解会很方便,于是一有机会就

154

---

① 参阅莱布尼茨:《早期的数学手稿》,第 15—16 页,以及《数学全集》,卷 III,第 72—73 页。

使用这种方法。① 韦达的方程表现出源于几何学的特点,因为他总是仔细地把这些方程化为齐次方程;不过,从某种意义上说,他的工作仍然是希腊观点的颠倒——按照希腊观点,代数方程要化为几何作图法来求解。

费马熟悉韦达的方法,并将这些方法发展为一种解析几何。此时笛卡尔正准备着 1637 年问世的著名的《几何学》(Géométrie)。不管是和韦达的几何问题的代数解法相比,还是与奥雷姆的变量图示法相比,费马和笛卡尔的研究都要深入得多,因为他们的方法让每条曲线都与一个方程联系,这个方程包含曲线的所有特性。费马称这种方程为曲线的"特性",这种认识构成了解析几何的基本发现。尽管笛卡尔的著作先于费马出版,但费马在将新观点用于无穷小分析(开普勒和卡瓦列里的著作使之普及化)方面,却远远超过他的对手。

到这里,我们已经考察的微积分方法的所有前期工作都与几何学有联系。无穷级数有时会被用到,但它们也是从问题的几何表示中导出的。无穷小线段、面和立体都被使用过,无穷小数却没有。亚里士多德否认了算术中的无穷小,原因显而易见,因为在当时的人们看来,数是单位元素的集合,没有小于 1 的数。随着 16 世纪和 17 世纪代数与解析几何的发展,这一态度有所改变——我们从帕斯卡的例子中就已经看出。现在认为,方程中的符号一般代表连续变量;但是对费马和笛卡尔来说,它们代表与线段相联系

---

① 参阅玛丽的《数学与物理学史》(卷 III,第 27—65 页),其中对此有非常详尽的阐述。

的未定常数①，默认的假设是每条线段都对应于某个数字。无穷小常量或者数的概念与这种观点并没有什么不协调的地方，因为它们对应于运用得非常成功的几何无穷小量。这些数值无穷小最先在费马考虑的一些有趣问题中出现。

帕普斯曾经提到过"极小是奇特性质"。这促使费马仔细考虑下面的事实（他在 1643 年的一封信中解释过）：在通常有两个解的问题里，极大或者极小的情况仅有一个解。② 因此，如果一条长度为 a 的线段被 P 点分成 x 和 $a-x$ 两部分，那么通常 P 有两个位置，可让边长为 x 和 $a-x$ 的矩形面积等于给定的量 A。但是，要得到极大面积，则只有一个位置——中点。

根据这个事实，费马开始详细说明他用来求极大值和极小值的方法，该方法颇具独创性，而且富有成效。他的方法第一次出现是在 1638 年发表的一篇文章里，但是费马说，他在 8 年或 10 年前就已经发现了这个方法。③ 该问题的论证如下：设线段长度为 a，从一端分出距离 x，那么，线段 x 和 $a-x$ 组成的面积就是 $A=x(a-x)$。如果分出的距离不是 x，而是 $x+E$，那么面积就是 $A=$

---

① 沃尔纳：《无穷小的产生与历史发展时期》（"Entwickelungsgeschichtliche Momente bei Entstehung der Infinitesimalrechnung"），第 119 页。

② 参阅吉奥冯诺兹（Giovannozzi）：《皮埃尔·费马一封未发表的信》（"Pierre Fermat. Una lettera inedita"）。

③ 参阅威勒特纳：《求极值的费马方法的注记》（"Bermerkungen zu Fermats Methode der Aufsuchung von Extremenwerten"）。在费马于 1636 年写给罗贝瓦尔的一封信里，费马说他在 1629 年就获得了求极大值和极小值的方法。参阅保罗·塔内里：《关于费马原理的发现时间》（"Sur la date des principales découvertes de Fermat"）；还可参阅亨利（Henry）：《寻找皮埃尔·德·费马手稿》（"Recherches sur les manuscrits de Pierre de Fermat"）。

$(x+E)(a-x-E)$。从帕普斯的观察可知,当面积取最大值时,两

156　个面积的值相等,而且 x 和 $x+E$ 将重合。这样一来,设 A 的这两

个值相等,并且让 E 为零,那么结果就是 $x=\dfrac{a}{2}$。[①]

　　费马在这里使用的方法几乎正是现在微分学运用的方法,只是现在用符号 Δx(有时是 h)代替了 E。他的著作里也许是第一次出现解决这种问题的基本思想,即稍微改变变量,然后让这种改变量为零。但是,费马用来支持其方法的推理,远不如现在给出的清楚。当变化 Δx 趋近于零的时候,近代分析运用了极限的概念。费马那时则将这个运算阐释为 E 是在真正成为零的意义上消失的。因此,就像贝克莱(Berkeley)在下一个世纪中说的那样,很难弄明白他根据什么既让 x 和 $x+E$ 的位置不同,最后又说它们是重合的。人们经常用极限概念来解释费马的论证[②],认为 E 是一个趋近于零的变化量。不过,费马似乎不这么想。[③] 事实上,那个时代的数学家似乎都没有函数的概念和用符号代表变量的思想。

　　为了回应对其方法的批评,费马描述了他的推理,似乎将它与

---

　　① 费马:《全集》,卷 I,第 133—134 页、147—151 页;卷 III,第 121—122 页;附录,第 120—125 页。还可参阅沃斯(Voss):"微积分"("Calcul différentiel"),第 246 页。

　　② 迪阿梅尔(Duhamel):《论费马的极大值和极小值方法,以及费马和笛卡尔的切线法》("Mémoire sur la méthode des maxima et minima de Fermat, et sur les méthodes des tangentes de Fermat et Descartes");还可参阅芒雄(Mansion):《费马的故事:寻找极大值和极小值的方法》("Méthode, dite de Fermat, pour la recherche des maxima et minima")。

　　③ 参阅沃尔纳:《无穷小的产生与历史发展时期》,第 122—123 页;还可参阅保罗·塔内里:"历史观念",第 344 页。

奥雷姆和开普勒关于极大值点的变化量联系了起来。[①] 他判断 A 的两个值相等时说，它们在极大值点不是真正相等，但是它们应该相等。因此，他得出准等式[②]，通过让 E 为零来达到相等。由此可见，他显然是根据方程式和无穷小，而不是函数和极限概念思考的。但是这个方法仍然达到了极佳的效果，数学家们都很愿意接受它。结果，他们未加批判地将无穷小引入分析，使其长期牢固占据数学基础位置；直到两个世纪之后，定义严密的导数概念才取代它，成为微积分真正的基本概念。甚至到现在，这门学科一般还被称为"无穷小演算"；可是无穷小在该学科中的运用虽然因增加了操作简便性而很有实用价值，但在逻辑上却是次要的，甚至是不必要的。

157

大约在 1636 年，这个方法的成功引导费马将它应用于求曲线的切线。他是这么做的：设这条曲线为抛物线（图 19），由该曲线的"特性"可知，如果我们设 $OQ=a, VQ=b, QQ'=E$，则有 $\dfrac{b}{b+E} > \dfrac{a^2}{(a+E)^2}$。托里拆利在关于抛物线切线的著作里，经常写下这样的不等式。[③] 不过，托里拆利运用了归谬法论证，而费马的典型运算与求极限值的方法更接近。因为当 E 很小时，实际上可将点 P' 视为既在曲线上，又在切线上，于是像求极大值方法一样，这个不

---

① 不过，保罗·塔内里认为费马未从开普勒那里借鉴任何东西，他也许没有读过后者的著作。参阅他对维凡蒂（Vivanti）的评论：《无穷小的概念》（*Il concetto d'infinitesimo*），第 232 页。

② "Adaequalitas"，他的理由参阅《全集》，卷 I，第 133—179 页。

③ 《著作集》，卷 I（第二部分），第 304 页及以后，第 315 页及以后。

等式成为准等式。使 E 为零,这个准等式就成为真等式,并且得出需要的结果:$a=2b$。[①]

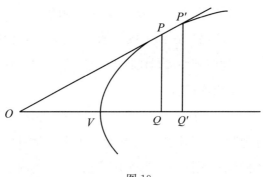

图 19

158　　费马相信,切线法是他的求极大值法的一种应用,但是他无法解释取极大值的是什么量。笛卡尔自然地假设这个量就是从曲线到抛物线轴上一个固定点 O 的线段长度。不过,若按这个假设运用费马的方法,得到的结果当然与费马的结果不同。笛卡尔真正找到的是曲线的法线,即从轴上一点到曲线的最小距离。这原本是求极大值或者极小值的方法的一个很好的例证,可是由于费马没有给出区分极大值和极小值的规则,他和笛卡尔都没有认识到那一点。笛卡尔简单地得出结论说,费马得到的结果虽然正确,其方法却不能普遍使用。

　　或许由于笛卡尔不必要的尖利批评和傲慢态度,费马后来修

───────────

① 《全集》,卷 I,第 134—136 页;卷 III,第 122—123 页。

改了他对求切线法的解释。① 他并没有根据极大值阐释该方法，而说点 P' 取在曲线或是切线上并无不同。接着，在形成准等式之后，令量 E 为零，求得想要的结果。该运算确实可与现在微积分中使用的方法相比拟，后者的理论正确性是用极限来证明的；不过费马的解释与莱布尼茨忽略无穷小的做法更相似。它还明显让人联想起完全和不完全方程，这是差不多两百年后卡诺（Carnot）试图调和当时盛行的微积分的矛盾观点时提出来的。

　　费马用类似的方法研究求抛物线截段的重心的问题，这又被误以为他在运用极大值和极小值法。在这里，他设截段的重心 O 到顶点的距离为 a 个单位。将截段的高 h 减少 E，重心就改变了。不过，费马根据许多引理，知道两个截段重心之间的距离与高是成正比的，而且截段的体积与高的平方成正比。通过对 O 点取瞬，他能够利用上述事实建立一个包含 a，h 和 E 的准等式。依照他的一般原理，他令 E 为零，得出结果 $a=\dfrac{2}{3}h$。②

　　求抛物线截段的重心不是一个新成果。大约 1900 年前，阿基米德就在《方法论》中研究过，科曼迪诺和毛罗利科（Maurolycus）在一个世纪之前又重新发现了这个问题。然而，费马的实践在微积分的历史上具有重要意义，因为它第一次采用相当于微分法的方法，而不是用类似于积分学中求和的方法，求出了重心。费马的朋友罗贝瓦尔非常惊讶，没想到费马居然能够运用极大值和极小

---

　　① 迪阿梅尔：《论费马的极大值和极小值方法，以及费马和笛卡尔的切线法》，第310—316 页。

　　② 《著作》，卷 I，第 136—139 页；卷 III，第 124—126 页。

值方法,获得通常得自于求和方法的结果。当然,积分方法隐含在费马在这里运用的引理中,而极大值方法只是有点间接地用来求这里涉及的比例常数之值。通过这些定理,费马本来应该认识到求和与切线问题互逆关系的重要性。但是他在发展求积和求切线的卓越方法的同时,居然没有发现这一点,真是奇怪。

与我们表示为 $\int_0^a x^n \mathrm{d}x = \dfrac{a^{n+1}}{n+1}$ 的式子等价的命题,曾经以多种形式出现在卡瓦列里、托里拆利、罗贝瓦尔和帕斯卡的著作里。费马也证明过这一规则——事实上,他在这方面本可以领先其他所有人,他给出的一个证明与早期那些论证有明显不同。[①] 他在大约 1636 年的早期研究中,似乎利用不等式 $1^m + 2^m + 3^m + \cdots + n^m > \dfrac{n^{m+1}}{m+1} > 1^m + 2^m + 3^m + \cdots + (n-1)^m$ 确定了 n 的值为正整数时的结果。这就将阿基米德的不等式推广到一般了(罗贝瓦尔也知道这个不等式)。费马也许还在形数构成的基础上给出了证明,与帕斯卡的证明类似。[②] 但是,在 1644 年之前,他求出了分数幂"抛物线"$a^m y^n = b^n x^m$ 的面积、体积和重心[③];这种曲线似乎是他首先提出的,不过卡瓦列里、托里拆利、罗贝瓦尔和帕斯卡都研究过。那么,费马或许早在 1644 年就为该定理的有理数分数幂提供了一般

160

---

① 措伊滕(《关于数学史的看法》,1895 年,第 37—80 页)极好地说明了这种求积法。

② 同上书,第 42—43 页。

③ 梅森(Mersenne):《关于物理-数学的思考》(*Cogitata physico-mathematica*),参阅《论力学》(*Tractatus mechanicus*)的前言。也可参阅费马:《全集》,卷 I,第 195—198 页。

证明,但是直到 1657 年才修改完成。①

　　就此而论,费马的算法是对圣文森特的格雷戈里的《几何著作》中一个算法的推广,虽然费马也许不知道这部作品,因为他在这里只提到阿基米德。格雷戈里已经证明,如果沿一等轴双曲线的水平渐近线作一些点,使这些点到中心的距离为连续比,并在这些点上作双曲线的纵坐标,那么,它们中间截取的面积相等。② 费马改进了这个过程,使之适用于一般的分数双曲线和抛物线。例如,要求 $y = x^{\frac{p}{q}}$ 下从 0 到 x 的面积③,他会在轴上取横坐标为 $x, ex, e^2 x, \cdots$ 的点,其中 $e < 1$(图 20)。在这些点上作纵坐标,那么相邻纵坐标间的矩形面积将形成无

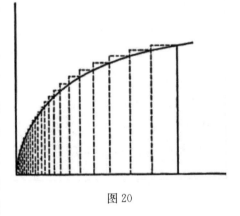

图 20

穷几何级数。因为圣文森特的格雷戈里和塔凯早已求出了这种级数的和,所以,费马就在这里求出了矩形的和为 $x^{\frac{p+q}{q}} \left(\dfrac{1-e}{1-e^{\frac{p+q}{q}}} \right)$。

不过,要求出曲线下的面积,不仅得有无穷多个这种矩形,每个矩形的面积还必须是无穷小。要做到这一点,可设 $e = 1$。不过在此之

---

　　① 措伊滕:《关于数学史的看法》,1895 年,第 44 页及以后。

　　② 《几何著作》,命题 CIX,第 586 页。

　　③ 为了让意思更清楚,这里稍微改变了费马的记法,在韦达著作中,费马的方程式仍然保持所具有的齐次性。

161 前,费马为计算不定形之值,先作变换 $e=E^q$。那么,这个和式就变成了

$$x^{\frac{p+q}{q}}\left(\frac{1-E^q}{1-E^{p+q}}\right)=x^{\frac{p+q}{q}}\cdot\frac{(1-E)(1+E+E^2+\cdots+E^{q-1})}{(1-E)(1+E+E^2+\cdots+E^{p+q-1})}。$$

当 e 趋近 1 的时候,E 也同样趋近 1,那么总和就是 $\dfrac{qx^{\frac{p+q}{q}}}{p+q}$,这就是曲线的面积。费马设 $e>1$,然后将同样的方法用于分数双曲线,求出其下从任何横坐标到无穷大的面积。①

在这些求积法中,我们看到了定积分的大多数主要特征——将曲线下的面积分割成小的面积元素,利用矩形和曲线的解析方程求出它们总和的近似值;最后,在元素个数无限增加、每个元素的面积变得不确定小时,费马试图表达等价于我们称为和式极限的概念。我们几乎忍不住要说,费马发现了除积分本身的所有特162 征;换言之,他没有意识到所进行的运算本身的重要性。他就像他的所有前辈一样,只把这个运算简单地当作求积的方法——一个回答特定几何问题的方法。只有牛顿和莱布尼茨,把在无穷小研究中涉及的过程,看作独立于任何几何或者物理研究的结构性运算,并给予特别的名称。②

古人已经知道,一个曲边形的面积(例如费马的抛物线和双曲线下的面积),可以等于只由直线组成的图形的面积。不过,人们

------

① 《著作》,卷 I,第 255—288 页;卷 III,第 216—240 页。

② 西蒙谈论这项研究(《微分学的历史和哲学》,第 119 页)时说:"费马在计算 $\int x^{\frac{p}{q}}\,dx$ 时,已经掌握了和以后黎曼求积分时相似的方法。这里是极限过程,这里是值 $\dfrac{0}{0}$ 的待定,这里是连续性原理的完全认识。"他似乎有点过分热情了。

长期认为一条曲线的长度不可能完全等于一条直线的长度[1]，费马也和许多同时代人一样赞同这种观点。斯吕塞（Sluse）和帕斯卡为此对自然界的秩序表示赞赏，因为它不允许一条曲线等于一条直线。[2] 不过，圣文森特的格雷戈里、托里拆利、罗贝瓦尔和帕斯卡利用无穷小量和运动学的方法，比较了螺线与抛物线的弧长。然后，就在 1660 年前不久，许多曲线求长的研究突然出现，它们是由威廉·尼尔（William Neil）、克里斯托弗·雷恩（Christopher Wren）、海因里希·冯·赫拉特（Heinrich van Heuraet）、约翰·沃利斯等人开展的。[3]

一般而言，这些方法都是通过多边形逼近曲线，再运用无穷小或者极限概念来实现的。费马听说之后，自己研究出一个求半立方抛物线长度的方法。这项运算是他的一般方法的典型，很好地展示了他的研究中各个方面的内在联系。对于曲线上任意点 P，设其横坐标 $OQ=a$，纵坐标 $PQ=b$，次切距 $TQ=c$，由他的切线法可知，$c=\dfrac{2}{3}a$（图 21）。接着，如果切线上纵坐标 $P'Q'$ 到纵坐标 PQ 的距离为 E，那么

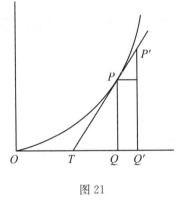

图 21

---

① 卡斯特纳：《数学史》，卷 I，第 498 页；卷 III，第 283 页。

② 参阅措伊滕：《关于数学史的看法》，1895 年，第 73—76 页；以及帕斯卡：《著作》，卷 VIII，第 145 页；卷 IX，第 201 页。

③ 莫里兹·康托尔：《数学史讲义》，卷 II，第 827 页及以后。

线段 PP' 可用 a 和 E 表示。对曲线 $ky^2 = x^3$ 来说,有 $PP' =$

163 $E\sqrt{\dfrac{9a}{4k}+1}$。但是如果 E 的值很小,可将 P' 点视为既在曲线上又在切线上,由此可认为曲线的长度等于 PP' 这种线段的总和。反过来,又可把这些线段的和当作抛物线 $y^2 = \dfrac{9x}{4k} + 1$ 下的面积。由于该曲线的面积是已知的,长度就求出来了。[①]

　　费马利用他的极大值和极小值法找出了重心,他将涉及切线的求长问题转化为求积问题,还以几何与解析的方式将无穷小应用于各种问题。然而奇怪的是,他就像帕斯卡一样,居然没有看出这两类问题的基本关系。因为两位数学家都没有发现这一点,他们只能求助于巧妙的几何变换方法,来解决现在运用分部积分法解决的问题。费马在他的问题里使用的图形几乎与帕斯卡所用的相同(后来莱布尼茨发现这种图形对他的微分三角形有很大的启发),但是费马并没有认识到它们的深远意义。如果费马更仔细地

164 观察其求抛物线和双曲线的切线与面积所得的结果,他可能会发现微积分的基本定理,成为"微积分的真正发明者"——他有时被冠以这样不恰当的称呼。[②]

---

　　① 费马的求长法请参阅《著作》,卷 I,第 211—254 页;卷 III,第 181—215 页。

　　② 拉格朗日(Lagrange)、拉普拉斯(Laplace)和傅里叶(Fourier)曾经这样称呼费马,但是泊松(Poisson)正确地指出,费马配不上这样的称号,因为他未能认识到求积问题与求切线问题互逆。这四个人的相关评述都可在卡约里的《谁是微积分的第一个发明者?》("Who was the First Inventor of the Calculus?")里找到。还可参阅玛丽的《数学科学史》,卷 IV,第 93 页及以后。斯洛曼(Sloman)曾经非常不公平地说,就此而言,"费马简直不值一提"。参阅他的《莱布尼茨对微分学发明权的要求》(*Claim of Leibnitz to the Invention of the Differential Calculus*),第 45—47 页。

当然，费马在某种意义上也意识到，这两类问题具有互逆关系。他之所以没有进一步研究，很可能是因为他认为自己的研究只是解答几何问题，本身并不是一种十分重要的论证。他认为自己的极大值和极小值法、切线法和求积法是解决这些问题的特有方法，而不是一种新型的分析。此外，它们的适用范围显然有限。费马只知道如何在有理数表达式中运用它们，而牛顿和莱布尼茨通过使用无穷级数，认识到这种运算的普遍性。不过，除了巴罗外，可能还没有别的数学家像费马那样，如此接近于发明微积分。

费马对其同时代人和直接继承者①的影响很难确定。也许他的工作不如卡瓦列里的那样为人熟知，因为后者的两部名著读者甚众，而费马的方法和结果都没有出版。有人说②，费马就是因为没有出版其成果而失去了发明微积分的荣誉，但是这种主张是不正确的。首先，显然不能把他当作微积分的发明者。其次，他的作品是在他去世后整理并于 1679 年以《杂集》(*Varia opera*)为题出版的，比牛顿和莱布尼茨最早出版的微积分著作还要早。

尽管费马自己并没有公布他的方法，但是，通过他与罗贝瓦尔、帕斯卡和梅森的书信往来，以及他在世时别人发表的作品，这些方法仍然逐渐流传开来。结果，在微积分发明前出现的许多转

165

----

① 参阅让蒂(Genty)：《费马对他那个世纪的影响》(*L'Influence de Fermat sur son siècle*)。但是，该书更关心的是表明费马成果的优先性和独立性，而非明确指出它们对其他人的影响。

② 丹奇克(Dantzig)：《数：科学的语言》(*Number, the Language of Science*)，第131—132 页。

换方法,很大程度上是在他的研究影响下产生的。因此,附和拉格朗日①去说"费马的同时代人没有掌握这种新型微积分的精神实质",很难说是正确的。费马等人对无穷小的研究,构成了这一时期的大部分数学活动。不过,的确有一位伟大的数学家对这些新观点有些冷淡,尽管他早年曾有效地运用这些观点。他就是勒内·笛卡尔,费马最严厉的批评者。

笛卡尔的第一个数学成果产生于 1618 年,他试图用无穷小的方法研究落体定律。在这上面,他犯了一个错误,因为他像伽利略在 1604 年所做的那样②,假设速度与距离而非时间成正比;但是,如果将他证明中的距离轴线换成时间轴线,他的运算就与奥雷姆以及经院学派学者所使用的差不多。③ 笛卡尔很可能熟悉他们的著作,也许这种证明形式以及有关解析几何的设想都来源于奥雷姆的著作。④

无论如何,笛卡尔熟知古代、中世纪和近代的无穷小观点,并加以使用。大概在同一时间,他在第二篇论文中写到了流体压力。就此而言,他也许通过比克曼(Beekman)了解了斯蒂文关于无穷

---

① 参阅布拉辛纳(Brassine):《费马数学论著摘要》(*Précis des œuvres mathématiques de P. Fermat*),第 4 页。

② 迪昂:《列奥纳多·达·芬奇研究》,卷 III,第 564 页。

③ 参阅笛卡尔:《全集》(*Œuvres*)卷 X,第 219 页;还可参阅卷 X,第 59 页、76—77 页。

④ 关于该主题,各方观点差异很大。沃尔纳(《历史发展时期》,第 120 页)声称从笛卡尔身上看不到丝毫奥雷姆的影响;施塔姆(《论托马斯·布拉德沃丁的连续统》,第 24 页)说,奥雷姆的形态幅度问题无疑对笛卡尔产生了最重要的影响;威勒特纳(《关于函数概念》,第 242 页)说,笛卡尔无疑知道奥雷姆的著作,不过解析几何中量的相关性的主要概念是奥雷姆所没有的;迪昂(《列奥纳多·达·芬奇研究》,卷 III,第 386 页)宣称是奥雷姆创造了解析几何。

小的研究。不管怎样，他在考察拖拽物体的力量时，使用了诸如"运动的第一个瞬间"和"第一个想象中的速度"等词组。[①]　若干年之后的 1632 年，笛卡尔正确地回答了梅森寄给他的许多与抛物线$y^n = px$ 有关的面积、体积和重心问题，它们与费马解决的问题相似。笛卡尔没有说他使用了什么方法，不过很可能是对阿基米德、开普勒和卡瓦列里方法的熟练运用。[②]　但是，在他著名的《几何学》于 1637 年出版之后，笛卡尔对这门学科的兴趣开始减弱[③]，因为他的数学研究只是哲学研究的一段插曲。因此，他实际上没有参与无穷小量方法的发展进程，而这是当时大多数数学家专心从事的工作。[④]　不过，他和费马的激烈争论使他对切线问题保持着兴趣，如果继续深入下去，这也许会比无穷小量法更有效地令他理解微积分的基础。

也许除阿基米德之外，古代数学家没有对曲线的切线给出一般的定义，也没有找到求切线的方法。但是，笛卡尔比当时许多人更充分地意识到，这不仅是"我所知道的最有用和最一般的问题，而且是我一直渴望理解的几何问题"[⑤]。于是，他就按照等根来详细阐述他著名的切线法。笛卡尔的方法是，过曲线上两点作一个圆心在 x 轴上的圆，并让两交点重合。于是圆心就成为曲线的法线与 x 轴相交的点，也就求出了切线。这个过程可稍微简化如下：

---

①　米约：《大师笛卡尔》(*Descartes savant*)，第 162—163 页。

②　同上书，第 164—168 页。

③　同上书，第 246 页。还可参阅玛丽：《数学和物理学史》，卷 IV，第 21 页。

④　米约（《大师笛卡尔》，第 162—163 页）否认笛卡尔避免使用无穷小是因为他坚持清晰的观点。

⑤　笛卡尔：《全集》，卷 VI，第 413 页。

求抛物线 $y^2 = ax$ 上点 (a, a) 处的切线。过点 (a, a) 且圆心在 x 轴上的圆的方程式为 $x^2 + y^2 - 2hx + 2ah - 2a^2 = 0$，其中 h 待定。用 ax 代替 y^2，可确定量 h，使最后所得方程的根相等——也就是说，让圆与抛物线的两交点重合。[①] $h = \dfrac{3}{2}a$ 这个值是抛物线的法线与 x 轴相交点的横坐标，那么切线就是经过点 (a, a) 与这条法线垂直的直线。

167

需要指出的是，笛卡尔的方法是纯代数的，没有明显涉及极限或无穷小概念。但是，如果要从几何角度理解等根的重要性，解释重合点的真正含义，或者定义曲线的这条切线，都必然会指向这两个概念。如果笛卡尔在他的几何分析里按照连续变量来思考，而不是按照几何图形中对应的表示直线的符号来思考[②]，那么他也许会用极限概念阐释切线法，这样就给微积分的前期工作指出了一个不同的方向。不过，他的代数仍然以线组成的几何为基础，连续变量的概念直到欧拉的时代才真正在分析中建立起来。[③]

笛卡尔在批评费马的切线法时，试图用等根和重合点进行阐释，以此纠正它。这种运算实际上相当于把切线定义为割线的极限。[④] 但是，笛卡尔没有用这种方式解释自己的想法，因为这时极限的概念还很不清楚。费马当时正在考虑无穷小，他未能看出自己的方法与笛卡尔的代数（极限）方法有什么共同之处，因此陷入

---

① 笛卡尔：《全集》，卷 VI，第 413—424 页。还可参阅沃斯："微积分"，第 244 页。

② 笛卡尔：《全集》，卷 VI，第 369 页；还可参阅卷 VI，第 411—412 页。

③ 法恩：《代数数系》，第 121 页。

④ 参阅迪阿梅尔：《论费马的极大值和极小值方法，以及费马和笛卡尔的切线法》，第 298—308 页；米约：《大师笛卡尔》，第 159—162 页。

一场有关优先权的争论,这是 17 世纪由于对无穷小方法的基础理解混乱而产生的许多争论之一。笛卡尔认为自己的切线法胜过费马的方法,因为它显然可以不用无穷小概念,尽管应用起来常常更加冗长乏味,而且局限于代数曲线。

为了找到非代数曲线或者"力学"曲线(如摆线)的切线,笛卡尔在 1638 年使用了旋转的瞬时中心的概念。这个概念当然也与极限和无穷小的运用有直接联系,只是没有用这类术语,而是通过瞬时速度的概念迂回表达出来的。据称这个概念在直观上清楚,不过那个时候还没有严密的定义。此外,伽利略的研究让这个概念为大家所接受[1],罗贝瓦尔和托里拆利实际上已经与笛卡尔同时把它用于几何学。笛卡尔的推理如下:如果一个多边形沿着一条直线滚动,任意顶点都可描出一系列圆弧,其圆心是多边形的顶点在直线上所接触的点;也就是说,在沿着直线滚动多边形时,我们依次围绕这些点旋转多边形。这样,摆线就是由圆上的一个点,也就是一个有无限条边的多边形的顶点,沿直线滚动时生成的。因此摆线由无限多条圆弧组成,而在任一点 P 的切线垂直于联结点 P 与动圆在底边的接触点 Q 的直线。由于 Q 点很容易确定,这样就能够画出 P 点的切线了。[2]

可以看出,笛卡尔的研究回避数学中的无穷小量观点,而代之以代数和力学概念。费马只看到了无穷小法的实用优势,笛卡尔却对其中的风险一清二楚。笛卡尔回避它们,当然可用无穷小推

---

① 德·朱利(De Giuli)在《伽利略和笛卡尔》("Galileo e Descartes")中宣称,笛卡尔的许多哲学方法得益于伽利略。

② 沃克:《关于罗贝瓦尔〈不可分量论〉的研究》,第 137—139 页。

理缺少清楚的理论基础来解释，不过这与当时的数学潮流背道而驰。我们已经看到，在笛卡尔的《谈谈方法》（*Discours de la méthode*）出版后的几年里，数量空前的研究无穷小法的著作纷纷问世。罗贝瓦尔和帕斯卡的求积法虽表现出算术化倾向，大多数著作还是主要以综合几何学为基础。在法国，在微积分的前期工作中，只有费马有效地使用了他和笛卡尔正在研究的新型解析方法。不过，在英国，数学家兼神学家约翰·沃利斯同样成功地将解析几何应用于求积问题。

169　　　约翰·沃利斯主要是通过哈里奥特（Harriot）熟悉分析方法的。他在关于圆锥曲线的著作里，追随韦达、笛卡尔、费马和哈里奥特，将字母代数用于解决几何问题。但是，沃利斯比这些人走得更远，因为他试图让算术完全摆脱几何表示，而且认为这个目标很容易实现。① 首先，他展示了如何毫无困难地用算术方法推导出《几何原本》卷 V 中的所有定理，然后在代数中打破了从几何学中导出的方程的项必须为齐次的观念。幸运的是，沃利斯没有过分担忧数学的严密性，我们现在知道数学的算术化有多难。

　　沃利斯没有遵循古典严密观的要求，相反，他受到了流行思想的影响，在研究中自由地使用类比和不完全归纳法，以及无穷大和无穷小的概念——其时它们尚未被严密定义。从卡瓦列里和费马的著作里已可看到这种趋势的发展，沃利斯延续了这一传统，比牛顿的任何前辈都更接近极限概念。显然，当时大多数法国和意大利著作中都暗含这一概念，但都没有加以说明。相反，无穷小的概

---

　　① 帕瑞格（Prag）：《约翰·沃利斯》（"John Wallis"）。

念却得到了运用。不过,沃利斯的算术观点让人们更加直接地接触到了极限概念,低地国家的数学家斯蒂文、圣文森特的格雷戈里和塔凯都曾力图详细阐述它。

很难确定沃利斯在多大程度上受到这些人观点的影响。沃利斯写出了自斯蒂文时代以来[1]最完备的静力学论著,很可能也熟悉斯蒂文的算术极限法——或是直接读过他的著作,或是通过罗贝瓦尔的类似著作了解到的[2]。沃利斯承认,他接受雷恩的建议,大约在 1652 年阅读了圣文森特的格雷戈里的《几何著作》的一部分,不过并没有从中发现全新命题。[3] 另一方面,沃利斯和塔凯的研究可能是彼此独立的,因为他们关于该主题的著作差不多同时出版——分别在 1655 年和 1656 年。此外,非常奇怪的是,尽管沃利斯表现出了塔凯的算术化和极限倾向,其研究的主要灵感却来自他 1650 年读到的由托里拆利详细注解的卡瓦列里不可分量几何方法。他在《论圆锥曲线》(*De sectionibus conicis tractatus*)和《无穷算术或曲边形求积新方法的研究》(*Arithmetica infinitorum sive nova methodus inquirendi in curvilineorum quadraturam*)这两部著作的序言中公开承认了这一点。[4] 不过,卡瓦列里的著作几乎是纯几何的,而沃利斯的运算主要是算术的,并且最终从不可分量几何里抽象出极限的算术概念来。他"追随奥特雷德

170

---

① 迪昂:《静力学的起源》,卷 II,第 211 页。

② 沃克:《关于罗贝瓦尔〈不可分量论〉的研究》,第 77 页;还可参阅第 165 页。

③ 沃利斯:《数学全集》(*Opera mathematica*),卷 II,《无穷算术或曲边形求积新方法的研究》,前言。

④ 同上书,卷 II。

(Oughtred)、笛卡尔和哈里奥特",在自己的论证里运用了算术符号体系,以便使它们"同时具有最高度的简洁和明晰"。他宣称,使用算术计算比使用线段更加简单,而且在"合理性或者科学性"方面毫不逊色。[1]

从沃利斯关于三角形面积是底与高乘积的一半的证明中,可清楚地看出他是如何从线段的几何转换到数的算术的。[2] 起初他像卡瓦列里那样,假设一个平面图形由无穷多条平行线组成——他更愿意认为是由无穷多个等高平行四边形组成,高都是 $\frac{1}{\infty}$,或者说是这个图形高的无穷小可约部分。[3] 表示无穷大的符号 ∞ 在这里第一次出现[4],经院学派自成无穷在算术范围内的最早使用也是在这里。此外,比起费马来,沃利斯处理无穷小的方式更加大胆和果断。费马没有明确把符号 E 称为无穷小,沃利斯则说,$\frac{1}{\infty}$ 代表了一个无穷小量,或者零量(non-quanta)。因此一个高为无穷小或者零的平行四边形"不是别的,只是一条线段",只是这条线段要假定"可以延伸,或者厚度非常小,以至于通过无穷倍增才能获得某个高度或者宽度"。[5]

回到三角形面积的命题上来,沃利斯假设三角形被分割成无限多条线段,或者无限小的平行四边形,并且平行于底边。它们从

---

① 沃利斯:《数学全集》,卷 II,《论圆锥曲线》,"献词";也见第 3 页。
② 同上书,第 4—9 页。沃利斯关于这方面问题的一个很好的总结,见斯洛曼的《莱布尼茨对微分学发明权的要求》的第 8 页及以后。
③ 同上书,卷 II,《论圆锥曲线》,第 4 页。
④ "Esto enim ∞ nota numeri infiniti."同上。
⑤ 同上。

顶点到底边的面积,就构成一个以零开始的算术级数。另外,有一条著名的法则说,这种级数中所有项之和为最后一项与项数一半之积。因为"没有理由区别有限数与无穷数",该定律就可用于这个三角形的面积。如果设三角形的高和底边分别为 A 和 B,那么级数中最后一个平行四边形的面积就是 $\frac{1}{\infty}A \cdot B$。因此整个三角形的面积为 $\frac{1}{\infty}A \cdot B \cdot \frac{\infty}{2}$,即 $\frac{1}{2}A \cdot B$。[①] 然后他就用类似的论证求出了许多与圆柱、锥体和圆锥曲线有关的面积和体积。

沃利斯意识到,他的运算是很不正统的,不过他说内接和外切图形的那个"非常著名的反证法"可以验证自己的运算。沃利斯觉得给出这个有些多余,因为"经常重复会让读者反感"。此外,他还说,任何精通数学的人都能提供这样的证明,因为它在古代和当代的数学中经常出现。[②] 近代数学已经发现,有必要大幅修改沃利斯提出的无穷大概念,并且完全排除他的无穷小量。不过,微积分的发展,正是像沃利斯这样的人努力用直接算术分析代替冗长的穷竭法的结果。

沃利斯《论圆锥曲线》中的方法,主要以符号 ∞ 的粗糙运算为基础。但是,在《无穷算术或曲边形求积新方法的研究》里,他用略微不同的观点进行类似的研究,这个观点与斯蒂文和罗贝瓦尔的算术方法以及极限概念更为接近。为此,他证明了等价于

172

---

① 沃利斯:《数学全集》,第 8—9 页;还可参阅《数学全集》,卷 II,《无穷算术或曲边形求积新方法的研究》,第 2 页。

② 沃利斯:《数学全集》,卷 II,《论圆锥曲线》,第 6 页。

$\int_0^a x^n \mathrm{d}x = \dfrac{a^{n+1}}{n+1}$ 的定理,显然没有认识到该命题在此前的 20 年中以多种形式出现过。沃利斯是这样获得该结果的。首先,他观察下面的等式:

$$\frac{0+1}{1+1} = \frac{1}{2}; \frac{0+1+2}{2+2+2} = \frac{1}{2}; \frac{0+1+2+3}{3+3+3+3} = \frac{1}{2}; \cdots 。$$

其中对任何有限项来说,比都是 $\dfrac{1}{2}$,沃利斯总结出,很可能对无穷多个项来说也是这个比。由此,对于上面有关三角形面积的定理[①],沃利斯得出了另一种形式的证明。

为了进一步运算,沃利斯注意到,在下面的等式里

$$\frac{0+1}{1+1} = \frac{1}{3} + \frac{1}{6}; \frac{0+1+4}{4+4+4} = \frac{1}{3} + \frac{1}{12};$$

$$\frac{0+1+4+9}{9+9+9+9} = \frac{1}{3} + \frac{1}{18}; \cdots,$$

项数越多,比就越接近 $\dfrac{1}{3}$,因此,"最后的比与它的差小于任何可指定的量"。如果继续到无穷,这个差"将完全为零"。结果,无穷多个项的比就是 $\dfrac{1}{3}$。[②]

然后,沃利斯继续这样观察,发现对于整数的 3 次、4 次、5 次和更高次幂,同样的比分别为 $\dfrac{1}{4}$,$\dfrac{1}{5}$,$\dfrac{1}{6}$,等等。于是他宣称,该规则对于所有幂——不管是有理数还是无理数(当然,－1 除

---

① 沃利斯:《数学全集》,卷 II,《无穷算术或曲边形求积新方法的研究》,第 1—3 页;还可参阅同一著作第 157 页。

② 同上书,第 15—16 页;还可参阅同一著作,第 158 页。

外）——都成立。① 沃利斯对其法国和意大利前辈的研究的拓展，是建立在他所说的插值法和归纳法基础上的。他似乎由前者想到一个连续性原理②，或者说形态的持续性原理，方法是规定其法则对通过有效值求出的中间值也有效。对后者，沃利斯指的不是数学的或者完全的归纳法，而是科学意义上的归纳法，是与他从有限中总结无穷的特性相似的类推。在这方面，他的研究很好地表现了当时思想的不严谨。更重要的是，他将该规则扩展到无理数幂，表明他想要摆脱某个来自毕达哥拉斯派几何学的观点——无理量从严格意义上说不是数。这一脱钩与他宣布算术独立于几何相一致，他此处暗示（后来详细阐述）的极限概念需要这种自由。

　　沃利斯把上面关于整数幂之比的命题，应用于求面积和体积的问题。在这点上，可以说他把面积和体积当作无穷序列的极限来求，非常像费马通过无穷等比数列来确定它们。事实上，可以认为，定积分概念的基础已在费马和沃利斯的研究中很好地建立起来了，尽管它后来因为流数和微分概念的引入而变得混乱。不过，从他们缺乏对概念的定义可以看出，这些人都没有充分意识到这个概念的重要性。我们看到，费马没有充分解释其符号 E 的性质。沃利斯把他的研究与无穷小混淆了，把无穷小矩形与线段混为一谈，写出 $\frac{1}{\infty}=0$ ——这些观点将引向莱布尼茨建立的、作为一

173

---

①　沃利斯：《数学全集》，第 31—53 页。在这一点上，沃尔夫（《16 世纪和 17 世纪科学、技术和哲学史》，第 209 页）曾经错误地表示，沃利斯的前人局限于正整数幂。此外，他也未能指出，沃利斯将该规则扩展到了无理数幂。

②　纳恩（Nunn）：《无穷的算术》（"The Arithmetic of Infinities"）。

种整体而不是作为和的极限的积分概念。

沃利斯还对当时数学家关心的一个典型问题——由两条曲线和一条公共切线构成的接触角(号形角)——感兴趣。欧几里得、约尔丹努斯·奈莫拉里乌斯和卡尔达诺等许多数学家都研究过这个问题。对它的讨论有助于让无穷小的概念作为一种合理的概念,因为它赋予最终不可分量概念一种似真性,这个量比任何可指定的量还要小,但看起来又与绝对零不一样。[①] 阿基米德的公设当然不把这种角当作量,就像它也排除其他无穷小一样;但是,17世纪的数学家将其作为说明他们的概念的有趣例证,并讨论其是否为零的问题。伽利略、沃利斯[②]等人断言,这样的角就是绝对零,霍布斯、莱布尼茨和牛顿等人则认为它们在某些方面与零不同。当然,在这一点上产生争论可能只是出于两个原因:其一,这一时期普遍缺乏重要定义(虽然当时笛卡尔、费马等人的研究中隐含了曲线的切线定义,但没有给出严密的定义);其二,未能清楚地区分几何图形与其算术度量。这两点不足后来让牛顿和莱布尼茨的微积分遭受严厉批评。

经过一个世纪的疑惑,清晰的定义得以形成,微积分在算术而非几何概念的基础上建立起来了。沃利斯的研究是要达到那种算术化,在这方面,他赢得了同时代人詹姆斯·格雷戈里(James Gregory)的支持。格雷戈里在发表于 1667 年的《论圆和双曲线的

---

　　① 关于该主题历史的完整讨论,参阅维凡蒂的《无穷小的概念》,或者《数学文献》(*Bibliotheca Mathematica*),N. S. ,卷 VIII(1894 年)中该书的法文摘要"关于无穷小的历史"("Note sur l'histoire de l'infiniment petit")。

　　② 沃利斯:《数学全集》,卷 II,《接触角和半圆》(*De angulo contactus et semicirculi*)

实际求积》(*Vera circuli et hyperbolae quadratura*)里,认为通向极限的过程是一种独立的算术运算,适合定义不属于普通无理数的新型数。[①] 与这项研究相联系,他作出了圆和双曲线的内接和外切多边形,并且证明,使这些多边形的边数不断加倍,可获得收敛级数,其中的差会越来越小。这些级数随之会有一个极限,"如果照这样说",这个极限可视为每个级数里的最后一个多边形。于是就可以求出这个曲线图形的面积。[②] 格雷戈里求出了多达 26 种圆和双曲线图形的面积,尽管他认为这个极限一般是不可公度的。[③]

这个关于收敛无穷级数的极限的研究,代表了对早先圣文森特的格雷戈里和塔凯关于等比数列的命题的推广(詹姆斯·格雷戈里熟悉他们的等比数列[④])。他也许还熟悉罗贝瓦尔与此略微相似的算术研究,因为在另一种情况下,他使用了类似于所谓"罗贝瓦尔线"的几何变换。[⑤] 但是,罗贝瓦尔和沃利斯都是由不可分量法引向其算术化的,格雷戈里更愿意在求积中使用古人的间接方法,证明差可以小于任何给定量。[⑥] 不过,在这项研究中,他运用了笛卡尔式更新型的解析方法。在这方面,他还沿用

175

---

① 沃尔纳:《论极限的产生》,第 258 页;还可参阅格奥尔格·海因里希(Georg Heinrich):《詹姆斯·格雷戈里的〈论圆和双曲线的实际求积〉》("James Gregorys 'Ver-a circuli et hyperbolae quadratura'")。

② 《论圆和双曲线的实际求积》,第 15—16 页。

③ 同上书,第 48 页、25 页。

④ 同上书,第 20 页;还可参阅第 123 页。

⑤ 加卢瓦(Galloys):《答大卫·格雷戈里的文章》("Réponse à l'écrit de M. David Gregorie")。

⑥ 参阅《一般几何学》(*Geometriae pars universallis*),第 27—29 页、74 页及以后。

了费马的切线法。例如，求$y^3 = x^2(a+x)$在点$x=b$上的切线，他的运算过程如下[①]：选择另一个点，其横坐标比x小o（o是一个消失量[②]），并且假定，"如果我们可以这么做"，相应的纵坐标取在曲线或者切线上是没有差别的。然后确定合适的比例，除以o，去除o或者包含其高次幂的项。这样就可以得到其次切距为

$$z = \frac{3b^2 + 3ab}{3b + 2a}。$$

格雷戈里在这里没有提到费马，但两个人的方法显然是相同的——只不过费马的E变成了o：也许是受格雷戈里研究的影响，一两年后牛顿采用了这种符号变化。费马、沃利斯和格雷戈里的算术和分析的工作，代表了通往微积分的潮流，但是它几乎立即就遭到反对，因为当时的氛围是用几何方法解决问题。有两个英国人特别强烈地反对将数学算术化，他们就是哲学家托马斯·霍布斯和数学家兼神学家艾萨克·巴罗。[③] 霍布斯极力反对"那帮将代数用于几何的人"。[④] 他坚持认为，他们误把对符号的研究当作了几何研究，并将《无穷算术或曲边形求积新方法的研究》定性为一本"卑鄙的书"。[⑤] 他认为沃利斯所代表的算术化非常荒谬，称

176

---

① 《一般几何学》，第20—22页。

② "Nihil seu serum o."同上。

③ 参阅卡约里：《沃利斯、霍布斯和巴罗之间的数学论争》（"Controversies on Mathematics between Wallis, Hobbes, and Barrow"），这篇文章的摘要见《美国数学学会会刊》（*Bulletin, American Mathematical Society*），卷XXXV（1929年），第13页。

④ 温里克（Weinrich）：《霍布斯对于自然科学和数学的重要意义》（*Über die Bedeutung des Hobbes für das naturwissenschaftliche und mathematische Denken*），第91页。

⑤ 《英语著作》（*English Work*），卷VII，第283页。

它是"符号的疮疤"。①

对代数和解析几何有这种态度，大概不仅是因为 17 世纪偏好几何方法而不是算术方法，还因为霍布斯夸张地把数学看作对感官知觉的理想化，而不是抽象形式逻辑的一个分支。希腊思想认为数学来自感官经验，它将性质不相关的具体对象抽象化。但是，霍布斯不愿认为直线没有宽度，或者面没有厚度。② 因此，对他而言，无穷小只是尽可能小的直线、平面或者立体——这是古代数学原子论学派持有的无穷小观点，和卡瓦列里的看法也没有什么不同。

霍布斯对数的观点与他对几何元素的态度相似。他接受了毕达哥拉斯学派把数作为单位一的集合的观点，并且只从几何的角度解释比。③ 这种态度不仅反对自由运用沃利斯在类比或者归纳基础上进行的算术运算，而且，当它与霍布斯几何量的朴素观点结合时，事实上还会使有理数与无理数的区别以及随后引入的极限概念，在逻辑上显得多余。因此，霍布斯这方面的观点对微积分概念的发展就无足轻重了。不过，他思想的另外一面也许比较重要。

我们曾经提到，亚里士多德认为运动是潜在性的实现，由此他不是把注意力集中在运动的数学方面，而是集中到形而上学方面，认为朝着一个目标努力是运动物体的特性。但是它自己不能实现这个目标，为了做到这一点，必须给它加上一个持续作用的力。到

①　《英语著作》，卷 VII，第 187 页、361 页及以后。
②　同上书，卷 VII，第 67 页、200 页及以后、438 页。
③　还可参阅《全集》，卷 IV，第 27 页、36 页。

了 14 世纪,逍遥学派的这个理论受到质疑,因为它不能"拯救现象"。让·布里丹用原推力(或者惯性)学说或者一个物体保持运动的趋势取代了该理论。[1]

经院学派的原推力观点赋予运动所谓的强度特性,因为它将注意力集中到了运动的作用上,而不是位置的改变或者外延上。这种重点转移使得在一点上运动的概念变得可以接受——这却是亚里士多德特别反对的观点。[2] 紧随其后的是计算大师亨蒂斯贝里和奥雷姆对瞬时速度的量化处理。库萨的尼古拉斯、列奥纳多·达·芬奇和 15、16 世纪的其他人熟知原推力概念,尽管它经常与不断增加的新柏拉图神秘主义以及活力论、目的论思想——例如在库萨的尼古拉斯、帕拉塞尔苏斯(Paracelsus)和开普勒[3]著作里找到的思想——联系在一起,并且被它们弄得十分混乱。1638 年,伽利略动力学定律的著名说明使原推力或者惯性概念达到顶峰;与此同时,瞬时速度的概念也同样被托里拆利、罗贝瓦尔和笛卡尔成功地应用于几何学。

当然,我们必须记住,那个时候还没有瞬时速度的定义,在微分得到发展之前也不可能提出它的定义。但是,惯性的概念使一个点上的运动在直觉和科学上可以接受——而且在哲学上有趣,

---

① 迪昂:《列奥纳多·达·芬奇研究》,卷 III,第 vii—viii 页。

② 《物理学》,卷 VI,234a。

③ 例如,这位伟大的德国天文学家在他的《宇宙图景之谜》和《新天文学》里,赋予太阳和行星一种活力。但是,在前一部著作 1621 年的版本中,他说可以用力量一词代替灵魂。参阅《全集》,卷 I,第 174 页;卷 II,第 270 页;卷 III,第 176 页、178—179 页、313 页。也可参阅拉斯韦兹:《原子论的历史》,卷 II,第 9—12 页。迪昂:《列奥纳多·达·芬奇研究》,卷 II,第 199—223 页。

在几何学上有用——直到这时,它才可以获得数学上的严密性。

哲学家普遍对微积分表现出兴趣,是因为它与运动和变化这些呈现出迷人的形而上学特征的问题密切相关。霍布斯就特别关心这一方面,因为他希望运动成为其哲学体系的基础。他本来可以在思考和阐释微积分方面产生更广泛的影响,但他的观点在数学上太幼稚,无法让他为新分析领域的发展添砖加瓦。伽利略在惯性和变化速度方面的运动定律大获成功,这对霍布斯产生了很大影响。他意识到物理学的发展归功于数学证明①,于是希望用几何与形而上学术语来描述和解释这些观点。为此,他引入了微动的概念②,指运动的开始,类似于"点是几何延伸的开始"这个定义。于是,霍布斯像 14 世纪的人那样,试图强调在一个点上运动的观点,而不是位置变化的观点。就像 1900 年前的亚里士多德一样,他没有意识到瞬时运动只是一个理性概念,而不是一个经验概念。他试图根据纯朴的唯名论阐释一个定义,称它为在一个比任何给定区间都小的无穷小区间里的运动,也就是经过一个点的运动。③

霍布斯在从数学角度阐释微动的概念时,没有后来的牛顿和莱布尼茨那么幸运。他不理解数与空间量的关系,也不理解瞬时速度是一个纯粹的数值概念。不过,在对微积分发明者的影响方面,他的观点也许很重要。霍布斯过分的唯名论使数学家不再像沃利斯那样以纯粹抽象观念看待数学概念,促使他们在一个多世

178

---

① 《全集》,卷 II,第 137 页。

② 同上书,卷 I,第 177 页。

③ 同上。

纪的时间里，为微积分寻找一个在直觉上而非逻辑上满意的基础。牛顿和莱布尼茨解释新的分析时，主要是出于这个原因，才试图以量的生成的知觉概念，而不仅仅以数本身的逻辑概念为根据。[①]这个生成的概念在英国经验主义者牛顿的流数法中更加明显，不过德国哲学家莱布尼茨也根据类似的连续性概念来为他的微分方法辩护。牛顿使用增长量的"瞬"这样的物理概念，而在与外延量相对的强度量观点的影响下，牛顿的观点在德国发展成一个更加形而上学的形式。数学无穷小就依靠"趋势"或者"生成"的观点茁壮成长，结果哲学家都不愿意放弃它——虽然近代数学已经证明，微积分的基础将在导数而不是微分中找到。

179

此外，哲学家（偶尔也有数学家）倾向于认为霍布斯的微动（或者说运动强度的衍生概念）解决了芝诺悖论，因为即使时间区间消失了，运动的趋势仍然存在。[②] 这个看法对解释悖论毫无裨益，因为它没有认识到，在一个点上运动的概念——它是当前情况的症结所在——并非科学概念，只是数学抽象。同样，其中涉及的逻辑难题也被微积分和数学连续统澄清了。当然，把导数（毕竟只是一个数）称为这个点上的强度，也不会有什么损失（或者获益），因为这只是名称的变化；悖论还是要由数学解决，任何满足直觉的努力都做不到这一点。

沃利斯的算术化（笛卡尔的解析几何也一样）也受到当时的数学家艾萨克·巴罗的批评。巴罗希望回到欧几里得的观点，坚持

---

①　参阅维凡蒂：《无穷小的概念》，第 31—32 页。

②　参阅拉斯韦兹：《原子论的历史》，卷 II，第 30 页；维凡蒂：《无穷小的概念》，第 31—32 页。

认为数学的数没有特定的、独立于连续几何量的真实存在。他感觉，像$\sqrt{3}$这样的数即使从其本身看也无法从所有的量里抽象出来。这种"不尽根"是"不可解释的"，而且"它们自身毫无价值，总是被人从算术驱逐到另一门科学（那时算术还不是科学），即代数中去"。巴罗认为算术应该包含在几何学内，代数则应该属于逻辑而非数学。①

当然，这种观点将直接导致其研究远离极限概念，因为极限的有效运用和逻辑定义，都需要一个不是基于连续量的几何表示法的数的概念。巴罗提倡回归古典的数和几何学的概念，可能影响了他的学生牛顿，使牛顿把微积分建立在来自运动和几何的连续变化概念的基础上，并且尽可能避免极限的算术概念。巴罗对代数方法的不信任，很可能也使他没有将自己的几何发现发展为有效的分析工具，不过在这方面牛顿没有步其后尘。

巴罗虽不乐意接受意大利数学发展出来的代数，却深受一点上的运动的概念带来的诸多可能性的影响，托里拆利等人把这个概念在几何中的优势发挥到了极致。巴罗认为，时间是一个由运动度量但又不依赖于运动的数学量②，受感官证据的启发，他把时间视为一个连续量，"稳稳地流动着"。这促使他考虑连续统本质以及瞬时速度定义的问题。他处理这些问题时，完全缺乏极限概念，反而试图将原子论和运动学观点合而为一，这可能部分地受到

① 参阅巴罗:《数学著作》(*Mathematical Works*)，第 39 页、45—46 页、51—53 页、56 页、59 页。

② 冈恩(Gunn):《时间的问题》(*The Problem of Time*)，第 57 页。

了剑桥柏拉图主义者的影响。"对于每一个时间瞬间，或者时间的不确定小质点（我说瞬间或者不确定小质点，是因为不管我们假定一条直线由点组成还是由不确定小的小线段组成，都并无区别；同样，不管假定时间由瞬间组成还是由不确定小的时间点组成，也无多大差别），我认为它都对应着某种等级的速度，可看作运动物体在这个瞬间所具有的速度。"① 这一段清楚地表明，巴罗的观点主要是无穷小，而且并不比柏拉图、奥雷姆、伽利略或者霍布斯的观点更明晰。事实上，他在证明速度-时间曲线下的面积代表距离时，思想非常接近奥雷姆暗含的观点和伽利略表达的看法。"如果通过一条代表时间的直线上的所有点画……平行线，由此获得的平面是这些平行直线的集合，当每一条直线都表示与它经过的那个点对应的速度等级时，该平面就恰好与速度等级的集合相对应，由此也可非常方便地表示经过的空间。"② 巴罗承认，主张用很窄的矩形代替直线或许也正确，不过他坚持认为"不管你采用什么方法，都殊途同归"。③

　　巴罗指出，"时间与直线有许多相似之处"，并再次提到原子论概念，说可以认为这些量由连续流动的一个瞬间或者点构成，或者是许多瞬间和点的集合。④ 巴罗和卡瓦列里一样相信，在所有产生连续量的途径中，认为它由不可分量组成的观点，"在大多数情况下，也许是所有方式中最有效的，其确凿可靠程度在整体上也并

①　巴罗：《几何讲义》(Geometrical Lectures)，第 38 页。
②　同上书，第 39 页。
③　同上。
④　同上书，第 37 页。

非最差的。"① 我们已经看到,塔凯攻击不可分量法,用一种无穷小量的极限取而代之,帕斯卡同意他这一点。但是,巴罗却为卡瓦列里的方法辩护,反对塔凯的正当批评。②

尽管巴罗关于连续统的观点不够清晰和精确,他在几何上的成果却特别接近微积分的结果。他不仅发现了许多求面积和切线的定理,可能在当时还最清楚地认识到了这两类问题有重要联系。③ 但是,他的全部命题都以包含复杂、不自然的结构的几何形式出现,而不是用笛卡尔、费马和沃利斯的解析符号表示。如果用微积分重新描述,那么它们等价于许多关于微分和积分的标准定律和定理,包括微积分基本定理。④ 不过,若试图用目前的分析符号阐释它们,只会把人引入歧途。那样会暗示巴罗已具有相当于导数和积分的概念,还会赋予他的研究一种分析特性,而他的原著远远没有展现出这样的特点。

关于巴罗的几何学中涉及的概念,我们已经看到,他的观点表明他回到了卡瓦列里模糊的不可分量,而没有朝沃利斯发展出来的极限概念前进。至于其研究的形式,显然巴罗自己也没有认识到它是一种重要的新型分析,本身足以发展成一种运算法则。他似乎意识到他指出了一种找切线和面积的新方法,但是他用综合形式表现该方法,使之看起来好像是古人的经典几何学的扩展。

---

① 巴罗:《几何讲义》,第43页。

② 同上书,第44—46页。

③ 参阅蔡尔德:《巴罗、牛顿和莱布尼茨:他们与微积分发现的关系》("Barrow, Newton and Leibniz, in Their Relation to the Discovery of the Calculus")。

④ 参阅《几何讲义》,第30—32页。

"这些内容与几何学的其他部分相比，不仅略显困难，而且至今未（像其他部分那样）被全面接受，也未受到详尽处理。"①

不过，巴罗的《几何讲义》中有一点表明，他可能利用一种分析方法获得了结果，后来又以综合形式改写并重新发表。在此，他还构造了一个图形，这就是我们熟悉的微分三角形，在莱布尼茨微积分中十分重要。不过，类似的图形已经在托里拆利、罗贝瓦尔、帕斯卡和费马的几何中出现过。在第 X 讲结尾的时候，巴罗说：

> 如前所述，我们现在已经用某种形式结束了这个主题的第一部分。作为一个补充，我们将以附录的形式增加一种通过计算寻找切线的常用方法。在讲述了那么多著名而又陈腐的方法之后，我不知道这么做是否有所裨益。不过我是按照一位朋友[后来证明是牛顿②]的建议这么做的，而且很愿意这么做，因为这个方法似乎比我讨论过的更有用、更一般。③

如果巴罗相信自己正在发明一个新学科，那么似乎正是他提出的这个方法，代替了他的古典论证。

> 设 *AP*, *PM* 为两条位置已定的直线，其中 *PM* 在 *M* 点与一条给定的曲线相交，设 *MT* 在 *M* 点与该曲线相切，并在 *T* 点与直线相交（图 22）。

---

① 参阅《几何讲义》，第 66 页。
② 如果想了解更多的情况，请参阅《艾萨克·牛顿》(*Isaac Newton*)，第 185 页。
③ 《几何讲义》，第 119 页。

为求直线段 PT 的长度，我从曲线上截取一段不确定小的弧 MN；然后作 NQ，NR 平行于 MP 和 AP；令 $MP=m$，$PT=t$，$MR=a$，$NR=e$，其他由曲线的特殊性质决定的直线段，如果对解决该问题有用，我也会为它们

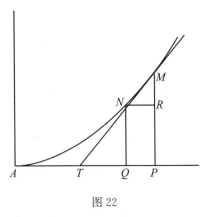

图 22

183

指定名称。我还借助一个由计算获得的方程，比较 MR 和 NR（通过它们也比较了 MP 和 PT），同时遵守下面的法则。

法则 1 在计算中，我略去所有含 a 或者 e 的乘幂或者它们的乘积的项（因为这些项没有价值）。

法则 2 方程列好之后，我舍去所有由表示已知或者已定量的字母组成的项，或者不包含 a 或 e 的项（因为将这些项放到方程的一边，结果总是等于零）。

法则 3 我用 m（或者 MP）代替 a，用 t（或者 PT）代替 e，最后 PT 的长度就找到了。[①]

从这段话可以看到，巴罗"通过计算寻找切线的方法"与现在应用于微分的运算非常接近，字母 a 和 e 相当于我们习惯使用的符号 Δy 和 Δx。这是对费马方法的详细阐述，不过费马的方法只

[①] 《几何讲义》，第 120 页。

用了一个无穷小量 E。巴罗的方法对费马的有所改进，因为它使得该方法可以更加方便地用于隐函数。巴罗没有一处提过费马的名字，显然不曾直接了解到他的方法。但是，他提到过其观点来源于笛卡尔、惠更斯、伽利略、卡瓦列里、圣文森特的格雷戈里、詹姆斯·格雷戈里和沃利斯[①]，巴罗可能就是通过他们得知了费马的方法。尤其是惠更斯和詹姆斯·格雷戈里，他们经常使用费马的特殊运算方法；牛顿至少意识到了，巴罗的法则只是对这种画切线法的改进。[②]

虽然巴罗的切线法比费马的更接近微分的运算，我们却不能随意将我们的符号 Δy 和 Δx 所隐含的概念归于巴罗。他明显是根据几何问题和无穷小，而不是函数和连续变量符号来思考这个方法的。他在叙述中说 a 和 e "没有价值"，这就相当于费马在计算的末尾忽略所有涉及 E 的项。但不管是巴罗还是费马，都没有证明为何可以忽略这些项，因为他们都没有清晰的极限概念。考虑到费马的准等式只有当 $E=0$ 时才成为严格的等式，因此他也许更接近极限概念。巴罗没有说明为什么要略去高次幂。他在方法中给出的第一和第三法则，在逻辑方面当然只能用极限来证明。毫无疑问，巴罗认为只有当三角形 MRN 是无穷小的时候，才会严密地与三角形 MTP 重合，因为他在这个地方以及别的地方都说过，"如果假定弧 MN 为不确定小，我们就可以放心地用切线的小段代替它"[③]。诸如此类的段落在牛顿和莱布尼茨的著作中都曾

184

---

① 《几何讲义》，第 13 页。
② 更多细节请参阅《艾萨克·牛顿》，第 185 页。
③ 《几何讲义》，第 61 页；比较同一著作，第 120—121 页。

再现，说明那时候的数学家要从算术的角度思考极限有多难。

在所有对微分和积分做过先导工作的数学家中，没有谁比费马和巴罗更接近这种新分析。费马发明了运算的分析方法，相当于微分和积分，不过他似乎没有充分认识到两者之间关系的重要性。另一方面，巴罗似乎已经发现了两者基本的互逆关系，但是由于他没有完全弄清楚用解析方式表示相关运算的可能性，所以不能有效地利用它。① 他系统地将切线逆问题还原为求积问题，但是没有利用他的逆运算定理将后者转化为由求切线导出的问题——也就是说，他没有像现在微积分中通常做的那样，根据反导数来表示它们。巴罗看不出这样做的好处，因为他没有像牛顿和莱布尼茨不久后所做的那样，将其切线法转化为简单的运算形式。如果他这么做，他无疑会先于这些人成为微积分的奠基者。②

但是，巴罗甚至都没有尝试这么做。在整理好自己准备出版的讲义后，他就把稿子交给了牛顿和柯林斯(Collins)做最后的校订，并且放弃数学，转而研究神学。牛顿显然具备将巴罗的几何观点转化为一种算法的分析知识，而且，在巴罗发表《几何讲义》(1670 年)的几年前，牛顿事实上就已经掌握了自己的微积分方法。其实，在更早的时候，低地国家就出现了许多在应用方面与部分微积分极其相似的法则，也许可将它们视为在这一个世纪的准备里，从无穷小运算到流数和微分方法的转变。由斯吕塞、赫德

185

----

① 参阅措伊滕：《关于数学史的看法》，1897 年，第 565—606 页。或者他的《16 世纪和 17 世纪数学史》，第 345—357 页。其中对巴罗的这部分研究作了出色的分析。

② 蔡尔德直截了当地把这项发明归功于巴罗，因为在利用近代分析符号取代本来的综合形式后，他从该著作里发现了代数的运算方法，而不是对命题的几何证明。

(Hudde)和惠更斯等人阐明的那些切线和极大值、极小值的法则,都没有包含新的基本概念。它们只是由早期方法——尤其是费马和巴罗的方法演化形成的典则形式。

例如,斯吕塞也许是给出 x 和 y 的有理数方程曲线切线的一般运算法则,而没有使用巴罗和费马方法所需的分析计算的第一位数学家。[①] 他大概在 1652 年[②]阐明其法则,但是到 1673 年才发表,我们不妨将该法则叙述如下:设方程为 $f(x,y)=0$,把所有包含 y 的项放在分子上,每项都乘以其中的 y 的乘幂的指数;在分母的位置放所有含 x 的项,每项都乘以其中 x 的幂指数,然后再除以 x;由此获得的商就是次切距。[③] 这个当然相当于构成了商 $\dfrac{y f_y(x,y)}{f_x(x,y)}$,不过斯吕塞没有像我们那样,根据函数导数来思考。他没有给出其法则的一般证明,而运用费马和巴罗的方法都可轻而易举地证明。

约翰·赫德在 1659 年给出了一个十分相似的法则[④],几年之后克里斯蒂安·惠更斯重新发现了它。[⑤] 赫德还说明了一条法则,不用费马的方法运算,就可记录单变量有理数函数的极大值和

① 罗森菲尔德(Rosenfeld):《勒内·弗朗索瓦·德·斯吕塞和切线问题》("René François de Sluse et le probième des tangentes")。

② 勒佩伊(Le Paige):《勒内·弗朗索瓦·德·斯吕塞书信集》("Correspondance de René François de Sluse")。

③ 斯吕塞:《给所有几何曲线画切线的一种方法》("A Method of Drawing Tangents to All Geometrical Curves"),第 38 页。

④ 惠更斯:《著作全集》(*Œuvres complètes*),卷 XIV,第 446—447 页。

⑤ 同上书,卷 XIV,第 442—448 页、504—517 页。

极小值。① 这相当于设函数的导数等于零,就像微积分教材中给出的求商的法则。

这些法则和公式几乎同时出现,说明在 17 世纪中期之后不久,无穷小方法的运用已经非常广泛,并且也发展到了这样一个程度,只要给出一个合适的符号,基本上就能得出一个统一的分析运算法则。就连在早期研究中一丝不苟地采用古人方法的惠更斯,也在 1655 年以后,转而跟随大家采用新的观点,并且经常使用它们。他试图按照瓦莱里奥的方式②,将古人的方法普遍化;他重复了伽利略和托里拆利关于落体的无穷小论证③;他把线当作面的元素,表明他受到了卡瓦列里的影响④;他的著作里还经常运用费马的切线法和极大值、极小值法⑤。但是,惠更斯毕竟是一位数学古典主义者,将这些研究综合在一起、构成代表数学曾经产生的最有效的科学研究工具的任务,就有待他的两位年轻的朋友——牛顿和莱布尼茨来完成了。⑥

---

① 参阅《几何学,R. 笛卡尔在 1637 年用法文出版》(*Geometria, a Renato des Cartes anno 1637 Gallice edita*,以下简称《几何学》),卷 I,第 507—516 页,赫德的第二封信。

② 《著作全集》,卷 XIV,第 338—339 页。

③ 同上书,卷 XVI,第 114—118 页。

④ 同上书,卷 XI,第 158 页;卷 XII,第 5 页;卷 XIII,第 753 页;卷 XIV,第 192 页、337 页。

⑤ 同上书,卷 XI,第 19 页;卷 XVI,第 153 页;卷 XIV,随处可见。

⑥ 参阅贝尔:《科学的女王》,第 8 页。

第五章　牛顿和莱布尼茨

　　几乎没有一门新的数学分支学科是某个人单独的成果，笛卡尔和费马的解析几何，当然也不仅仅是他们两人研究的结果，而是若干数学思潮在 16 世纪和 17 世纪汇合的产物，是阿波罗尼奥斯、奥雷姆和韦达等许多人影响的结果。

　　微积分的发展更是不应该仅仅归功于一两个人。我们已经追溯了它漫长而曲折的思想长河：从古人的哲学思辨和数学论证，一直到 17 世纪极其成功的启发式方法。我们已经指出，费马发明的方法差不多和微积分的方法相同，而巴罗发现的新命题则包含了微积分基本定理的几何等价命题。

　　到了 17 世纪下半叶，时机终于成熟，应该有人出来将无穷小分析涉及的观点、方法和发现组成一门以具有独特运算方法为特征的新学科了。费马没有做到这一点，在很大程度上是因为他未能将自己的方法一般化，也没有意识到切线问题和求积问题是数学分析的两个互逆的方面。巴罗虽然第一个清楚地认识到将这种互逆性质统一起来的重要性[①]，却没有意识到他的定理就是一门

_____

① 《几何讲义》，第 124 页。

新学科的基础,因此他也未能建立这门学科。他反感笛卡尔数学的分析和代数趋势,暗示说自己的结果是古人几何学的完善。①

因此,传统的观点是把微积分的发明归功于更著名的数学家——艾萨克·牛顿和戈特弗里德·威廉·冯·莱布尼茨。从概念发展的观点来看——这是我们在此讨论的主要方面,我们最好谈谈微积分的演变过程。不过,由于牛顿和莱布尼茨显然各自独立发明了普遍使用的运算法则,它们与目前在微积分中所用的运算本质上是相同的,也是后来导数和积分概念的逻辑发展所必需的,因此,将这两个人视为该学科的发明者并无不当之处。但我们这么做,并非认为或者暗示他们创造了目前该学科下的概念和定义,因为朝这个方向又经过两个世纪的进一步努力之后,这些基本概念才得到严密的详细阐述。此外,由于我们在此更关注概念而非运算规则,我们将不讨论牛顿和莱布尼茨②在优先权和独立性方面可耻的激烈争吵。③　在新分析的发展上,两个人都从他们的前辈那里受益匪

188

---

① 《几何讲义》,第 66 页。

② 关于针对莱布尼茨的猜疑,参考斯洛曼:《莱布尼茨对微分学发明权的要求》;莱布尼茨:《早期的数学手稿》(蔡尔德编辑)。关于他的辩护,参阅格哈特的两部著作《莱布尼茨微分法的发现》(*Die Entdeckung der Differentialrechnung durch Leibniz*)、《高等分析的发现》(*Die Entdeckung der höheren Analysis*);以及曼克(Mahnke)的两篇文章:《高等分析发现史的新分析》("Neue Einblicke in die Entdeckungsgeschichte der höheren Analysis")和《关于莱布尼茨微分学的发生史》("Zur Keimesgeschichte der Leibnizschen Differential-rechnung")。关于该学科争论,还可参考德·摩根:《论牛顿的生活和著述》(*Essays on the Life and Work of Newton*),里面有按年代排列的详细参考书目。

③ 参阅哈萨维(Hathaway):《微积分的发现》("The Discovery of Calculus"),第41—43 页;以及《微积分的详细历史》("Further History of the Calculus"),第 166—167页、464—465 页,其中指责莱布尼茨"策划了一个阴谋剥夺牛顿的所有荣誉……,这是典型的德国宣传手段",并指责他是"在外国建立科学研究的间谍系统,以便尽可能把其中有用的成果和荣誉转移到德国"的始作俑者。

浅，牛顿和莱布尼茨最终的系统阐释非常有可能是共同受先前结果的影响，而不是偶然的相互影响。

微积分史家[1]曾经试图追溯两条明显不同的发展线索：其一是运动学线索，经由柏拉图、阿基米德、伽利略、卡瓦列里和巴罗到牛顿；其二是原子论线索，经由德谟克利特、开普勒、费马、帕斯卡和惠更斯最后到莱布尼茨。但是，上述数学家对这种区分毫无认识，我们现在也不能把一个"群体"的与整个 17 世纪其他人的观点和方法区分开来。伽利略、卡瓦列里、托里拆利和巴罗运用了流数和无穷小两方面的研究，费马、帕斯卡和惠更斯的方法不仅莱布尼茨知道，可能牛顿和其他英国数学家也了解。引出牛顿流数法与指向莱布尼茨微分法的几何发展并没有本质区别。不过，在该学科建立运算方法，并开始探究这些方法的逻辑和形而上学基础之后，两位发明者不同的科学和哲学兴趣，或许还有优先权之争——其中盲目忠诚阻碍了他们的后继者理解两个系统的优势和劣势——使得两种观点和表现方式的差别进一步凸显。因此，我们不仅将在这里努力指出牛顿和莱布尼茨研究的起源，而且要指出他们后来给出的解释的性质，以及这些内容对于微积分基本概念发展的重要性。

艾萨克·牛顿在剑桥学习时，师从艾萨克·巴罗，因此受到后者很大影响，他曾协助准备巴罗《几何讲义》的出版。既然巴罗熟悉卡瓦列里的著作，了解其中提出的几何量普遍化的两种观点——无穷小量和流动的量（flowing quantities），那么他就不仅

---

① 例如，可参阅霍庇：《微积分的历史》，第 175—176 页。

会设想一条曲线的切线是可能组成曲线的无穷多个线元之一的延长，而且设想它是一个点的运动方向——这个点的运动形成了曲线。牛顿因为听过巴罗讲课，肯定很熟悉这些观点。但是，巴罗不欣赏笛卡尔和费马的解析方法，因此认识不到沃利斯算术化的重要性。不过，沃利斯在其 1655 年的著作中提出的这些更加新颖的观点（这个我们前面已经提到过），牛顿在他早期的数学教育阶段已经对它们比较熟悉了。① 事实上，牛顿承认是沃利斯的《无穷小算术》将自己引向了分析和流数的第一批发现②，而沃利斯运用的归纳法和插值法的原理，可能也对牛顿发现二项式定理起到了推动作用③。牛顿的数的概念更接近沃利斯而非巴罗——较少地作为单位量的集合，更多地作为任一量对另一个量的抽象比，这个定义也把无理比作为数包括在内。④ 在这方面，牛顿超越了沃利斯和笛卡尔，真正在数字意义⑤上认可了负数比——这是对笛卡尔几何表示法的推广。

增加牛顿流数法论证有效性的另一个因素是无穷级数的使用。经院哲学家曾经结合可变性的几何表示法研究过无穷级数，圣文森特的格雷戈里、塔凯和费马都运用过无穷级数。不过，最早对一般算术无穷级数进行研究的，主要还是英国数学家，如沃利斯和詹姆斯·格雷戈里。顺便一提，后者这方面主要著作的发表时

<hr>

① 斯洛曼：《莱布尼茨对微分学发明权的要求》，第 1—7 页。

② 更多请参阅《艾萨克·牛顿》，第 184 页。

③ 默顿(Merton)：《17 世纪英格兰的科学、技术与社会》(*Science, Technology and Society in Seventeenth Century England*)，第 472 页注释。

④ 牛顿：《全集》，卷 I，第 2 页。

⑤ 同上书，卷 I，第 3 页。参阅舒伯特：《算术基本原理》，第 35—37 页。

间,只比牛顿写出第一篇有关微积分的论文早一两年,牛顿在他的这篇论文里论述二项式定理时使用了无穷级数。这种无穷级数的运用的确使流数法得以推广,并且有助于将它从几何偏见中解放出来,但这也使得历史学家往往把注意力集中在牛顿对无穷级数的运用上,而不是其研究中其他更加本质的方面。[1]

牛顿告诉我们,他早在 1665—1666 年听巴罗讲课和发现二项式定理时就掌握了流数法。[2] 不过他的第一个微积分短评却是 1669 年在《运用无穷多项方程的分析学》(*De analysi per aequationes numero terminorum infinitas*)里给出的。[3] 该书直到 1711 年才出版,不过此前已经在牛顿的朋友中流传。在这部专著里,他没有明确使用流数法的符号或者观念。相反,他运用了几何和分析的无穷小量,其方式与巴罗和费马的相似,并且通过二项式定理扩展了其适用性。在这篇论文中,牛顿运用一个不确定小矩形或者说面积"瞬"的概念,发现了求曲线下面积的方法,其过程如下:作一条曲线,使其对应于横坐标 x 和纵坐标 y 的面积为 $z = \left(\dfrac{n}{m+n}\right) ax^{\frac{m+n}{n}}$。按照詹姆斯·格雷戈里的符号,设横坐标的瞬或者无穷小增量为 o,那么新的横坐标就是 $x+o$,增加的面积为 $z + oy = \left(\dfrac{n}{m+n}\right) a(x+o)^{\frac{m+n}{n}}$。如果在这个表达式中运用二项式定理,两边都除以 o,然后省略仍然包含 o 的项,结果将是 $y = ax^{\frac{m}{n}}$。也就

---

① 参阅措伊滕:《关于数学史的看法》,1895 年,第 194 页及以后,以及塔内里在《达布公报》(*Bulletin de Darboux*),第二辑,卷 XX(1896 年),第 24—28 页对此的评论。

② 《全集》,卷 I,第 333 页。

③ 同上书,卷 I,第 257—282 页。《小品》(*Opuscula*),卷 I,第 3—28 页。

是说，如果给定面积为 $z=\dfrac{n}{m+n}ax^{\frac{m+n}{n}}$，则曲线为 $y=ax^{\frac{m}{n}}$。反之，如果曲线为 $y=ax^{\frac{m}{n}}$，则面积就是 $z=\dfrac{n}{m+n}ax^{\frac{m+n}{n}}$。[①]

　　在这里，我们得到的面积表达式，不是通过计算无穷小面积之和得出的，也不是通过从安提丰到帕斯卡等牛顿的前人所使用的等价方法得出的。相反，它是考察被讨论点处面积的瞬时增量的结果。换言之，此前的面积是通过等价于一个定义为和的极限的定积分找到的，牛顿在这里首先求出了面积的变化率，然后通过我们现在所说的代表纵坐标函数的不定积分找到了面积。此外，需要注意的是，该命题中的基础运算是求变化率。换言之，我们现在所谓的导数被当作基本概念，而积分是根据它来定义的。在某种意义上，从托里拆利到巴罗期间的数学家已经知道了这样的关系，但是牛顿第一个为求瞬时变化率而给出了一个具有普适性的运算过程，并在涉及求和的问题中将该过程倒置。此前，人们更倾向于相反的方向——只要有可能，就将问题转化为求积。在牛顿创造出这一步骤之后，我们可以认为微积分已经被引入其中了。

　　牛顿把该方法用于求许多曲线下的面积，例如 $y=x^2+x^{\frac{3}{2}}$ 和 $y=\dfrac{a^2}{b+x}$。几年之后，他把这些成果寄给柯林斯，并且另外描述了一些通过他的方法获得的有关极大值和极小值以及切线的命题。就是这封 1672 年 12 月 10 日写给柯林斯的信，对有关莱布尼茨的发现是否独立于牛顿的争论十分重要。在信中，牛顿明白地指出，

192

---

① 《全集》，卷 I，第 281 页。《小品》，卷 I，第 26 页。

他的法则与斯吕塞和赫德的类似,不过更具普遍性[1];在另一处他承认,自己的方法从费马提出、经格雷戈里和巴罗改进的方法里得到了启示。[2] 当然,从费马的 E 到格雷戈里和牛顿的 o,这样的符号变化微不足道。人们经常将它理解为用零代替 E,这种观点把牛顿的方法降低到毫无意义的零运算上,与婆什迦罗的方法有些相似。[3] 牛顿显然认为他的符号是字母 o 而非数字零,在这方面完全类似费马的 E。牛顿研究的重要性首先表现在他运用了他所说的"直接和互逆的"方法。[4] 其次,牛顿在无穷级数的使用中,将该方法视为普遍性的算法,而费马的方法以及斯吕塞、赫德和惠更斯对它的改进,都只适用于有理代数函数的情形。

需要注意的是,牛顿的研究里虽然包含了微积分的主要运算,他给出的解释却不能清楚地证明其正确性。牛顿没有解释为什么能从计算中排除涉及 o 的幂的项,这与费马没有解释忽略 E 的幂,巴罗没有解释 e 和 a 一样。他的贡献在于简化了运算,而不是阐明了概念。牛顿自己就在文中承认,他的方法是"简略的说明而非准确的论证"。

在他上面的证明里,$y = ax^{\frac{m}{n}}$ 的面积是由 $z = \dfrac{n}{m+n} ax^{\frac{m+n}{n}}$ 给出

---

① 《全集》,卷 IV,第 510 页。还可参阅卡约里:《数学原理》(*Mathematical Principles*),第 251—252 页。

② 更多请见《艾萨克·牛顿》,第 185 页。

③ 霍庇在《微积分的历史》中对牛顿给予了全面阐释,但他在这一点上接受了某些老历史学家的错误观点,不能不说是白璧微瑕。参阅格哈特:《高等分析的发现》,第 80 页;韦森伯恩(Weissenborn):《高等分析的基本原理》(*Die Principien der höheren Analysis*),第 25 页注释;格哈特:《争论的历史》("Zur Geschichte des Streites"),第 131 页。

④ 更多请参阅上述引文。

的,不过,我们可以从他的思路中看出某种暗示。纵坐标 y 似乎表示面积增长的速度,横坐标表示时间。那么纵坐标与底边的小区间之乘积将给出一小部分面积,曲线下的整个面积只是所有这些面积瞬的和。这恰好是奥雷姆、伽利略和笛卡尔等人在证明落体定律中使用的无穷小概念,区别在于,这些人是通过这种小单元之和求出总面积,而牛顿则是通过单个点的变化率求出了面积。很难确切地指出牛顿是以何种方式看待这个瞬时变化率的,他很可能把它视为类似速度的概念,伽利略使人们熟知了速度,但没有给它一个严密的定义。对于一个彻底的经验主义者,数学是一种方法,而不是一种阐释①,牛顿显然认为任何质疑运动瞬时性的企图都与形而上学有联系,因此就避免为它下定义。不过,他仍然接受了这个概念,并以之作为其第二个以及更多微积分阐释的基础,这从《流数法与无穷级数》(*Methodus fluxionum et serierum infinitarum*)②中可以看出来,该书写于 1671 年左右③,但是到 1736 年才发表。

在这本书里,牛顿介绍了他特有的符号和概念。其中,他认为他的变量产生于点、直线和平面的连续运动,而不是无穷小元素的集合,这种观点也出现在《运用无穷多项方程的分析学》里。正如巴罗找到了时间的主要特征是匀速流动一样,他的学生牛顿虽然

194

---

① 伯特:《现代物理学的形而上学基础》,第 208—210 页。

② 《小品》,卷 I,第 31—200 页。

③ 参阅措伊滕:《关于数学史的看法》,1895 年,第 203 页;还可参阅牛顿:《全集》,卷 II,第 280 页。

没有"正式研究时间"[①],却因此受到影响,把连续运动作为其系统的基础。牛顿似乎认为这个概念已经具有充分的说服力,通过直觉就能清楚了解,所以没必要做进一步定义。牛顿把变化率称为流数,用字母上加点的"标记字母"表示;他称变化的量为流量,在这里运用了早先在计算大师著作中出现的术语。因此,如果 x 和 y 为流量,则它们的流数就分别是 $\dot{x}$ 和 $\dot{y}$。顺便说一句,牛顿还在其他地方[②]进一步指出,也可以依次认为流数 $\dot{x}$ 和 $\dot{y}$ 分别是流数 $\ddot{x}$ 和 $\ddot{y}$ 的流量,依此类推。牛顿把流数为 x 和 y 的流量分别用 $\overset{\shortmid}{x}$ 和 $\overset{\shortmid}{y}$ 表示;而对于后面这两个量所代表的流数,其流量则写成 $\overset{\shortparallel}{x}$ 和 $\overset{\shortparallel}{y}$,依此类推。

在《流数法与无穷级数》里,牛顿清楚地陈述了微积分的基本问题:已知量之间的关系,找出它们的流数的关系,以及相反的过程。[③] 为了使该问题和新的符号一致,牛顿举例说明了他的方法。可用求 $y=x^n$ 的流数为代表。他在此处使用的方法与早些时候《运用无穷多项方程的分析学》里的说明差别不大。如果 o 为时间的一个无穷小区间,那么 $\dot{x}o$ 和 $\dot{y}o$ 则分别是流量 x 和 y 的不确定小增量或者瞬。然后在 $y=x^n$ 中,用 $x+\dot{x}o$ 代替 x,用 $y+\dot{y}o$ 代替 y,像前文那样用二项式定理展开,舍去不含 o 的项,再通除以 o。另外,因为假定 o 为无穷小量,所以含 o 的项——也就是说,量的

---

① 《小品》,卷 I,第 54 页。
② 参阅《全集》,卷 I,第 338 页;《小品》,卷 I,第 208 页。
③ 《小品》,卷 I,第 55 页、61 页。

瞬——与其他项相比,可视为零,从而可以忽略不计。①

当然,用这种方法求得的结果 $\dot{y} = nx^{n-1}\dot{x}$,与牛顿在《运用无穷多项方程的分析学》里不使用流数所得的结果相同。要注意的是,这里介绍的流数概念不是对早期研究的本质修改。其中的无穷小与 1669 年解释中的一样,只是采用了伽利略的瞬或者霍布斯的微动的动力学形式,而没有采用卡瓦列里不可分量的静力学形式。这一变化只是有助于在直觉上消除不可分量学说的生硬之处(就像牛顿解释的那样)。② 在思想中,忽略无穷小量的正当理由完全建立在相同的基础上——不管它写成 E,e,a,o 还是 $o\dot{x}$ 都无关紧要。牛顿自己似乎也觉得这里有点需要极限概念,因为他指出,流数从不是单独的,总是在比中出现。③ 后来,当牛顿试图摆脱无穷小的时候,他就更加强调这一事实了。

牛顿思想发展的第三阶段,在《曲线求积法》(*De quadratura curvarum*)里表现得十分清楚④,该文写于 1676 年,但是到 1704 年才发表。在这篇论文里,牛顿尝试消除无穷小量的所有痕迹。他没有将数学量视为由瞬或者很小的部分组成,而是把它们描述为连续的运动。在求 x^n 的流数时,牛顿用 $(x+o)$ 代替 x,过程和《流数法与无穷级数》中的差不多。按照流数符号体系,应该将 x 里的增量指定为 $o\dot{x}$ 而不是 o,但是因为牛顿在此只处理一个变量,

195

---

① 《小品》,卷 I,第 60 页。我们在这里所举的例子 $y = x^n$ 与牛顿给出的形式不一样,但在形式和论证上都可视为他所给例子的代表。

② 《全集》,卷 I,第 250 页;卷 II,第 39 页。

③ 《小品》,卷 I,第 63—64 页。

④ 《全集》,卷 I,第 333—386 页;《小品》,卷 I,第 203—244 页。

所以可以很方便地把这个流数当作单位一。在用二项式定理展开 $(x+o)^n$ 并减去 x^n 时，其结果当然是与 x 的变化 o 相应的 x^n 的变化。由于忽略某些项的方法的合理性值得怀疑，现在，牛顿没有用这种方法来结束证明，他构造了 x 的变化与 x^n 的变化之比，也就是 1 比 $nx^{n-1} + n\left(\dfrac{n-1}{2}\right)ox^{n-2} + \cdots$；他允许其中的 o 趋近于零——逐渐消失。结果为比 $\dfrac{1}{nx^{n-1}}$——我们应称它为变化率的极限，不过牛顿把它叫作变化的最终比，该术语后来导致了一些思想混乱。"很快消失的增量"的最终比与"初生增量"的最初比（或者说第一个比）相同。它与这里讨论的点的流数之比是一样的。[①]

上面的论证所展现的导数的实质，比牛顿著作里其他任何部分都更清楚：强调变量的函数，而不是多变量的方程；然后用自变量的变化和函数的变化构造比；最后，当变化趋近于零的时候求这个比的极限。顺便说一句，牛顿表达的比在现代导数中一般是颠倒的。另外，在牛顿的思想里，有些因素从那之后就被当作外加的而被放弃了：他把时间作为辅助的自变量，现在这被认为是没有必要考虑的；极限比现在被当作单个数，而不是两个变化比的商。如果牛顿多花点时间，澄清他用最终比所做论证里的思想要素，他也许会比柯西早一个世纪将微积分建立在导数概念之上。在他最先发表的有关其新分析的论文里，牛顿就提出了这种类型的论证；但是在这部著作中关于流数法的说明里，他却不幸求助于早期论著中的无穷小术语。

---

① 《全集》，卷 I，第 334 页。

按照牛顿在《曲线求积法》里的说法，他发现微积分的时间可追溯到 1665 年和 1666 年。在随后的 10 年里，我们看到，他三次撰文说明其方法，却什么都没有发表。到 1676 年的时候，他知道莱布尼茨也在研究同样的问题，是年 10 月 24 日，他通过奥尔登伯格(Oldenburg)写了一封信给莱布尼茨，在信中以异序词的方式阐述了其微积分的基本问题。这似乎是他争取微积分发明优先权的唯一努力。把他的信的字母调整顺序并翻译之后，其叙述如下："在一个等式中给定任意多个量的流量，求流数，反之亦然。"① 在他写好的《流数法与无穷级数》和《曲线求积法》中，也有对微积分问题的类似陈述。②

在这封信里，他还承认自己得益于沃利斯、詹姆斯·格雷戈里和斯吕塞等人的研究，但是没有说明他的方法。10 多年后的 1687 年，牛顿在他著名的《自然哲学的数学原理》(*Principia mathematica philosophiae naturalis*)中，第一次算是附带地阐述了他的微积分。这本书里与速度、加速度、切线和曲率有关的命题，尽管现在大都是用微积分方法处理，但是牛顿却以综合几何论证的方式证明它们，几乎完全没有分析计算。不过，牛顿在书中的几个地方说明了更加一般的观点。

在第一卷的一系列引理中，牛顿使用了出现在《曲线求积法》里的那种论证方式。"量以及量的比，在任何有限的时间里连续收敛至相等，并且在这段时间结束之前彼此非常接近，其差小于任何

---

① 《全集》，卷 IV，第 540 页及以后；还可参阅莱布尼茨：《数学全集》，卷 I，第 122—147 页。

② 《全集》，卷 I，第 339 页、342 页；《小品》，卷 I，第 55 页、61 页。

给定差，那么它们最终会相等。"① 这当然是斯蒂文、瓦莱里奥、圣文森特的格雷戈里、塔凯和沃利斯等人试图代替希腊穷竭法的那一类一般极限命题。事实上，在圣文森特的格雷戈里的著作里面②，有一章使用了"终点"一词来指一个级数的极限，这也许是牛顿常用的术语"最终比"的起源。牛顿的极限观点，就像那些早期研究者的一样，局限于几何直觉，这使他的陈述模棱两可。于是他说："弧、弦和切线中任何两个相互的最终比都是等量的比。"③ 稍后他又谈到了"很快消失的三角形的最终形式"的相似性。④

这些陈述都说明，牛顿不是像我们现在这样从算术的角度看数列的极限，这些数代表了相关几何量的（算术）长度变得不确定小时它们之间的比；不过他考虑几何最终不可分量时，也受到 17 世纪无穷小观点的影响。的确，他从未使用最终弧、弦、切线，或者最终三角形的表达式，只使用允许作出严格确切的抽象阐释的最终比和最终形式的表达式，不过它们在很大程度上启发了人们用无穷小概念这种直观上更吸引人的观点来表达。但是，牛顿在《自然哲学的数学原理》中进一步叙述道："严格地说，消失量的最终比不是最终量之比，而是这些量无限减少时它们的比趋近的极限，尽管这个比可以比任何给定差都更接近这个极限，但在这些量无限减少之前，它们既不能超过也不能达到这个极限。"⑤ 这段话表明，

① 《全集》，卷 I，第 237 页；卷 II，第 30 页。
② 《几何著作》，第 55 页。
③ 《全集》，卷 I，第 242 页；卷 II，第 34 页。
④ 同上书，卷 I，第 243 页。
⑤ 同上书，卷 I，第 251 页。

牛顿意识到了朴素的无穷小概念中包含的困难。这也是牛顿对最终比性质给出的最清楚的陈述,不过我们将发现,牛顿在《自然哲学的数学原理》第二卷的一个引理中继续论证时,他的说明再次并且更加强烈地依赖于无穷小量的概念,极限概念则有些含糊地作为基础隐含在内。正是由于缺乏这种算术明确性,下一个世纪才爆发了激烈的争论,不仅涉及牛顿流数的有效性,还涉及牛顿的上述说明及其他类似论述的真正意义是什么。

由于《自然哲学的数学原理》是按照旧的综合几何方式撰写的,里面提到流数法的地方不多。不过,第二卷首次发表了"那个一般方法的基础"。① 在这里可以找到基本原理的阐述,"任何生成量的瞬等于每一个生成边的瞬乘以生成边的幂指数和它们的系数。"牛顿首先对乘积 AB 的证明如下:设 AB 表示一个矩形,并使边 A 和 B 分别减少 $\frac{1}{2}a$ 和 $\frac{1}{2}b$,那么减少后的面积为 $AB-\frac{1}{2}aB-\frac{1}{2}bA+\frac{1}{4}ab$。现在设 AB 的边分别增加 $\frac{1}{2}a$ 和 $\frac{1}{2}b$,那么增大后的矩形面积为 $AB+\frac{1}{2}aB+\frac{1}{2}bA+\frac{1}{4}ab$。用最大的矩形面积减去最小的矩形面积,由此得到的 $aB+bA$ 就是原矩形的瞬,与 A 和 B 的瞬即 a 和 b 相关;这就证明了对于该乘积的命题。如果 $A=B$,那么 A^2 的瞬则由 $2aA$ 决定。

牛顿运用减量 $\frac{1}{2}a$ 和 $\frac{1}{2}b$ 以及增量 $\frac{1}{2}a$ 和 $\frac{1}{2}b$ 取代增量 a 和 b, 199

---

① 《全集》,卷 II,第 277—280 页。

在这里避免了必须省略无穷小项 ab 的步骤。就这样,牛顿直截了当地只用了一阶的无穷小量(在这方面就可看到他的研究与莱布尼茨的区别),不过他在上述命题里用的方法,后来被正确地指出是潜在地略去了二阶无穷小。

为了求出 ABC 的瞬,牛顿设 $AB=G$,然后运用定理的第一部分,得出结果 $cAB+bCA+aBC$。设 $A=B=C$,可依次求出 A^3 的瞬为 $3aA^2$。按照同样的方法,当 n 为正整数时,就能求出 A^n 的瞬为 naA^{n-1}。这个结果对负数幂也成立,从下述证明可以清楚地看出。设 m 为 $\frac{1}{A}$ 的瞬,从 $\frac{1}{A} \cdot A=1$ 和乘积的瞬可得 $\frac{1}{A} \cdot a+A \cdot m$ $=0$,则 $m=-\frac{a}{A^2}$。这个论证很容易推广到将所有负整数幂包括在内,并且稍作修改即可适用于变量有理数幂的所有乘积。

牛顿说[1]这是其切线法和求积法的基础,事实上,把这个规则与无穷级数结合起来,就足以获得流数法的本质结果了。但是很可惜,牛顿在这里只是简要说明了他的方法和论证,而且这个短小的说明是以不显眼的引理[2]形式插入第二卷的其他命题中,因此有人怀疑牛顿提出该方法的态度是否严肃。[3]

当然,第一次在《自然哲学的数学原理》中发表的微积分的基础,可以在牛顿的瞬的性质里找到;但正是在这个地方,牛顿的术

---

[1]　《全集》,卷 II,第 277—280 页。

[2]　同上。

[3]　莫里兹·康托尔(《数学史讲义》,卷 III,第 192 页)对《自然哲学的数学原理》中的引理只是稍微强调了一下,而措伊滕(《关于数学史的看法》,1895 年,第 249 页;还可参阅《16 世纪和 17 世纪数学史》,第 382—384 页)则强调了它们在微积分中的重要性。

语还很不清楚。关于这一点,他说:"有限质点不是瞬,而恰恰是由瞬生成的量。我们设想它们正是有限量的初生本原。"他也许意识到,这一陈述使得他的瞬如同卡瓦列里、费马和巴罗的无穷小一样含糊,于是补充了一句来为自己辩护:"我们在这个引理中视为初生本原的不是瞬的量,而是它们的第一个比。"[①] 看起来,这似乎是在尝试引入极限学说。他在第一卷里阐述了该学说,把比当作最终的量,但没有详细说明进入其中的量是否都是如此。不过,很难理解在求 AB 的瞬时如何考虑一个比的极限。我们不得不在此处理两个变量,并且面对相当于偏微分的式子,除非我们像牛顿接下来提出来的那样,求助于作为单个自变量的时间。也许牛顿意识到了根据无穷小量的比或者比例来阐释命题所面临的困难,他又补充了另外一种解释。"如果我们不用瞬,而代之以增量和减量的速度(它们也可称为量的运动、变化和流数),或者与那些速度成比例的任何有限量,这样也没有什么差别。"[②]

综上所述,我们看出,牛顿起初想到的无穷小量既不是有限的,也并非确切的零。下一个世纪研究该方法的批评家恰如其分地把它们称为"已消失量的鬼魂"。它们给理解带来很大的困难,所以牛顿接下来把注意力集中到它们的比上,这些比一般是有限数。知道了这个比,对于形成这个比的无穷小量,就可以用任何易于想象且具有相同比的有限量来代替了,例如那些被视为进入方程的量的速度或者流数。于是,牛顿在《自然哲学的数学原理》中

---

① 《全集》,卷 II,第 278 页。

② 同上。

为新分析提供了三种说明模式：根据无穷小量（在他第一部著作《运用无穷多项方程的分析学》里使用过）的说明，根据（特别在《曲线求积法》中给出，他似乎认为这个概念最严密）最初比与最终比或极限的说明，以及根据流数（在他的《流数法与无穷级数》中，似乎最吸引他的想象力）的说明。牛顿能这样提出本质上等价的三种观点，这一事实表明，他还远远没有意识到自己的方法与前人和同时代人大体等价的方法完全不同。他在《曲线求积法》里说到他把量看作是用连续运动所描述的，并使用了最初比与最终比法，之后他宣称他的方法与古人的几何学一致①；他还在《自然哲学的数学原理》中承认，莱布尼茨在考虑量的生成时也有类似方法——不过，后来的版本都删去了这个声明②。事实上，运用流数法求流数之间的基本关系时，还得依赖于其他一些方法，例如极限或者无穷小法。尽管牛顿明显喜欢将他的流数法与求极限比的思想联系起来，但他经常使用无穷小来处理，因此我们将看到他的许多后继者都把流数本身理解为无穷小量，并把它们与瞬混为一谈。

牛顿自己在其早期研究里常常运用无穷小的概念，但是在后期的说明中却倾向于持谨慎态度。沃利斯 1693 年的《代数》（*Algebra*）有一部分《曲线求积法》的内容，其中牛顿说他把与 o 相乘的项都视为无穷小而忽略掉，由此获得结果。③ 另一方面，在该书

---

① 《全集》，卷 I，第 338 页。

② 同上书，卷 I，第 280 页。

③ 参阅德·摩根：《英国早期无穷小量的历史》（"On the Early History of Infinitesimals in England"），第 324 页。也可参阅卡约里："牛顿的流数"（"Newton's Fluxions"），第 192 页；拉夫森（Raphson）：《流数的历史》（*The History of Fluxions*），第 14 页。

1704 年的版本里，他却清楚地说"数学不应该忽略误差，不管它有多小"[①]。要得出结果，不是简简单单地忽略无穷小项就可做到，而是要在这些项迅速地消失于零的时候找出最终比才行。不过，即便在此之后，他也没有完全放弃无穷小，而是继续把瞬说成是无穷小的部分。此外，当牛顿想表示瞬的时候，他有时没有用 o 乘以流数，因此增加了他同时代人在思想上的混乱。他说凡是带点字母都表示瞬，而其中不包括字母 o（这个字母总是可被理解的），但非常多的英国数学家开始把流数与莱布尼茨的无穷小微分联系起来。[②] 但是，牛顿对该学科基础的最终看法，似乎表现在《曲线求积法》的评论里："我曾经试图说明，没有必要在流数法中引入几何无穷小图形。"[③]

我们已经看到，牛顿关于微积分的著作大多数写于 1665—1676 年，但是其间没有一本发表。有人提出[④]，牛顿拖延出版他的三部主要微积分著作，是因为他不满意该学科的逻辑基础。但是，那段时间，其他数学家都在寻找求切线、极大值和极小值以及求积问题所需的普遍原理。费马的方法已经得到惠更斯、赫德和斯吕塞等人的改进。他们都是该时期最多才多艺的天才戈特弗里德·威廉·冯·莱布尼茨的同时代人。莱布尼茨像牛顿一样，用一种运算规则将所有无穷小问题归纳在一起，研究出了一些法则和一

202

---

① 《全集》，卷 I，第 338 页。

② 蒙蒂克拉（《数学史》，卷 II，第 373 页）误解了牛顿对这些字母的偶然忽略，以为这暗示牛顿在思想上混淆了速度和增量。

③ 《全集》，卷 I，第 333 页；《小品》，卷 I，第 203 页。

④ 默茨：《19 世纪欧洲思想史》，卷 II，第 630 页。

套符号系统。尽管莱布尼茨主要对法律和逻辑感兴趣,他早年却写了一些关于算术和力学的文章。但是,1672 年,他在巴黎与惠更斯相逢,后者竭力劝他更加深入地研究数学。1673 年,他在访问伦敦时遇见了许多数学家,学会了大量关于无穷级数的知识,并购买了一本巴罗的《几何讲义》,也许还通过柯林斯知道了牛顿的《运用无穷多项方程的分析学》。同年,他回到巴黎之后,就研究了卡瓦列里、托里拆利、圣文森特的格雷戈里、罗贝瓦尔、帕斯卡、笛卡尔、雷恩、詹姆斯·格雷戈里、斯吕塞、赫德等人的数学著作。[①] 莱布尼茨研究无穷小分析的背景与牛顿的没有太大差别,因为这些人的著作在英国和欧洲大陆都非常著名。因此,莱布尼茨早期的数学阅读主要在几何学上,不过他还有其他兴趣,或许对他的分析的形成具有决定性作用。他的第一篇数学论文是关于组合分析的,而且他一直保持着强烈的算术倾向。他在求积问题上的第一个研究成果是《算术四边形性》("Arithmetical Tetragonism"),文中,他发现一个单位圆的面积可由无穷级数 $1-\dfrac{1}{3}+\dfrac{1}{5}-\dfrac{1}{7}+\cdots$ 乘以 4 得出。[②] 现在,这些形式主义和算术研究以一种有趣的方式与莱布尼茨开始掌握的几何结合起来。

　　在这一时期,莱布尼茨不仅研究了求积问题,还研究了切线问题,并且获得了一个以"特征三角形"为基础的解,特征三角形也就是以多种形式出现的微分三角形——特别是在托里拆利、费马和

---

　　① 参阅格哈特:《莱布尼茨微分法的发现》,第 31 页及其他各处。

　　② 参阅《数学全集》,卷 V,第 88 页;还可参阅莱布尼茨:《早期的数学手稿》,第 163 页。

巴罗的著作里。很难确定是什么事件导致莱布尼茨发明微分，不过他本人在 30 年后的一封信里，将他运用微分三角形的灵感归功于一个图形（见前面的图 18），这是他 1673 年偶然从帕斯卡的《四分之一圆的正弦论》里发现的。[①] 莱布尼茨说，阅读帕斯卡所举的这个例子时，他忽然灵机一动，意识到帕斯卡没有发现的东西——确定一条曲线的切线取决于纵坐标差值与横坐标差值变得无穷小时之比，求积则取决于横坐标的无穷小区间上的纵坐标之和，或者说无限薄矩形之和。此外，求和与求差的运算是互逆的。巴罗在某种意义上也意识到了这一点，因为他求切线所运用的 a 和 e 的方法涉及了纵坐标之差和横坐标之差，他的求积法受到了无穷小量求和的影响，并且他的互逆定理表明了这两个问题之间的关系；但是他从未把这些发展为一个统一的运算规则。另一方面，得到惠更斯鼓励的莱布尼茨继续研究特征三角形，他将这项研究与之前对组合分析的兴趣联系在一起。[②]

204

帕斯卡的调和三角形和算术三角形之间存在有趣的关系。例如，算术三角形里的任何元素都是上一行在它左边的所有项的总和，也是它正下方两项的差。同样，在调和三角形里，任何一个元素都是下一行在它右边的所有项的总和，也是它正上方两项之差。

---

① 格哈特和措伊滕都强调莱布尼茨得益于帕斯卡。蔡尔德认为，莱布尼茨从巴罗的著作里找到的微分三角形的前期工作应当比帕斯卡的更明显，他没有提到巴罗，要么是想隐瞒他受益于巴罗的事实，要么是忘记了巴罗对他的影响。要了解有关这一点上所涉及图形的讨论，请特别参阅莱布尼茨：《早期的数学手稿》，第 15—16 页；还可参阅参考书目中列出的格哈特和措伊滕的著作。

② 参阅《数学全集》，卷 V，第 108 页、404—405 页；以及牛顿：《全集》，卷 IV，第 512—515 页。格哈特：《莱布尼茨微分法的发现》，第 54—56 页。

算术三角形　　　　　　调和三角形

$$1 \quad 1 \quad 1 \quad 1 \quad 1 \quad 1 \quad \cdots \qquad \frac{1}{1} \quad \frac{1}{2} \quad \frac{1}{3} \quad \frac{1}{4} \quad \frac{1}{5} \quad \frac{1}{6} \quad \cdots$$

$$1 \quad 2 \quad 3 \quad 4 \quad 5 \quad \cdots \qquad \frac{1}{2} \quad \frac{1}{6} \quad \frac{1}{12} \quad \frac{1}{20} \quad \frac{1}{30} \quad \cdots$$

$$1 \quad 3 \quad 6 \quad 10 \quad \cdots \qquad \frac{1}{3} \quad \frac{1}{12} \quad \frac{1}{30} \quad \frac{1}{60} \quad \cdots$$

$$1 \quad 4 \quad 10 \quad \cdots \qquad \frac{1}{4} \quad \frac{1}{20} \quad \frac{1}{60} \quad \cdots$$

$$1 \quad 5 \quad \cdots \qquad \frac{1}{5} \quad \frac{1}{30} \quad \cdots$$

$$1 \quad \cdots \qquad \frac{1}{6} \quad \cdots$$

也就是说,在帕斯卡的算术三角形里,如果我们记任何一行中的数为 x,则它下面第一行的数是从左向右读到该点为止的所有 x 的和,下面第二行是所有 x 的和的和,依此类推。反之,上面的行代表了差、差的差等等。同样,在调和三角形里,对于任何一行的元素来说,下面的行代表差、差的差等等;上面的行代表和、和的和等等——只是从右读到左。因此,从这些三角形里可以看出,和与差是互逆的。[①] 就像切线与求积问题互逆一样,按照卡瓦列里的观点,前者取决于纵坐标的差,后者取决于所有纵坐标之和。不过,在算术三角形与调和三角形里,元素的差都是有限值,而一条曲线纵坐标之间的差则是无穷小,适用于前者的公式不能用于曲线。

---

① 参阅莱布尼茨:《早期的数学手稿》,第 142 页;以及《数学全集》,卷 V,第 397 页。

　　因此,莱布尼茨有必要为求无穷小量的和与差研究出自己的 205
方法。他似乎在 1676 年左右做了这项工作,这一年牛顿撰写了
《曲线求积法》。莱布尼茨大约在一年前创造了他特有的表示法:

他用 $\int x$,后来又用 $\int x\mathrm{d}x$ 表示所有 x 之"和"——或者 x 的"积分",

他后来根据伯努利兄弟的建议这么叫它。[①] 对于 x 的值的"差",

他写作 $\mathrm{d}x$,不过为了暗示求"差"涉及量的因次的降低,他最初是

用 $\dfrac{x}{\mathrm{d}}$ 来表示的。

　　就像牛顿在《自然哲学的数学原理》中以求 AB 乘积的瞬开始

一样,莱布尼茨也由求乘积 xy 的"差"开始。尽管莱布尼茨起初对

他的方法还不太有把握,拿不准 $\mathrm{d}(xy)$ 是否与 $\mathrm{d}'x\mathrm{d}y$ 相等、$\mathrm{d}\left(\dfrac{x}{y}\right)$

是否与 $\dfrac{\mathrm{d}x}{\mathrm{d}y}$ 相等[②],最终他还是正确地回答了这个问题,求出 $\mathrm{d}(xy)$

$=x\mathrm{d}y+y\mathrm{d}x$ 和 $\mathrm{d}\left(\dfrac{x}{y}\right)=\dfrac{y\mathrm{d}x-x\mathrm{d}y}{y^2}$。他是通过设 x 和 y 分别变

为 $x+\mathrm{d}x$ 和 $y+\mathrm{d}y$ 得出的。从新的函数值中减去原来的函数值,

并注意到相对于项 $x\mathrm{d}y$ 和 $y\mathrm{d}x$ 来说,$\mathrm{d}x\mathrm{d}y$ 为无穷小量,就得出结

果了。

　　莱布尼茨建立了差和商的法则之后,就能够把这些推广到一

个变量的所有整数幂了,例如 x^n 的差为 $nx^{n-1}\mathrm{d}x$。既然求和与求

---

①　参阅詹姆斯·伯努利:"以前提出的问题的分析",第 218 页。

②　莱布尼茨:《早期的数学手稿》,第 102 页;格哈特《莱布尼茨微分法的发现》,
第 24 页、38 页。

差互逆,那么 x^n 的积分当然就是 $\dfrac{x^{n+1}}{n+1}$ 了。[①] 我们已经从以前的研究者那里看到了后一个结果的不同形式,不过,只有在牛顿和莱布尼茨的研究中,它才是作为另一个基本运算之逆导出的。将流数法和差运算的推导与卡瓦列里、托里拆利、罗贝瓦尔、帕斯卡、费马和沃利斯给出的求积法相比较,我们就会相信,这种运算方法的运算能力非常强大。正如牛顿以流数的法则为其方法的基础,莱布尼茨也把求"差"的运算作为其"差与和"演算的基础。牛顿和莱布尼茨发明他们的方法时,将它们和所发现的基本的互逆性质结合在一起,从此以后,这种观点就在初等微积分中延续下来。一般来说,微分是基本运算,积分只被简单地当作微分的逆运算。

微积分的术语中至今仍有一些混乱之处,这是由牛顿和莱布尼茨在定义积分(而非求积分)上不一致导致的。牛顿把流量定义为由给定流数生成的量——也就是说,定义为有一个给定量作为其流数的量,或者说就是流数之逆。牛顿强调不定积分,《流数法与无穷级数》和《曲线求积法》里都包含一个实际上的积分表。而莱布尼茨则将积分定义为一个量的所有值的和[②],或者说是无穷多个无限窄矩形的和,或者——如同近代数学表示的那样——定义为某个特征和的极限。这两种观点在初等微积分里长期共存,

---

① 参阅《数学全集》,卷 V,第 226 页及以后。

② "由给定的微分 dy 求出项 y 就是求和",参阅莱布尼茨:《艾萨克·牛顿论文两篇》("Issaci Newtoni tractatus duo");还可参阅格哈特:《莱布尼茨微分法的发现》,第 45 页。

其中包含两种积分：不定积分和定积分。微积分历史上对它们起源的描述，甚至现在还清晰地浮现在我的脑海里，人们把前者视为"牛顿意义上的积分"，把后者视为"莱布尼茨意义上的积分"。[①]但是，不应该过分强调这种差别，因为牛顿和莱布尼茨都很清楚积分的这两个特征。[②]

　　牛顿和莱布尼茨以微积分的奠基者而闻名，这主要是因为他们分别在 1665—1666 年和 1673—1676 年创建了上面概述的方法和关系。这两个发明者认为其研究中还有另外一个方面也很重要，即方法的普遍性。两个人都指出，他们的方法与早期历史上的方法不同，即使在根式的情况下也适用。牛顿主要是根据无穷级数提出这一断言的。如果通过二项式定理展开 $(x+o)^n$，对于非正整数的 n 来说，展开项的数目将为无穷大。将这个定理应用于这种情况一般不会得出任何结论，除非级数是收敛的，但不管是牛顿还是他一个世纪之后的继承者，都没有充分意识到需要深入研究收敛问题。在这方面，莱布尼茨也许还不如许多同时代人谨慎，因为他居然一本正经地考虑无穷级数 $1-1+1-1+1-\cdots$ 是否等于 $\frac{1}{2}$。[③]同样，他把只论证了少数特殊情况的法则大范围地推广，比沃利斯还要无所顾忌。他只对 n 的整数值证明了 x^n 的"差"的法则，却宣布该法则对 n 的所有值都成立，并且将发表的第一篇微积

207

　　① 参阅萨克斯(Saks)：《积分理论》(Théorie de l'intégrale)，第 122 页。

　　② 霍庇《微积分的历史》，第 186—187 页）受到牛顿的符号 o 的误导，完全误解了关于这一点的事实。他认为牛顿把不可分量的总和作为基础，而认为莱布尼茨反对这一观点，强调微分的运算。但当时的背景恰恰相反。

　　③ 比较《数学全集》，卷 V，第 382—387 页。

分论文的题目定为《不受分数或者无理数限制的求极大值和极小值以及切线的新方法》（"A New Method for Maxima and Minima, as Well as Tangents, Which Is Not Obstructed by Fractional or Irrational Quantities"）。[①]

　　莱布尼茨这第一篇微积分论文是一份共六页的报告，发表在1684年的《博学通报》（*Acta Eruditorum*）上，比牛顿发表的第一篇论文早三年[②]，它肯定使大多数寻找这个新方法入门读物的读者感到厌恶。甚至对在该学科早期阶段积极推广它的伯努利兄弟而言，这篇论文也是"一个谜而非说明"。[③] 首先，里面有许多印刷错误。[④] 其次，莱布尼茨在这里模仿笛卡尔《几何学》那种干瘪和过于简单的风格，尽管在后来的文章里，他试着给出更充分的解释。在他1684年的著作里，除了量的"差"或量的微分的定义外，还包括和、积、商、幂与根的微分等没有证明的内容，另外还有一些在切线和极值以及拐点问题上的应用。有趣的是，这些例子中有一个是莱布尼茨用费马的原理推导的折射定律。这表明了费马的影响，费马本人曾经对此给出类似的证明，后来惠更斯又重复了他的研究；但是莱布尼茨在这里并没有提到费马的名字。求积法没

---

　　① 《求极大值与极小值以及求切线的新方法，它既适用于有理量也适用于无理量，以及用它进行的奇妙类型的计算》（"Nova methodus pro maximis et minimis, itemque tangentibus, que neç fractas nec irrationales quantites moratur, et singulare pro illis calculi genus."），《博学通报》，1684年，第467页及以后。参阅《数学全集》，卷V，第220页及以后。英译本参阅拉夫森：《流数的历史》，第19—27页。

　　② 《数学全集》，卷V，第220页及以后。

　　③ 参阅莱布尼茨：《数学全集》，卷III（第一部分），第5页。

　　④ 恩内斯特拉姆：《莱布尼茨微积分的第一次接受》（"Über die erste Aufnahme der Leibnizschen Differentialrechnung"）。

有包括在这第一篇论文里，但莱布尼茨在两年后发表于《博学通报》的另一篇论文里，研究出了解决这种问题的方法。[①] 在随后发表于该杂志以及其他期刊的文章里[②]，莱布尼茨又进一步发展和应用了他的微积分——例如求对数和指数，以及密切图形等的微分。

在这整个研究过程中，莱布尼茨意识到他在创造一门新学科。曾有人提出，只有当莱布尼茨的方法获得明显成功之后，牛顿才逐渐认为流数法构成了一门新学科和一个有组织的数学表达模式[③]，而不仅仅是对某些早期规则的改进。但这与事实不符，因为牛顿早在 1676 年就写出了三篇论文说明其方法；不过，莱布尼茨的表达比牛顿更为肯定，这也是事实。他说，他的分析可与阿基米德的方法相媲美，正如韦达和笛卡尔的研究可与欧几里得的几何学相媲美一样[④]，因为它不需要想象。为了推广他的方法，他明确公布了所有的运算法则，哪怕最简单的也不例外。[⑤] 他写得就像代数规则似的，并且指出，幂与根之间的互逆关系同他的"和"与"差"或者积分与微分之间的关系类似。[⑥]

莱布尼茨这种说教的态度，与牛顿在流数法中表现出来的沉

---

① 《深奥的几何学与不可分量及其无穷分析》（"De geometria recondita et analysi indivisibilium atque infinitorum"），《博学通报》，1686 年，第 292—300 页；也可参阅莱布尼茨：《数学全集》，卷 V，第 226 页及以后。

② 这些文章可参阅莱布尼茨：《数学全集》，卷 V。

③ 德·摩根：《论牛顿的生活和著述》，第 32—34 页。

④ 《数学全集》，卷 II，第 123 页。

⑤ 措伊滕：《关于数学史的看法》，1895 年，第 236 页。

⑥ 《数学全集》，卷 V，第 231 页、308 页。

默寡言形成鲜明对比，这也许是因为，后者对反对意见有种病态的恐惧感。另一方面，对于其运算规则的逻辑和哲学合理性，莱布尼茨则不如牛顿那么强调。在这方面，他没有真正认真地努力过，因为他认为微积分作为一种运算方式，是不证自明的。他既不希望像帕斯卡那样，把无穷小视作神秘之物，也不想求诸几何直觉来说明。正如他自己所说，他只诉诸智力，更强调该方法的算法性质。从这个意义上说，我们可以恰如其分地把他视为（相对于数学直觉主义的）数学形式主义的奠基者之一。他信心十足地认为，如果他清楚地阐述运算的正确规则，并且这些规则得到恰当使用，那么不管相关符号的含义多么可疑，都会得出合理、正确的结果。[①] 这一态度很好地反映了当时人们在虚数问题上遇到的相应困难。莱布尼茨不同于亚里士多德，他似乎认为，只要运用充足理由律，就可确定从可能性到现实性的转化，他的立场就是正确的。[②] 不过，他的同时代人对此纠缠不休，因此，他需要不时地尝试进一步廓清其微分学的基础。然而在这方面，他阐述得既不透彻也不始终如一。[③]

从莱布尼茨最早到最晚的著作，他都运用了这样一条原理：在包含各阶微分的式子中，只要保留最低阶的微分就行了，因为相对于它来说，其他所有微分都是无穷小。这与罗贝瓦尔和帕斯卡所

---

① 克莱因：《高观点下的初等数学》（*Elementary Mathematics from an Advanced Standpoint*），第 215 页。

② 恩里克斯：《逻辑的历史发展》，第 77 页。

③ 霍庇（《微积分的历史》，第 184 页）坚持认为，莱布尼茨的思想比牛顿的更加深刻和准确，不过他的观点是对牛顿著作的误解。

运用的学说——他们认为一条直线与一个正方形相比等于零——实质上相同，只是采用了新的代数形式。莱布尼茨将不同阶的无穷小量的概念代入了微积分，这个概念建立在几何研究中的同质原理基础上。费马、巴罗和牛顿只用一阶无穷小量，莱布尼茨则设想了无穷多个这样的阶数，从某种意义上说，这与他哲学图景中单子体系的无穷秩数是相应的。不过，在定义一阶微分时，莱布尼茨犹像不决；而在定义高阶微分时，他给出的解释还远远不够令人满意。

在莱布尼茨发表的第一篇微积分论文里，他对一阶微分给出了特别令人满意的定义。他说，横坐标 x 的微分 dx 是任意量，纵坐标 y 的微分 dy 被定义为与 dx 之比等于纵坐标与次切距之比的量。从某种意义上说，巴罗的切线法则也隐含了相似的定义，因为它需要用纵坐标代替 a，用次切距代替 e；不过巴罗的 a 和 e 都是含糊的无穷小量。在莱布尼茨给出的上述定义中，微分是有限的、可指定的量，完全可以和现在微积分里的定义相比拟。这一事实引起了这样的断言，即"莱布尼茨从新微积分的一开始，就对微分给出了与柯西完全相同的定义"。[①]

从某种意义上说，这种说法是对的，但很容易让人误解，原因有二。首先，莱布尼茨的定义预先从逻辑上假定有一个满意的切线定义，就像柯西的微分依赖于导数的概念一样。柯西的微分在每一种情形下都要求根据极限来解释。但是，莱布尼茨和柯西不

---

① 芒雄：《无穷小分析讲义概要》(*Résumé du cours d'analyse infinitésimale*)，附录，《微积分史纲》("Esquisse de l'histoire du calcul infinitésimal")，第 221 页；还可参阅编者注《数学》(*Mathesis*)，卷 IV，1884 年，第 177 页。

同,他把切线定义为连接一条曲线上两个无限接近的点的直线,这一无穷小的距离可通过两个相邻变量值之间的微分或者差来表示。① 这就形成了一个预期理由,说明莱布尼茨思想中对无穷小量的回避只是表面的。当然,可能莱布尼茨也打算用精确的极限概念阐释他的术语,就像我们说切线是经过两个相邻或者重合点的直线时所做的那样;不过,更深入地研究莱布尼茨的著作之后,你就会觉得这样的观点是对他整个思想的误解。最近的一项研究表明②,莱布尼茨在其整个研究中都将微分视为基础。不过,近代数学在这一点上与柯西一致:用导数来定义这个概念,使之从属于极限的概念。导致这种观念转变的原因在于,莱布尼茨等人未能在不依赖极限法的情况下给出一个令人满意的微分定义。

211

莱布尼茨试图为高阶微分给出令人满意的定义,但是没有成功。他指出,ddx 或 d^2x 于 dx 就像 dx 于 x③,自变量和因变量的微分没有区别。同理,他说如果 $dx:x=dh:a$,其中 a 是一个常数,dh 是一个常微分,那么 $d^2x:dx=dh:a$ 或者 $d^2x:x=dh^2:a^2$;在一般情况下就是 $d^ex:dx=dh^e:a^e$,其中 e 甚至可以是一个分数。④ 他大概意识到这个定义不能一直适用,后来给出了一个几何阐释——尽管叙述缺乏精确性,却可以根据导数正确解释:给定任意曲线,设 dx 在每个点上都是一个可指定的量,并且设 $dy:dx$ 等于

---

① 《数学全集》,卷 V,第 220 页及以后。格哈特:《莱布尼茨微分法的发现》,第 35 页。

② 佩特隆尼维奇(Petronievics):《关于直接微分法的莱布尼茨方法》("Über Leibnizens Methode der direkten Differentiation")。

③ 《数学全集》,卷 V,第 325 页;还可参阅卷 III(第一部分),第 228 页。

④ 同上书,卷 III(第一部分),第 228 页。

纵坐标与次切距之比。如果对于曲线上的每一个点，我们都在相同的轴上画一个新的点，使其纵坐标与 dy 成比例，结果将形成一条新曲线，其微分为原曲线的"微分的微分"或者说"二阶微分"。[1]一般说来，这个几何表示等价于对每一个点画出比值 $\dfrac{dy}{dx}$ 而获得的曲线。那么二阶微分 d^2y 将由新曲线的导数求出——也就是说，由原曲线的二阶导数求出。但是，莱布尼茨认为导数不是基础，因此不能认为他在这里的说明构成了令人满意的 d^2y 的定义，至多不过是他根据切线给出了 dy 的定义。缺乏合适的定义导致微分符号有了些稀奇古怪的应用。1695 年，约翰·伯努利在给莱布尼茨的一封信里，就写过如下表达式：$\sqrt[3]{d^6y}=d^2y$ 和 $\dfrac{d^3y}{d^2x}=d^3yd^{-2}x$ $=d^3y\displaystyle\int^2 x$。[2]

由于没有严密的定义，莱布尼茨经常借助类比来说明其无穷小微分的性质。有时他也利用牛顿的比喻，将微分说成是量的瞬间增量或者减量。[3] 此外他还运用霍布斯的思想，说微动与运动的关系相当于一个点与空间的关系，或者 1 与 ∞ 的关系。[4] 他认为无穷小是对量的消失或者开始的研究，与已经形成的量截然不同。[5] 他还把这样的比喻用于二阶微分。如果设想自然界中的运

212

---

① 《对前面即兴诗的附言》，第 370 页。

② 莱布尼茨：《数学全集》，卷 III（第一部分），第 180 页。

③ 同上书，卷 VII，第 222 页。

④ 《哲学全集》（*Philosophische Schriften*），卷 IV，第 229 页；还可参阅《数学全集》，卷 III，第 536 页及以后。

⑤ 《哲学全集》，卷 VI，第 90 页。

动由一条直线描绘,那么动量或者速度就由一条无穷小线段表示,加速度则由一条二重无穷小线段表示。①

莱布尼茨再次求助于几何直觉,他说,一个点不会给一条直线增加什么,因为它们既不同质,也不具有可比性。同样,在他的方法里,高阶微分也可被忽略。② 沿着这个思路更深入地探索后,他又说,如果用普通代数量表示几何量,那么一阶微分就相当于切线或线的方向,高阶微分就相当于密切度或者曲率。③ 从这个意义上说,微分相当于欧几里得的接触角,比任何给定的量都小,但又不是零。④

由于没有严密的定义,莱布尼茨继续使用多种比喻。他不太严肃地说,可以把一个量的微分与这个量本身的关系,想象为一个质点与地球的关系、地球半径与宇宙半径的关系。⑤ 在另一个地方,他又说,就像对于握在手里的球来说,地球是无穷大的一样,恒星之间的距离相对于这个小球来说就是双重无穷大了⑥;他后来又重复过这个比喻,只不过用一粒沙子代替了球。

莱布尼茨的学生约翰·伯努利则非常质朴地根据伽利略和列文虎克(Leeuwenhoek)的著作提出了其他类似的比喻。他将不同阶的无穷大与恒星和太阳、行星、行星的卫星以及卫星上的群山等的关系相比较。同样,无穷小量类似于显微镜下看到的明显有无

---

① 《天体运动的研究》("Testamen de motuum coelestium"),第86页。

② 《数学全集》,卷 V,第 322 页。

③ 同上书,卷 V,第 325—326 页;还可参阅第 408 页。

④ 同上书,卷 V,第 388 页。

⑤ 《天体运动的研究》,第 85 页。

⑥ 《数学全集》,卷 V,第 350 页、389 页。

数个等级的微生物。① 莱布尼茨虽然很欣赏这种比较,但他提醒伯努利说,微生物的大小是有限的,而微分则是无穷小。②

我们注意到一个有趣的事实:牛顿在其早期著作里使用无穷小概念,后来却毫不含糊地否认它,并试图将流数概念建立在有限差值的最初比与最终比的学说上——也就是说,建立在极限的基础上。我们发现,对于莱布尼茨,这种趋势却朝着相反的方向发展。从有限差值开始,由于微分法运算获得极大成功,他对无穷小概念的运用坚信不移,尽管他似乎对其逻辑合理性仍然存疑。这两个人在观点上的分歧,与其说是数学传统不同的结果,或许倒不如说是趣味不同的结果。科学家牛顿,在速度的观念中找到了在他看来很满意的基础;哲学家莱布尼茨也许既是一位科学家,也是一位神学家③,他更倾向于在与单子思想对应的微分里寻找基础,而单子思想在其形而上学体系中扮演了非常重要的角色。

尽管莱布尼茨继续运用无穷小的概念和方法,但他对无穷小的辩护最初并不是认真努力的结果,因为在整个世纪中,几何学家使用这个概念时,多少带着些随心所欲的态度。惠更斯和其他几个人虽然不情愿接受新生的微积分,却也没有表示反对。不过,在1694 年,荷兰内科医生兼几何学家贝尔纳德·纽文泰特(Bernard Nieuwentijdt)开始攻击牛顿的研究不明晰,攻击莱布尼茨的高阶微分不合理,后来有一连串的数学家群起效仿。虽然一般说来他

①　莱布尼茨与伯努利:《哲学与数学的关系》(Commercium philosophicum et mathematicum),卷 I,第 410 页及以后。

②　同上;还可参阅《数学全集》,卷 III(第二部分),第 518 页、524 页。

③　马赫:《力学史评》,第 449 页。

214　承认新方法结果的正确性,但是他也感到其中有某些难于理解的东西,并且说它们经常导出荒谬的结果。他批评巴罗的切线方法,因为 a 和 e 被当作零。[①] 他认为牛顿的迅速消失的量太含糊,还说他无法理解关于极限引理的推理,其中的量在给定时间里趋向于相等,并且最后是相等的。[②] 在对莱布尼茨的分析里,他质疑无穷小量之和为何是一个有限的量。[③]

次年,纽文泰特又进一步发起攻击,他说莱布尼茨对无穷小量性质的解释并不比牛顿和巴罗的清楚,而且也无法解释高阶微分如何区别于一阶微分。[④] 纽文泰特企图研究出一种方法来解决莱布尼茨的问题,同时又不使用高阶无穷小量,结果失败了。[⑤] 纽文泰特定义的无穷大和无穷小不够令人满意,像库萨的尼古拉斯一样,他把两者分别定义为大于任何给定量和小于任何给定量的量。[⑥] 因此,牛顿和莱布尼茨的研究在某些方面还倾向于极限概念,纽文泰特的观点则有向不太严格的静态无穷大和无穷小运算倒退的趋势,在下一个世纪,数学家——尤其是丰特内勒(Fontenelle)——冒冒失失地把这种趋向推广到高阶的无穷大和无穷小。这真是太不幸了,因为那个时候正要为建立可靠的微积分基

---

① 纽文泰特:《关于无穷量的分析》(*Considerationes circa analyseos ad quantitates infinite parvas applicatae principia*),第 8 页。

② 同上书,第 9—15 页。

③ 同上书,第 34 页;还可参阅第 15—24 页。

④ 《无穷分析或由多边形导出的曲线性质》(*Analysis infinitorum seu curvilineorum proprietates ex polygonorum natura deductae*)。

⑤ 参阅韦森伯恩:《高等分析的基本原理》,第 10 节。

⑥ 《无穷分析或由多边形导出的曲线性质》,第 1 页。

础做出严肃的努力。

　　1695 年，莱布尼茨在《博学通报》中回应了纽文泰特[①]，保护自己免受"过分追求精确"的批评家的攻击——很久以前，莱布尼茨就把他们比喻为怀疑论者。他主张，我们不应该被过于小心翼翼的心理牵着鼻子走，拒绝发明的果实。他说，他的方法异于阿基米德方法之处，只在于使用了不同的表达，在这方面更加直接，并且更适用于发明的艺术。[②]　他提出，"无穷大"和"无穷小"这样的措辞毕竟"并不表示什么东西，只表示那些被视为尽可能大或者尽可能小的量"（他有点像亚里士多德那样，认为无穷小仅仅表示一种潜势），"为了表明一个误差比任何指定的都要小——也就是说，没有误差"。[③]　不过，他反复提到，这些量可作为"终极事物"加以运用（即作为实无穷和无穷小量），或者说作为工具，就像"代数学家保留虚根可获益匪浅一样"。[④]　这种两面派模样的微分在莱布尼茨的著作里经常出现。他一般提到它时都说无穷小，但是却经常用术语"无比小"取而代之。[⑤]　他认为，"如果谁不愿接受无穷小量，那么他不妨把它们想象为小到他认为必要的程度，以便使它们小到无与伦比，并且由此产生的误差应该无关紧要，或者比任何给定的量都要小。"[⑥]

　　在另一个地方，莱布尼茨说微分"小于任何给定量"，并且把忽

215

---

　　①　参阅《数学全集》，卷 V，第 318 页及以后。

　　②　《数学全集》，卷 V，第 350 页。

　　③　《哲学全集》，卷 VI，第 90 页。

　　④　莱布尼茨：《早期的数学手稿》，第 150 页。

　　⑤　《数学全集》，卷 V，第 407 页；还可参阅第 322 页。

　　⑥　《天体运动的研究》，第 85 页。

略微分与阿基米德的做法相比较:阿基米德"和所有追随他的人都
认为,若几个量之差小于任何给定量,则它们事实上是相等的"。①
在这里,他似乎感觉他的方法只是穷竭法的一种含义模糊的表达
形式,因此进一步辩护是多余的。不过,符号本身的意思仍然不
清楚。

应该把微分视为确定量还是不确定量? 莱布尼茨在该问题上
显得犹豫不决,他在《微积分的起源和历史》(*Historia et origo
calculi differentialis*,这本书写于他去世前一两年)中提出的一个
方法也许就是再好不过的说明。为了避免使用并非真正的无穷小
却被视为无穷小的那些量——正如莱布尼茨对虚数的称呼一样,
它们是介于存在与不存在之间的两栖类——他使用了一点花招。
莱布尼茨在这里使用符号$(d)x$和$(d)y$表示有限的确定的差,接
着,在完成计算之后,他就用不确定的无穷小或者微分dx和dy代
替它们,"作为一种虚构物",因为毕竟"$dy:dx$总是可以转化为无
疑是真实、确定的量之间的比$(d)y:(d)x$"。②

到底怎样从确定量跳到不确定量再跳回来,其道理何在,莱布
尼茨并没有弄清楚。但是从这个证明来看,莱布尼茨似乎意识到,
证明中起重要作用的并不是单个的微分,而只是它们的比。牛顿
同样明白,其方法的重要性在于流数之比,因此可用其他相同比值
的有限量代替流数。他们的著作里没有明显突出极限概念,也许

---

① 《就一些难题答 B. 纽文泰特博士》("Responsio ad nonnullas difficultates, a
Dn. Bernardo Nieuwentijt"),第 311 页。

② 参阅莱布尼茨:《早期的数学手稿》,第 155 页;韦森伯恩:《高等分析的基本原
理》,第 104 页;格哈特:《莱布尼茨微分法的发现》,第 31 页。

是因为他们和当时的人总是把比视为两个数的商,而非一个本身
独立的数。[①] 只有在发展出实数的一般抽象概念之后,才能通过
比或数的无穷序列的极限为阐释流数和微分扫清道路;但是,这个
阐释在下个世纪还是没有被普遍接受。牛顿没有解释清楚术语
"迅速消失的量"和"最初比与最终比"的意思,他的答案等于同义
反复:

> 但是回答很简单:因为最终速度意味着,物体以该速度运
> 动时,既不是在它到达终点前,也不是在运动停止之后,而恰
> 好是在它到达终点的那一刻……同样,迅速消失的最终比应
> 该理解为这两个量此时的比:既不是在这些量消失前,也不是
> 在此之后,而恰好是在它们消失的那一刻之比。[②]

这听起来很像两个无穷小量的商,尽管牛顿又补充说"这两个
量消失时的最终比并非真正最终量之比,而是这两个量在无穷无
尽地减少时,它们之比所收敛的极限"。换句话说,牛顿感兴趣的
是比,而不是迅速消失的量本身;不过他未能明确定义这个比。

莱布尼茨的想法有些相似。就像牛顿从不计算单个流数而总
是计算比一样,莱布尼茨也意识到,微分的比或者微分间的关系才
具有重要性。因此,这些微分可视为其纵坐标与次切距之比的任
何有限量。不过,出于实用主义的原因,莱布尼茨保留了无穷小

[①]　普林斯海姆:《无理数与极限概念》,第 143—144 页。
[②]　《全集》,卷 I,第 250—251 页;卷 II,第 40—41 页。

量，并且为之辩护说，如果谁要求严密性，他可以用具有相同比的"确定量"代替"不确定量"。但是，就像牛顿没能解释清楚迅速消失的量之比如何成为"最初"比或"最终"比，或者如何与它们相关，莱布尼茨也未能清楚地阐述从有限量到无穷小量的转变。莱布尼茨承认，既不能证明也不能否认无穷小量的存在。①

此外，莱布尼茨认为，他的微积分的合理性是以熟知或者常用的普通数学观念为根据的，而且"没有必要回过来再谈连续统组成之类的形而上学争论"。② 不过，当有人要求他解释从有限量到无穷小量的转变时，莱布尼茨采用了一个被称为连续性定律的准哲学原理。我们在前面看到，开普勒和库萨的尼古拉斯运用过该原理。尼古拉斯也许在这个方面以及哲学上的单子学说方面影响了莱布尼茨。③

但是，莱布尼茨清楚地阐释了连续性学说，这是以前所没有的，也许正是出于这个原因，他把该学说视为自己的发明。1687年，莱布尼茨在给培尔（Bayle）的一封信里，把这个"公设"表达如下："在以某一目标作为结果的任何假定的变化过程中，都允许建立一个一般性的推理，其中最终的目标也包含在内。"④ 因此他认为，在微积分的运算中，"通过合理的忽略尽可能地消除烦琐的计

---

① 莱布尼茨与伯努利：《哲学与数学的关系》，卷 I，第 402 页及以后；还可参阅《数学全集》，卷 III（第二部分），第 524 页及以后。

② 莱布尼茨：《早期的数学手稿》，第 149—150 页。

③ 参阅齐默曼（Zimmermann）：《库萨的尼古拉斯与莱布尼茨》（"Der Cardinal Nicolaus Cusanus als Vorläufer Leibnizens"）。

④ 莱布尼茨：《早期的数学手稿》，第 147 页；同样可参阅《哲学全集》，卷 III，第 52 页；《数学全集》，卷 V，第 385 页。

算,并且简化为非消失量之比以前,不能将差假定为零。这样我们终于达到将我们的结果应用于最终情形的程度"①——表面上是依靠连续性定律。就这样,甚至是在莱布尼茨的著作里,也暗中使用了极限的概念,尽管逻辑顺序相反。莱布尼茨利用连续性定律为极限条件辩护,后来的数学却表明,连续本身必须首先根据极限来定义。从这种思考方式看,莱布尼茨似乎仍然在竭力使用连续性的模糊观念——从古希腊时代起它就困扰着思想家,至今还存在于我们的脑海中。

218

当然,牛顿将他在连续统中遭遇的一些困难,默默地隐藏在令人安心的连续运动的概念里,尽管他也在其最初比与最终比中含蓄地使用了莱布尼茨的连续性定律。当牛顿试图通过科学直觉主义可接受的概念回避极限概念时,莱布尼茨却借助于形而上学唯心论提出的最终形式的观念。甚至在关系中涉及的量(例如微分)变得不确定时,他也仍然认为要保留最终形式。他提出,点不是部分为零的对象,只是延展为零。② 在类似的情况下,莱布尼茨曾经问沃利斯,"谁不承认一个没有大小的图形呢?"③ 对莱布尼茨而言,特征三角形就是在抽去所有量的大小之后,仍然保留的三角形的形式④,就像牛顿谈到迅速消失的三角形的最终形式一样。⑤

莱布尼茨曾打算就无穷大这个主题写一本书。这部本来应该

---

① 莱布尼茨:《早期的数学手稿》,第151—152页。
② 《哲学全集》,卷 IV,第229页。
③ 《数学全集》,卷 IV,第54页;还可参阅卷 IV,第63页。
④ 参阅弗里尔(Freyer):《形而上学研究》(*Studien zur Metaphysik*),第10页。
⑤ 《全集》,卷 I,第243页。

明确表达其观点的著作,最终没有出现。不过,似乎直到去世,莱布尼茨的态度都像他在连续性定律中表现的那样——有些摇摆不定和变化。他在《神正论》(*Théodicée*)中谈到无穷大量和无穷小量时说:"但所有这些都只是虚构而已;每个数都是有限和确定的,就像每一条直线一样。"① 可是,几年之后,他在给格兰迪(Grandi)的信中写道:"与此同时,我们并不把无穷小量设想为简单、绝对的零,而是一个相对的零(正如已充分注意到的那样),也就是说,是一个迅速消失的量,但保留了正在消失的特征。"②

219

　　莱布尼茨在这里清楚地考虑到了连续性定律。他认为,这个起源于无穷大性质的定律,不仅在物理学上有用,在几何学上也是绝对必需的。③ 相应地,他把等式视为不等式的特例,把无穷小不等式视为正在变成等式。④ 因此,接受连续性定律将证明忽略高阶微分具有合理性,莱布尼茨似乎就是在这个基础上论证其微积分的。有一种很不严谨的传统说法,认为莱布尼茨相信实在无穷小量是存在的。⑤ 然而,莱布尼茨在他去世前两个月所写的一封信里,曾强调说他"根本不相信真有什么无穷大量或无穷小量"。⑥ 他认为这些概念是"对忽略计算或对使说明具有普遍性都有用的假定"。⑦ 他坚定地认为,联系这些假定与事实的是他的连续性定

---

① 《哲学全集》,卷 VI,第 90 页。
② 《数学全集》,卷 IV,第 218 页及以后。
③ 《哲学全集》,卷 III,第 52 页。
④ 同上书,卷 II,第 105 页。
⑤ 参阅克莱因:《高观点下的初等数学》,第 214 页。
⑥ 《全集》(迪唐斯编),卷 III,第 500 页。
⑦ 同上。

律,该定律是他后期所有微积分研究工作的基础。[1]

我们通过牛顿和莱布尼茨发明其方法的过程,追溯了微积分的历史,发现相关的概念还有待澄清。牛顿对他的方法给出了三种解释,虽然他认为其中以最初比与最终比最为严密,但他没有用周密的逻辑体系阐述其中任何一种方法。莱布尼茨也同样表现得缺乏决断,因为,尽管他一直运用无穷小法,他对微分的态度却摇摆不定,有时把它们当作不确定量,有时视为定性的零,有时又视为辅助变量。

认为莱布尼茨发明的方法具有逻辑性,而牛顿利用极限比来掩盖无穷小,因此其概念是易变的,这样的看法有误导性。[2] 也许倒过来讲更合理些。与那些使用不可分量的人相比,莱布尼茨的立场更难坚持,因为他不仅要解释一阶无穷小,还要解释任意阶无穷小。牛顿通过流数法避免了无穷小量的多重性,因为流数法只需要一个增量——也就是时间里的 o。因此,假如流数的概念一开始就被正确定义,或者被视为一个首要的未定义概念,那么他的方法就很适合用极限阐释。另一边的莱布尼茨则没有一个量能用作自变量,因此,他虽承认重要的并非单个的微分而只是它们的比,却不能说明怎样将其用于他的研究。牛顿试图在《自然哲学的数学原理》的论证中抛弃流数法,求助于带两个变量的函数的无穷小时,也遇到了相同的难题。

220

---

[1]　舒尔茨(Scholtz):《无穷的精密基础》(*Die exakte Grundlegung der Infinitesi-malrechnung bei Leibniz*),第 39 页。

[2]　霍庇:《微积分的历史》,第 184 页;莫里兹·康托尔:《微积分的起源》,第 24 页。

此外,莱布尼茨的符号也许比牛顿的更有效地隐藏了微积分的逻辑基础。他经过煞费苦心的研究和耐心的试验,并且经常与其他数学家①(特别是伯努利兄弟)书信往来,探讨相关问题,终于发展出一套符号系统,可非常巧妙地解决问题。这个符号体系使用方便,几乎达到运用自如的程度,因此一直沿用至今。然而,正是这一成功,误导了莱布尼茨对该学科的阐释。他的符号系统导致他把微分比视为商,把积分视为和(是什么的和,他说不清楚),而不是视为某些特征函数的极限值。他的观点大概是这样的:一阶微分是不可比的(一个有用的假设),根据连续性定律,它的比和纵坐标与次切距之比相同。二阶微分是不确定的量,二阶微分与一阶微分之比等于一阶微分与 1 之比。这样的定义当然混淆了 $\dfrac{\mathrm{d}^2 y}{\mathrm{d}^2 x}$ 和 $\left(\dfrac{\mathrm{d}y}{\mathrm{d}x}\right)^2$,直到后来根据极限解释微分时,这样的混乱局面才有所改变。

221　　牛顿的符号在逻辑公式化方面也有困难。不仅无穷小以"瞬"的形式逐渐变成流数法的一部分,有时就连牛顿自己也分不清流数和瞬。另外,"最初比与最终比"的术语中包含一种持续了一个世纪的思想——极限量是比值,而不是单个的数值。牛顿认识到,最终比是流数之间的比,不是瞬之间的比。不过,他没有清楚地解释这一点,也未能指出这个比与所谓的无穷级数之和的相似性。就像欧几里得的数的观点基于几何量之比一样,牛顿在这里强调的是两个速度之比,而不是 19 世纪的导数定义中一个函数的单个

---

① 卡约里:《数学符号史》(*A History of Mathematical Notations*),卷 II,第 180—181 页。

极限值。

　　既然微积分的发明者尚且如此犹豫不决、缺乏清楚认识，其后继者对这个学科性质的理解含糊不清也就不足为奇了。许多数学家未能完全区分这两个系统，误解了其发明者的争论，这进一步造成了局面的混乱。从某种程度上说，这种模糊不清的状态应该归咎于牛顿和莱布尼茨两人。在 1705 年的《博学通报》① 中，有一篇关于牛顿《曲线求积法》的说明，也许是莱布尼茨写的，文中说，这本书只是把莱布尼茨的微分替换成流数而已，并且暗示说这两者本质上是相同的。在英国，皇家学会的委员会在调查了牛顿和莱布尼茨提出的优先权之争后，在 1712 年的《通讯备忘录》(*Commercium epistolicum*)② 报告中声称："微分法与流数法完全是一回事，只是名称和表示方法不同而已；莱布尼茨先生所说的微分，就是牛顿先生称为瞬或者流数的量，只不过他用字母 d 标示，而牛顿先生没有用这个符号。"③ 由此可见，牛顿自己的同胞都没有意识到，尽管牛顿在早期研究里使用了无穷小瞬，但他后来表示，用流数和最初比与最终比做的阐释与无穷小瞬毫不相干。如果我们认识到牛顿从不承认他的观点发生了变化，也不承认最初比与最终比涉及无穷小——除非用极限概念或者连续性原理来解释时，那么这一点就比较容易理解了。

222

---

　　① 参阅莱布尼茨：《艾萨克·牛顿论文两篇》，第 34 页；还可参阅贝特朗(Bertrand)：《微积分的发明》("De l'invention du calcul infinitésimal")。

　　② 参阅牛顿：《全集》，卷 IV，第 497—592 页，有该报告的重印本。也可参阅评论（很可能是牛顿写的），《哲学论文》(*Philosophical Transactions*)，卷 XXIX(1714—1716 年)，第 173—224 页。

　　③ 参阅《全集》，卷 IV，第 588—589 页。

　　约瑟夫·拉夫森的《流数的历史》是第一部出版的明确研究微积分历史的著作，这本1715年出版的书清楚地展示了当时普遍的思想混乱。1691年，牛顿曾计划委托拉夫森和哈雷（Halley）整理出版他的《曲线求积法》[①]，但是后来改变了想法，把出版时间推迟到了1704年——我们谈到过，那时候他已经断然放弃无穷小。拉夫森未能觉察到这个变化，仍旧将流数与瞬混为一谈。牛顿在《自然哲学的数学原理》中用来表示瞬的小写字母，拉夫森却理解为流数的符号，而且还（全然不加批判地）把它们等同于巴罗和纽文泰特的无穷小，以及莱布尼茨的微分。[②] 拉夫森甚至还认为，流量相对于产生它们的有限量来说是无穷大；高阶流量则同样被解释为高阶无穷大。[③]

　　平心而论，拉夫森并不是为了澄清微积分的基本概念才写了这本书。事实上，书里都没有给出流数、瞬或流量的正式定义。他撰写该书，部分是为了列出各种方法，尽可能简单地将运算规则运用在具体的问题上，不过"主要是为了从年代学的角度公正地评价其作者的历史地位"。[④] 在这两个方面，拉夫森都强硬地坚持牛顿研究的优先权。对于这个问题，他的观点主要来自三年前《通讯备忘录》的报告，并且暗示莱布尼茨有抄袭的可能性。[⑤]

223　　至于莱布尼茨的方法和记号，拉夫森则极不公正地定性为"聪

---

① 参阅拉夫森：《流数的历史》，第2—3页。
② 同上书，第4页。
③ 同上书，第5页。
④ 同上。
⑤ 同上书，第8页、19页、61页、92页。

明不足,吃力不讨好",而且是"无关紧要的标新立异"得出的"牵强
附会的符号"。① 这种过分推崇牛顿伟大之处的不恰当的态度,在
拉夫森著作出版后大约一个世纪的时间里,一直在英国数学家中
盛行,结果导致微分表示法在 1816 年之前的英国进展甚微。这一
阶段同样表现出混淆流数与无穷小的特征,与拉夫森说明中的含
混不清如出一辙。事实上,大量关于流数法的教科书都习惯性地
把流数解释为无穷小量②,由此加剧了微积分基础概念阐释上的
普遍混乱,最终在有关该学科的大问题上,引发了一个世纪的批评
和争论。

---

①　拉夫森:《流数的历史》,第 19 页。

②　卡约里:《极限和流数概念的历史》(A History of the Conceptions of Limits and Fluxions),第 II 章;德・摩根:《英国早期无穷小量的历史》。

第六章　犹豫不决的时期

微积分的奠基者已经清楚地说明了应该遵守的运算法则，欧拉、拉格朗日、拉普拉斯等许多人将它们应用于数学和科学问题，取得了惊人的成功，这使得人们忽视了该学科在逻辑和哲学上令人极不满意的状态。整个 18 世纪，人们对流数法和微分法基础的本质普遍持怀疑态度。在英国，由于牛顿的说明不明晰，并且使用的记法前后不一致，导致了流数和瞬的混淆。在欧洲大陆，莱布尼茨的追随者忽视了他的形而上学唯理论，随心所欲地将微分解释为实际的无穷小甚至零，而且还批评莱布尼茨在这个方面犹豫不决。

这样的状况不可能长期持续下去而无人提出异议。纽文泰特早些时候曾经质疑高阶微分的合理性。伽桑狄（Gassendi）提到基于无穷小法的数学论证没有价值①，培尔利用无穷大的难题来说明一种普遍的怀疑论②。不过，对新分析的结构最全面和最有效的攻击，是哲学家兼牧师乔治·贝克莱于 1734 年在一本题为《分

---

① 参阅培尔：《历史与批评辞典》（*Dictionaire historique et critique*），卷 XV，第 63 页。

② 科恩：《无穷大问题的历史》，第 193—197 页。

析学家》(*The Analyst*)的小册子中提出的。①

贝克莱以前在他的《视觉新论》(*Essay towards a New Theory of Vision*)中攻击过牛顿的宇宙论,不过,他在《分析学家》里提出质疑的主要动机,既包括抨击新分析的倡导者,责难该学科不牢固的基础,也包括给神学提供辩护。这一点从小册子的副标题可以看出:对一位不信神的数学家的劝告(这里指的是牛顿的朋友埃德蒙·哈雷),探讨近代分析的研究对象、原理和推论是否比宗教玄理和信仰表达得更清楚,或者推导得更明白。"先去掉自己眼中的梁木,然后就能看得清楚,把你弟兄眼中的刺取出来。"

225

在这本书里,贝克莱既没有否认新方法的实用性,也没有否认所得结果的有效性。他只是颇为公正地宣称,数学家使用了归纳而非演绎推理,这无法证明其运算的合理性。② 他反对的不是作为艺术家或者计算家的数学家,而是作为"一个从事科学研究和论证的人","只要他做了推理"。对于牛顿的流数法,除了对连续流数的嘲讽有些不切题外,他的叙述非常公正。这之后,贝克莱就指出了具体的反对对象。既然牛顿承认他的观点没有变化,贝克莱就顺理成章地以此为把柄批评《自然哲学的数学原理》中的一个论证:作者运用了无穷小量求一个乘积的瞬。③ 牛顿求矩形 AB 的瞬时,把 $\frac{1}{2}a$ 和 $\frac{1}{2}b$ 的增减量分别给予 A 和 B,然后从增大的矩形里减去减小的矩形。贝克莱反对说,在求 AB 的瞬时,须以整个数量

---

① 《乔治·贝克莱著作集》(*The Works of George Berkeley*),卷 III。

② 同上书,卷 III,第 30 页。

③ 同上书,卷 III,第 22—23 页。

a 和 b 为增量或者减量,这样就必须在最后的计算中忽略无穷小量 ab。如果要使结果严密、正确,贝克莱就完全有权批评忽略无穷小量 ab 的做法,他还引用了《曲线求积法》里的一段话,其中牛顿声称不能省略任何量,不管它有多小。

　　牛顿没有深入探究其证明的正确性,仅仅是指出可以在最初比与最终比的方法中找到正当理由。于是,贝克莱攻击牛顿在《曲线求积法》中求 x^n 流数的论证里运用的推理,这是牛顿的主要证明之一。在该论证里,牛顿企图避免使用无穷小。[①] 回想一下,牛顿给 x 一个增量 o,再根据二项式定理展开 $(x+o)^n$,减去 x^n,获得 x^n 的增量,除以 o 获得 x^n 的增量和 x 的增量之比,然后设 o 趋近于零,由此求出了增量(或者流数)的最终比。贝克莱断言,牛顿在这里忽视了矛盾律,起初假定 x 有一个增量,然后为了达到计算结果,又令增量为零,也就是说,假定没有增量。贝克莱主张说,假定增量为零使得它们为增量的假定无效。如此理解牛顿的意思,当然会得出不定比 $\dfrac{0}{0}$ 的结果。这种观点并非毫无理由,因为牛顿没有对术语"趋近于零的量"和"最初比与最终比"给出充分的解释,而推理就建立在这两个概念之上。当然,近代根据极限所做的阐释,要考虑当增量趋近于零时那些由比组成的无穷序列,而且,尽管在定义中这个序列有极限,但它没有最后一项。牛顿"最终比"的说法至少有误导之嫌,无论如何,它表明牛顿对无穷、连续性和实数等概念隐含的困难缺乏了解,这些困难要到 19 世纪下半叶才

被解决。

贝克莱的论证主要是反对英国的流数法,但欧洲大陆的洛必达(L'Hospital)等人所运用的微分法也受到批评。[①] 他解释说,利用微分来求切线,首先要假定增量;但这些增量所确定的是割线,不是切线。不过,通过忽略高阶微分可以避免这个错误,这样一来,"依靠双重错误,虽然科学性有所欠缺,却可以获得正确答案"。我们将会发现,把得到正确微积分结果的原因归结为补偿或者误差的观点[②],后来又被微分法的倡导者欧拉、拉格朗日和卡诺提出,他们希望以此澄清微分方法的基础。

贝克莱对牛顿命题的批评,从数学的角度来说很有道理;他批评牛顿的无穷小概念自相矛盾,也相当中肯。但是另一方面,他反对牛顿的某些量(例如流数、初生增量和趋近于零的增量、作为初生增量的瞬、最初比与最终比、无穷小、趋近于零的三角形的最终形式),是以其不可理解或者不可想象为理由,虽然它们需要这样的批判,但他的确找错了目标。假如相关符号都有清楚而符合逻辑的定义(该学科最初未定义的基本原理除外),那么能否用某种与物理观念相应的方式想象它们,在数学上就无足轻重了。例如,贝克莱争论说,速度概念依赖于空间和时间区间,因此不可能想象出一个瞬时速度,也即空间和时间区间都为零的速度。[③] 他指出瞬时速度不具备物理真实性,这个论证当然是完全正确的,但是,如果正确地定义瞬时速度,或者把它当作一个不定义的概念,就没

------

① 《乔治·贝克莱著作集》,卷 III,第 20 页、29 页。
② 同上书,卷 III,第 32 页。
③ 同上书,卷 III,第 19 页。

有理由说不能把瞬时速度视为数学抽象。我们注意到这样一个有趣的现象：正如为首的唯物主义者霍布斯无法想象没有厚度的直线，因此把它们排除在几何学之外一样，极端唯心主义者贝克莱也希望从数学中排除"不可想象"的瞬时速度概念。这一点与贝克莱早期的感觉主义一致，使他把几何学看作一门应用科学，专门处理那些由不可分的"最小可感知物"构成的有限量。[①]

与这个观点相应，贝克莱认为微积分研究增量比研究速度更好。他警告说，无论如何不能像牛顿有时做的那样，把增量和速度混为一谈。[②] 他接受了卡瓦列里的不可分量，但是强调它们的数量是有限的；还说无限可分性只是一个假想，无穷小量则是不可想象的，因为它们暗示存在着不能通过感官为心智感知的延展。贝克莱无法理解，数学与"真实"感觉印象的世界无关。现在某些哲学家也这样批评无穷和连续统的数学概念，他们没有认识到，数学既然是处理关系而非物理存在，它的真实准则就是内在相容性，而不是感官知觉或者直觉意义上的似真性。

按照近代对数学本质的理解，贝克莱那些以相关概念不可想象为基础的论证失去了说服力，但是，牛顿使用的许多术语显然都需要在逻辑上澄清。贝克莱虽不是数学家，他的责难仍然让人们意识到这一事实。结果，在接下来的七年当中，有大约 30 种小册子和论文问世，试图弥补这一缺陷。第一本这样的小册子出版于1734 年，是詹姆斯·尤林（James Jurin）的《几何学没有不忠诚的

228

---

①　约翰斯顿（Johnston）：《贝克莱哲学的发展》（*The Development of Berkeley's Philosophy*），第 82—86 页。

②　《乔治·贝克莱著作集》，卷 III，第 46—47 页。

朋友：为牛顿爵士和英国数学家辩护，剑桥爱真者致〈分析学家〉作者的一封信》(*Geometry No Friend to Infidelity, or A Defence of Sir Isaac Newton and the British Mathematicians, in a Letter Addressed to the Author of the Analyst by Philalethes Cantabrigiensis*)。这是一个极其无力的辩护。尤林断然声称，对那些精于几何学的人来说，流数的概念十分清楚。至于贝克莱针对牛顿求 AB 之瞬的具体批评，尤林给出了两个回答。他认为，贝克莱解释中所说的瞬 ab，就如同针尖之于地球、太阳或者其他恒星等天体；不过，他为牛顿的运算规则辩护时，居然声称瞬是增量和减量的算术平均值！对于贝克莱反驳牛顿《曲线求积法》中求 x^n 流数的论据，尤林则坦率地说，这里并不是设增量为零，而是让增量"迅速消失"或者"处在消逝点上"，还断言"存在消逝增量的最后一个比"。[①] 尤林的回应表明，他没有充分理解贝克莱的论点和极限概念的本质。

1735 年，贝克莱在《捍卫数学中的自由思想》(*A Defence of Freethinking in Mathematics*)[②]里回应了尤林，并且公正地宣称尤林试图为他没有理解的东西辩护。[③] 在这部著作中，贝克莱再次提到牛顿观点中的矛盾——如《运用无穷多项方程的分析学》《自然哲学的数学原理》《曲线求积法》中提出的观点，来说明他在瞬、流数和极限概念上含混不清。同年，尤林在《微不足道的数学

---

① 参阅《几何学没有不忠诚的朋友》，第 35 页、52 页及以后。也可参阅《微不足道的数学家》(*The Minute Mathematician*)，第 74 页。

② 《著作集》，卷 III，第 61 页及以后。

③ 同上书，卷 III，第 78 页。

家》里回应贝克莱,其辩护仍然是闪烁其词的同义反复。他解释说,
"一个初生的增量是一个刚刚从无中开始存在的增量,或者刚刚开
始产生的增量,但是,还没有达到任何可指定的量(无论它有多小)
的程度。"① 对于牛顿的最终比,他就按字面意思理解为"它们在消
失的瞬间的比"。② 尤林没有用极限来解释牛顿关于乘积之瞬的引
理,却让自己卷入无穷小的纠缠之中,被迫用莱布尼茨的不确定量
概念,说一个瞬的量并不是固定或者确定的,而是"一个永远疾驰和
变化的量,直到消失为零;简而言之,它完全是不确定的"。③

贝克莱的《分析学家》"标志着英国数学思想史上的一个转折
点"④,不过,他此时退出了争论⑤,而本杰明·罗宾斯(Benjamin
Robins)以及当时期刊里的一些文章,指出了尤林论点不令人满意
的性质。罗宾斯的书题为《有关艾萨克·牛顿爵士流数法和最初
比与最终比法的实质和准确性的论述》(A Discourse Concerning
the Nature and Certainty of Sir Isaac Newton's Methods of
Fluxions and of Prime and Ultimate Ratios)。⑥ 正如题目标明
的那样,罗宾斯认为牛顿著作里的观点不是三个,而是两个:流数

---

① 参阅《微不足道的数学家》,第 19 页。
② 同上书,第 30 页;还可参阅同书第 56 页。
③ 同上书,第 56 页。
④ 卡约里:《极限和流数概念的历史》,第 89 页。
⑤ 他还回应了这个小册子:《就〈分析学家〉中的反驳为艾萨克·牛顿爵士的流数
原理辩护》(A Vindication for Sir Isaac Newton's Principles of Fluxions Against the
Objections Contained in the Analyst),作者 J. 沃尔顿(J. Walton)。不过,这份辩护——
对牛顿观点的重复——和贝克莱的回应都没有什么重要的新观点。参阅《乔治·贝克
莱著作集》,卷 III,第 107 页。
⑥ 参阅罗宾斯:《数学小册子》(Mathematical Tracts),卷 II。

和最初比与最终比的概念。他认为前者更为严密,牛顿使用后者只是为了方便论证。① 他补充说,建立流数法无须借助极限法。② 罗宾斯承认,牛顿在《自然哲学的数学原理》第二卷的引理中使用瞬,是为了容许用类似于无穷小的术语来解释;不过他又说,就像在第一卷的引理中提出来的那样,牛顿认为一次性地指出能使之和最初比与最终比法一致,就足够了。③

尽管尤林否认无穷小常量存在,他却含含糊糊地支持无穷小变量或者消失量。罗宾斯否认任何类型的无穷小量(并且反复强调这一点),说牛顿涉及瞬的说明都应该根据最初比与最终比来阐释。例如,尤林认为,若 a 和 b 消失,则 $Ab+Ba$ 等于 $Ab+Ba+ab$;罗宾斯则认为,$Ab+Ba$ 既是 AB 的增量,也是表达最终比所必需的量。这说明罗宾斯比尤林更清楚,要在极限法中找到逻辑基础——尽管他不清楚怎样将之应用于手头的例子,因为乘积 AB 涉及两个自变量。

罗宾斯的极限概念,代表了一个世纪之前瓦莱里奥和塔凯模糊地表达过的观点——罗宾斯曾提到这些观念。④ 这也表明,罗宾斯认为这个概念依赖于几何直觉,因为他不仅说到"消失量之比"的极限,还说到"正在变化的图形形状"的极限,例如,将圆作为其内接正多边形在边数无限增加时的极限。⑤ 混淆算术观念和几

<!-- 230 -->

---

① 罗宾斯:《数学小册子》,卷 II,第 86 页。

② 参阅吉布森(Gibson):《贝克莱的〈分析学家〉》("Berkeley's Analyst"),第 67—69 页。

③ 比较《数学小册子》,卷 II,第 68 页及以后。

④ 同上书,卷 II,第 58 页。

⑤ 同上书,卷 II,第 54 页。

何观念,也是牛顿和莱布尼茨著作中有很多含混不清之处的原因,这种状况一直持续到了下一个世纪。不过,罗宾斯仍然比尤林更清楚地认识到了极限概念的本质。他意识到"消失量的最终比"是一个形象化的表达,它并不是指最后那个比,而是"一个固定的量,由某些变化的量通过不断增加或减少而越来越接近它……条件是这个变化的量在接近另一个量时,两者之差小于任何量(无论这个量多么小)"①……然而"它永远不会完全等于后者"②。

罗宾斯意识到(而尤林没有认识到),不需要把这个变化的量视为到达定量的最后值,尽管定量"被视为变量最终会与之相等的量"。③ 在罗宾斯和尤林的争论里,一个变量是否必定能达到其极限,是主要的分歧所在。罗宾斯支持反方;尤林则坚持认为存在可到达其极限的变量,并且强烈谴责对手误解了牛顿的本意。但是,我们很难根据牛顿的字句来判断他的确切意思。"最终比"一词当然有利于尤林的解释,不过,为了避免无穷小问题和$\frac{0}{0}$内在的逻辑困难,当时有必要接受罗宾斯的更有逻辑性的观点——变量无须达到其极限。

最近,罗宾斯的上述定义极限的方式遭到批评④,理由是,变量永远不会达到其极限的观点虽然有利于教学,其中涉及的极限概念却不如尤林的符合常识,因为按照前者的极限概念,阿基里斯

---

① 《数学小册子》,卷 II,第 49 页。
② 同上书,卷 II,第 54 页。
③ 同上书,卷 II,第 54 页。
④ 参阅卡约里:《极限和流数概念的历史》,第 IV 章。

绝对赶不上乌龟。接着,有人主张,可以为内接于圆的多边形边数设定一个倍增速率,使多边形的边长之和(变量)可达到圆的周长(极限)。这种论点完全是离题万里,它仍旧混淆了极限的数值概念与几何表达,只不过用时间的无穷级数代替了芝诺的距离级数而已。此观点显然来自一种假定,即这在直觉上更吸引人,因为我们有一种时间永无休止地流逝的模糊概念,在阿基里斯悖论中,这种模糊概念从属于距离的静态概念。至于变量 S_n 能否达到极限 S 的问题,更是与此毫不相干、意义含混,除非我们明白达到一个值意味着什么,以及怎样不采用“达到”的观点来定义“极限”和“数”。几位后来的数学家给出的数的定义,使无穷序列的极限等同于序列本身。在这样的概念之下,变量能否达到其极限的问题,就毫无逻辑意义了。因此,无穷序列 0.9,0.99,0.999… 就是数 1,而“它是否达到 1”的问题,就是试图给出一个满足直觉的形而上学论证而已。罗宾斯不可能有如此透彻的理解,但他显然意识到(就像尤林显然没有意识到[1]),任何人若试图使变量“达到”一个极限,都会卷入有关 $\frac{0}{0}$ 性质的讨论。因此,我们不能因为罗宾斯的局限而批评他。

我们将发现,根据近代的定义,一个变量能否达到其极限的问题根本就无关紧要。不过,那个时候它还是很重要的,因为这个问题表明,数学家们仍然觉得微积分应该根据直觉合理性,而不是逻

232

---

① 　参阅尤林:《关于罗宾斯先生涉及流数学说的论文中几段的看法》(“Considerations upon Some Passages of a Dissertation Concerning the Doctrine of Fluxions Published by Mr. Robins”),第 68 页及以后。

辑一致性来解释。显然,这就是罗宾斯认为流数法比最初比与最终比法更令人满意的缘由。每个人都假设自己对瞬时运动有清晰的理解,但是(像罗宾斯就没有认识到),从逻辑上讲,定义它的概念与严密描述最初比与最终比的概念完全等价。

罗宾斯的著作在英国没有得到充分的重视,因为在 1736 年和 1737 年出现的大量有关流数的论著经常讨论的是贝克莱的《分析学家》,却没有提到尤林-罗宾斯论争。[①] 数学家们对极限法仍然不满意,有关无穷小的讨论也许阻碍了人们运用瞬的概念,却没有完全排除它们。1771 年,《不列颠百科全书》(Encyclopedia Britan-nica)中有关流数的词条写道:"任何量在任何给定点上的流数,就是假定它从该点开始均匀增加,在任何给定时间内得到的增量;由于度量相同,不管时间为多少,我们都可设想它小于任何给定时间。"[②] 混淆流数与瞬的古老传统还没有结束,罗宾斯对牛顿的最初比与最终比法的阐释还不足以确立其为基础,直到 19 世纪初,欧洲大陆的影响才给英国数学带来一个转折点。

233　　不过与此同时,很多人试图找到新的和更令人满意的形式和论据,以便更好地表示牛顿的方法。这些研究中有些值得注意——比如科林·麦克劳林的分析,其他的则不值一提。1742 年,他在《流数论》(Treatise of Fluxions)中,试图——不是改变牛顿流数法中涉及的概念,而是通过古人的严密运算证明其方法的

---

① 卡约里:《极限和流数概念的历史》,第 179 页。
② 同上书,第 240 页。

合理性①——从几个"平常的原理"②中推出新的分析。麦克劳林在前言里承认，是《分析学家》的论争促使他写出了这本书。他的论述极其谨慎，直到写完两卷长长的论著，都对流数的概念避而不谈。他像罗宾斯一样排除了无穷小，因为它不可想象，而且"对几何学这样的学科来说，这个假定太冒失了"。③ 但是，他认为在几何学中引入瞬时速度的概念并无大碍，因为他觉得在运动中想象速度不会有困难。④ 麦克劳林认为，数学科学事实上不仅包括图形的特性，也包括速度和运动。⑤ 至于时间，他也像巴罗那样，认为它均匀地流逝，度量一切事物的变化。⑥

　　但是，巴罗把速度定义为在某个时间内通过某个空间的能力⑦，与亚里士多德把运动视为一种潜在性的实现有些相似。而麦克劳林定义瞬时速度的方式，则让人联想起奥雷姆："可变运动在任何时间段中的速度，不是按照一段给定时间内实际经过的空间来度量的，而是按照物体从那个时间段之后匀速继续运动的情况下经过的空间来度量。"⑧ 麦克劳林意识到，如果一个瞬时速度"易于度量，那也只有在这个意义上说是如此"。⑨ 他承认，科学只处理实际的时间间隔；但是他没有认识到，作为数学概念，瞬时速

---

① 《流数论》，卷 I，第 51 页及以后。
② 同上书，卷 I，前言。
③ 同上书，卷 I，第 iv 页。
④ 同上书，卷 I，第 iii 页。
⑤ 同上书，卷 I，第 51 页。
⑥ 同上书，卷 I，第 53 页。
⑦ 同上书，卷 I，第 54 页。
⑧ 同上书，卷 I，第 55 页。
⑨ 同上。

度的定义可以由超越感官印象的推断得出,当时间间隔趋近于零的时候,通过一个平均变化速率的极限来定义。

234　　尽管麦克劳林认为他对流数的解释是对微分法的批评,但由于这种解释依据物体继续匀速运动的情况下产生的区间,这就使得人们可以用有限差分和极限来解释牛顿流数法的运算,这样莱布尼茨的微分也得到解释了。布鲁克·泰勒意识到这类说明的重要性,几年之前就撰写了一本有关该主题的书——《正的与反的增量方法》(*Methodus incrementorum directa et inversa*)。

罗宾斯和麦克劳林强调牛顿著作中根据流数所做的阐释,而泰勒则认为,牛顿的方法建立在最初比与最终比法基础上。[①] 牛顿曾经认识到,瞬之比的极限与相应的流数或者速度之比是相同的。罗宾斯和麦克劳林假设每个人都对瞬时速度有清楚的认识,泰勒则认为想象瞬并从瞬中得出流数之比更容易。[②] 不过,在这方面,他的研究很像是一个关于零的含糊不清的运算,与后来欧拉的运算相似。泰勒说,流数的关系可从涉及有限差分的关系中获得。在这方面,他的观点又与近代数学家的相似,尽管莱布尼茨那时说过这是"把车厢放在马前"[③]。但是,泰勒就像莱布尼茨一样,并不清楚如何由有限差分过渡到流数,因为他认为只要把"初生的增量"写作零就可以了。他认为,最终比就是那些已经消失并成为零的量[④],这种观点也将出现在欧洲大陆的欧拉著作里。

---

① 泰勒:《正的与反的增量方法》,前言。
② 同上。
③ 《数学全集》,卷 III(第二部分),第 963 页。
④ 《正的与反的增量方法》,前言和第 3 页。

　　泰勒关于瞬时速度的观点与托马斯·辛普森（Thomas Simpson）的相同，辛普森写了一本很受欢迎的流数法教科书，1737 年该书首次出版，1750 年又出了增订版。辛普森认为，把流数仅仅当作速度，想象就局限于一个点了，如果不小心处理，会不知不觉地陷入形而上学的困境。[①] 麦克劳林也认识到这一困难，指出流数是按它们产生的量来度量的——如果它们均匀地继续下去。辛普森比麦克劳林更进一步，将加速量的流数等同于一个产生于给定时间段的增量——如果"生成速度"一直均匀持续下去。[②] 因此，辛普森随同泰勒，又回归到牛顿所运用的瞬。他用字母 v 代替牛顿的 o，然后，就像牛顿在《运用无穷多项方程的分析学》里忽略了含 o 的项，辛普森也在点重合时舍去了 v 的幂，因为他觉得这些幂是由加速运动引起的[③]，而根据他的定义，应该把生成速度视为均匀持续下去的。

　　泰勒和辛普森的观点类似于尤林反对罗宾斯时表达的看法，足以表明在牛顿之后的那个世纪里，无穷小量在英国不断重现和被广泛使用，并与流数混淆。在英国人的思想中，还有另一个因素阻碍了微积分基础的早日澄清。泰勒的差分法未能产生决定性影响，不仅是由于他运用了新符号和他的解释不清晰，还由于这一方法本质上是算术方法，涉及一定程度的抽象，这似乎不受当时的英国数学家欢迎。尽管牛顿研究无穷级数，其流数法的基础在其量的概念方面本质上仍然是几何的；英国数学家之所以执着于速度

---

① 《流数学说及其应用》(*The Doctrine and Application of Fluxions*)，第 xxi—xxii 页。

② 同上书，第 1 页；还可参阅同一著作第 xxii 页。

③ 同上书，第 3—4 页。

概念，也许不仅是因为需要直观上令人满意的概念基础，还因为他们对伟大的前辈怀有忠诚。麦克劳林的论著充分体现了这一点，它代表了用几何与力学概念对微积分做出的最严密的阐释。不过，这本著作声誉极高而读者甚少，可能并不比罗宾斯的论著（麦克劳林的一般概念与之相似）影响更大。

《分析学家》的论争和对极限概念理解的混乱，很大程度上是由于对几何与算术问题缺乏清楚的辨别，以及缺少正式的函数概念。英国人观念里的这些缺点，在牛顿求乘积的瞬中表现得特别明显，这也是贝克莱某些严厉抨击针对的目标。牛顿曾经含糊地指出，运用极限方法（本质上是算术的）可使该运算更加严密，但他却把乘积理解为几何上的一个矩形的面积。结果，他没有指出到底应该把这个乘积视为一个还是两个变量的函数。从某种意义上说，时间代替了自变量，但这仅仅有助于概念表达，并没有把问题简化到可根据单个自变量的函数来解释的程度（而这是微分法所必需的）。

我们将看到，欧洲大陆越来越倾向于把微积分与正式的函数概念（而不是与几何直觉概念）联系起来。但是在下一个世纪到来之前，这种倾向产生的思想基本没有改变英国人的观念；与此同时，英国偶尔有用算术方法和概念代替几何学与动力学方法和概念的努力，但都失败了。[1] 到处都有人表达这样的观点，即新分析的运算应该顺着算术和代数方法提供的普通思路进行，引入运动学说毫无根据，也不必要。不过，建立代数微积分的诸多努力给出

---

[1] 参阅卡约里：《极限和流数概念的历史》，第 IX 章。

的阐释都不太严密。

许多人试图只以代数和几何学接受的原理为基础建立微积分，而"不借助任何与想象的运动或不可理解的无穷小相关的陌生概念"，其中最著名且异议最少的方法，是约翰·兰登（John Landen）于 1758 年在题为《残差分析》（*The Residual Analysis*）的书中提出的。兰登计算的不是流数或者微分的商，而是"两个残差相除所得商的值"。[①] 残差可理解为 $x-x$ 或者 x^n-x^n 形式的表达式。因此，兰登的方法建立在未加批判的不定式运算之上。已知一个函数 $F(x)$，兰登发现"我们将经常需要指定 $F-F$ 除以 $x-x$ 的商"。[②] 例如，求 $x^{\frac{m}{n}}$ 的流数，或者说残差之商时，他写出

$$\frac{x^{\frac{m}{n}}-v^{\frac{m}{n}}}{x-v}=x^{\frac{m}{n}-1}\left\{\frac{1+\frac{v}{x}+\left(\frac{v}{x}\right)^2+\left(\frac{v}{x}\right)^3+\cdots}{1+\left(\frac{v}{x}\right)^{\frac{m}{n}}+\left(\frac{v}{x}\right)^{\frac{2m}{n}}+\left(\frac{v}{x}\right)^{\frac{3m}{n}}+\cdots}\right\},$$

然后设 $v=x$。[③]

兰登的方法被认为运用了达朗贝尔（d'Alembert）的极限，这个极限是可以达到的，而不是一个要多趋近就可以多趋近的终点[④]。但是这个判断过于宽容。当时正需要明确和公开承认极限概念的根本重要性，如果说兰登掌握了极限概念，那他一定很好地把它藏在了令人误解的符号和术语下面。我们将看到，达朗贝尔

① 《残差分析》，第 v 页。

② 同上书，第 5 页。

③ 同上书，第 5—6 页；也可参阅《关于残差分析的讲义》（*A Discourse Concerning the Residual Analysis*），第 5 页、41 页。

④ 参阅卡约里：《极限和流数概念的历史》，第 238—239 页。

那时推动欧洲大陆的数学家把微分的逻辑基础建立在极限概念之上,但是,在英国却没有一个强有力的领袖来传播该学说,使之不受几何与力学观点的过多阻碍。极限概念最终降临到英国数学家头上,但这是受欧洲发展的影响,现在我们必须将话题转到这上面来。

当英国数学家忙于论证流数法涉及的概念的合理性时,微分迅速在欧洲大陆得到普及。莱布尼茨微分运算规则的要点于1684年发表在《博学通报》上,而关于"求和运算"(calculus summatorius),或者说积分运算的法则随后于1686年发表。莱布尼茨与牛顿不同,他与许多数学家都有书信往来,就新分析这一学科展开了广泛的讨论,探索最适合的符号和表达形式,因此该学科的一批热情崇拜者成长起来,很快就能够做出自己的贡献。

238　例如,瑞士有约翰·伯努利和詹姆斯·伯努利,约翰·伯努利在1691—1692年就写了一篇关于微分的小论文,直到1924年才发表。① 第一本有关该学科的教科书出版于1696年,作者是莱布尼茨的法国门徒德·洛必达侯爵,书名表现了其方法的特征——《阐明曲线的无穷小分析》(*Analyse des infiniments petits pour l'intelligence des lignes courbes*)。该书至少有一部分是在约翰·伯努利早期研究的基础上撰写的。② 尽管洛必达没有在书中讨论

---

① 参阅《约翰·伯努利的微分》(*Die Differentialrechnung von Johann Bernoulli*)。

② 参阅恩内斯特拉姆:《关于约翰·伯努利对出版〈阐明曲线的无穷小分析〉的影响》("Sur la part de Jean Bernoulli dans la publication de l'Analyse des infiniment petits");参阅雷贝尔(Rebel):《约翰·伯努利一世与洛必达侯爵通信集》(*Der Briefwechsel zwischen Johann (I.) Bernoulli und dem Marquis de l'Hospital*),第9页及以后。

微积分基本概念的本质,但他对这门新学科的普及起到了重要作用,一方面是因为他的教科书多次出版①,另一方面是因为他通过《学者期刊》(*Journal des savants*)产生了很大影响②。通过该杂志和《博学通报》,欧洲大陆形成了热衷于研究微分的氛围,致使他们忽视了流数法。有意思的是,与此相应的还有欧洲大陆喜欢笛卡尔的科学而忽视了牛顿的科学,直到伏尔泰(Voltaire)在法国普及了牛顿的科学为止。在德国,微分的普及不仅依赖于伯努利兄弟的数学著作,而且依赖于克里斯蒂安·沃尔夫的哲学著作。在意大利,吉多·格兰迪也对微分表现出浓厚的兴趣,他是莱布尼茨的另一个通信者,也是18世纪早期许多微积分著作的作者。

尽管莱布尼茨的微积分广为人知,但是关于这个分析的基础,人们却完全不清楚,也没有一致的看法。伏尔泰把微积分称为"精确地计算与度量其存在无法想象之物的艺术"。③ 莱布尼茨表现出的犹豫也被他的追随者继承了。约翰·伯努利关于微分的小册子以悖论式的公设开头:一个量减去或者增加一个无穷小量,其结果既没有减少,也没有增加。④ 换言之,伯努利是以忽略高阶微分⑤为基础,而非以极限概念为基础。同样,在积分里,他认为一个无穷小的曲线段,两端点纵坐标和相应的横坐标之差所围成的

239

---

① 巴黎,1715年和1720年;阿维尼翁,1768年。

② 瑟格斯库(Sergescu):《〈学者期刊〉的数学》("Les Mathématiques dans le 'Journal des Savants', 1665—1701")。

③ 参阅《英国通信》(*Letters Concerning the English Nation*),第152页。

④ 约翰·伯努利:《微分学》(*Die Differentialrechnung*),第11页。

⑤ 参阅莱布尼茨:《数学全集》,卷III(第一部分),第366页。

图形是一个平行四边形。① 尽管他把一个曲面视为这种面积的微分之和，但没有像莱布尼茨那样把积分定义为这样一个和，而是定义为微分的逆运算，外加一个合适的常量② ——这一定义持续了整个 18 世纪。

我们已经看到，莱布尼茨一般把他的微分当作不确定小或者无限小，但是约翰·伯努利在 1698 年写给莱布尼茨的一封信里大胆地宣称，既然自然界中项的数目是无穷大的，那么无穷小当然也就存在了。③ 他试图用一种类似于帕斯卡的方式来说明他的主张。帕斯卡曾经指出，通过互逆关系，不确定大存在就暗示着不确定小存在。伯努利试图将这类论证用于实际无穷小：设有无穷级数 $\frac{1}{1}$，$\frac{1}{2}$，$\frac{1}{3}$，…，如果有 10 个项，就存在 $\frac{1}{10}$；如果有 100 个项，就存在 $\frac{1}{100}$……如果项的数目为无穷大，就像这里假定的那样，那么就存在无穷小了④。莱布尼茨在回信中明智地提醒他，适用于有限的论证对于无穷不一定成立，此外无穷大和无穷小是虚构的，尽管它们具有真实的关系。⑤ 但是，约翰·伯努利仍然不顾这一告诫，坚持有关无穷大和无穷小的看法——这让人联想起沃利斯的早期著作。

---

① 约翰·伯努利：《微分学》，第 11 页。

② 约翰·伯努利：《第一部积分学》(*Die erste Integralrechnung*)，第 3 页、8 页、11—12 页。

③ 莱布尼茨：《数学全集》，卷 III(第二部分)，第 555 页。

④ 同上书，第 563 页；还可参阅莱布尼茨和伯努利：《哲学与数学的关系》，卷 I，第 400—431 页。

⑤ 《哲学与数学的关系》，卷 I，第 370 页。

在著名的伯努利兄弟中,约翰更有独创性和想象力,詹姆斯则在批判能力上略胜一筹。[1] 他们各自对待微积分的态度就很好地体现了这一点。关于无穷小,约翰表现出莱布尼茨的肯定态度,他的兄长詹姆斯则吸取了莱布尼茨更谨慎的观点。詹姆斯发现无穷大的运用还不足以令人信服,而且与古人的观点相去甚远。[2] 他认为,不能将无穷小视为一个定量,而应把它看作这种精神的假想——"朝着虚无永远流动的量"。因此,"比率$\dfrac{2yy+\mathrm{d}y^2}{4yy-\mathrm{d}y^2}$总是变量,除非 $\mathrm{d}y$ 完全为零,否则不会变成固定量"。[3] 这种把微分视为变量的观点将把微积分与极限法联系起来,但是詹姆斯·伯努利无法清楚表达这一观念,因为他和莱布尼茨一样,未能区分自变量和因变量。换句话说,函数概念还没有变成首要概念。

尽管詹姆斯·伯努利努力回避准无穷小,并且主张小于任何给定量的量是零[4],但是他的态度仍然摇摆不定。有时他宣称,当涉及无穷小量时,欧几里得的公理"等量减去等量,结果仍然相等"未必正确。[5] 由于这个原因,他警告说,在处理无穷小的微积分时,必须小心避开谬误推理。[6]

沃尔夫是莱布尼茨数学和哲学的信徒,著作流传甚广,他受莱布尼茨的启发,采用了詹姆斯·伯努利改进后的观点。他认为无

240

---

① 马赫:《力学史评》,第 427—428 页。
② 莱布尼茨:《数学全集》,卷 V,第 350 页。
③ 同上书,卷 III(第一部分),第 52—56 页。
④ 《全集》,卷 I,第 379 页。
⑤ 同上书,卷 II,第 765 页。
⑥ 同上。

穷大和无穷小都是不可能的，或者只是方便的几何假想，对发现有用，是一种形象化表达的结果。① 他说，称某物无穷大，只是指它能够大于任何数。同样，从严格意义上说，无穷小并不是真正的量，而是像莱布尼茨提出的那样，只是某种虚构的符号。②

241　　有些数学家追随沃尔夫，否认无穷小的真实性，另外一些人则持相反的观点。在意大利，吉多·格兰迪主张存在多阶的绝对无穷大量和无穷小量。他把一阶无穷大量和无穷小量定义为这样一种量：它们与任何同一类型有限量之比，分别大于和小于任何指定数。③ 高阶的同样可根据低阶的来定义。④ 他认为，如果量之间的差小于任何给定量，则它们相等；相对于欧几里得和阿基米德在他们的著作里所说的内接和外切图形，他觉得这代表了一种捷径。⑤ 格兰迪提到悖论式的结果 $1-1+1-1+\cdots=0+0+\cdots=\dfrac{1}{2}$，作为微分相加可得出有限量的例子。他对莱布尼茨说，这可媲美基督教的玄义和世界的创生—— 一种绝对无穷大的力量从绝对虚无中创造出事物。⑥

　　在法国，经过一段犹疑时期之后，一些甚至比格兰迪表述得还

---

① 《第一哲学，或存在论》(*Philosophia prima，sive ontologia*)，第 597—602 页。
② 同上。
③ 《阐明曲线的无穷小分析》，第 22—23 页。
④ 同上书，第 26 页及以后。
⑤ 同上书，第 39 页。
⑥ 参阅莱布尼茨：《数学全集》，卷 IV，第 215—217 页；瑞弗(Reiff)：《无穷级数的历史》(*Geschichte der unendlichen Reihen*)，第 66 页。

要大胆的观点即将出现。约翰·伯努利的第一个学生洛必达[1]，曾经在《阐明曲线的无穷小分析》里提出他老师的观点；稍后，伯努利"在法国最好的朋友"[2]皮埃尔·瓦里尼翁(Pierre Varignon)也为新分析贡献力量。然而，就像纽文泰特反对莱布尼茨的微积分、贝克莱反对牛顿的微积分一样，1700年，法国科学院展开了一场关于无穷小方法正确性的激烈争论。[3]在讨论中，罗尔(Rolle)坚持认为，新方法将导致谬论，而约翰·伯努利则感情用事，说罗尔不理解微积分。[4]瓦里尼翁试图间接说明无穷小法与欧几里得的几何学一致，以澄清当时的情况。[5]

不过，在1727年，法国人贝尔纳·德·丰特内勒——瓦里尼翁的一个朋友，夸口说科学院不会再分成两派了。他出版了《无穷几何的原理》(Élémens de la géométrie de l'infini)来证实这个事实，书中对该主题没有丝毫怀疑。关于无穷大，丰特内勒的著作表现出一种绝对的武断。丰特内勒认识到，几何是纯理性的科学，不依赖于图形的实际存在和对它的描述[6]，因此他没有像亚里士多德和莱布尼茨那样，从科学或者形而上学的角度讨论这个学科。他拒绝将无穷大视为神秘之物，并且反对卡瓦列里，说他在处理中

242

---

① 费德尔(Fedel)：《约翰·伯努利一世与皮埃尔·瓦里尼翁通信集》(Der Brief-wechsel Johann (i) Bernoulli-Pierre Varignon)，第3页。

② 同上书，第2页。

③ 参阅1701年《法国科学院史》(Histoire de l'Académie des Sciences)里的一条注释，第87—89页。

④ 莱布尼茨：《数学全集》，卷III(第二部分)，第641—642页。

⑤ 费德尔：《约翰·伯努利一世与皮埃尔·瓦里尼翁通信集》，第25页。

⑥ 《无穷几何的原理》，前言。

显得太谨慎了。[①] 丰特内勒信心十足地追随沃利斯,把 ∞ 写作无穷序列 $0,1,2,3,\cdots$ 的最后一项,尽管他知道序列从有限转变到无穷的方式不可想象。[②] 在无穷大的这个定义的基础上,丰特内勒接下来在计算里不仅包括了 ∞ 的整数幂,甚至还包括了分数幂和无穷大幂,使用诸如 $\infty^{\frac{3}{4}}$ 和 ∞^{∞^3} 之类的符号,写出 $\infty \cdot \infty^{\infty-1} = \infty^{\infty}$ 这样的等式。[③] 正如沃利斯把无穷小写成 $\frac{1}{\infty}$,丰特内勒推导出无穷小的阶为无穷大的幂的倒数。他认为微分 dy 和 dx 是阶为 $\frac{1}{\infty}$ 的量——尽管他是根据莱布尼茨的特征三角形来定义这些概念的。[④]

　　有趣的是,我们发现三个人——沃利斯、约翰·伯努利和丰特内勒——都试图用算术的方式推导出作为无穷大的倒数的无穷小。(帕斯卡这样做只是想把不确定大和不确定小联系起来。)由于那时无穷大和无穷小都还没有令人满意的定义,这种做法不可能有数学的严谨性。此外,这些尝试也违背了当时的一般趋势,即在几何概念中找到数学基础。算术还不够抽象、不够符号化,不能脱离空间解释,因为当时仍然从度量的角度把数理解为几何量之比。笛卡尔已经证实了数字计算与几何计算的同一性。牛顿曾说,数就是量之间的比;沃尔夫也写道,数是任何这样的事物,它与

① 《无穷几何的原理》,前言。
② 同上书,第 30—31 页。
③ 同上书,第 40 页及以后。
④ 同上书,第 311 页。

单位一的关系如同一条直线与另一条直线的关系。[1] 于是，流数法和微分法自然都被认为是解决几何问题的方便之法。尽管结果通常用代数术语表示，但其基础是从古代的几何而非算术概念中寻找的。但是，18 世纪上半叶的伟大数学家们改变了新分析里的一些观点——在某种程度上，沃利斯、伯努利和丰特内勒就预感到了这种变化。

莱昂哈德·欧拉撰写了大量著作和文章推广这种新分析，他将它组织起来，建立在形式基础之上。他的大多数前辈都认为微分与几何学不可分割，但是欧拉使该学科成为关于函数的一种形式理论，不需要回归到图形或者几何概念。[2] 莱布尼茨使用过函数一词，与我们现在的意思差不多，并且夸耀说他的无穷小法像笛卡尔的那样不局限于代数函数，还可用于对数和指数函数。不过，欧拉是第一个突出函数概念的数学家，并且对所有的初等函数以及它们的微分和积分做了系统研究和分类。

不过，对欧拉而言，函数一词并不是指依赖于变量的量，而是指由可用简单符号表示的常量和变量构成的解析表达式。[3] 函数性是一个形式表示法的问题，而不是对一种关系的概念上的认可。18 世纪的微积分之所以几乎是自动发展的，主要是因为这种形式主义的观念，莱布尼茨的符号非常适用于这种观念。但是，微分学

① 《普遍数学原理》(*Elementa matheseos universalis*)，卷 I，第 21 页；还可参阅普林斯海姆：《无理数与极限概念》，第 144 页注释。

② 参阅其《微分学原理》(*Institutiones calculi differentialis*)绪言，《全集》，卷 X。

③ 参阅布里尔(Brill)和诺特(Noether)：《变革时代中函数理论的发展》("Die Entwickelung der Theorie der algebraischen Funktionen in älterer und neuerer Zeit")。

获得的成功越大，欧拉觉得为他的运算辩护就越不受束缚。关于该学科的基础，他的观点是极其初等的，有点类似于沃利斯、泰勒、约翰·伯努利和丰特内勒的看法。他感觉无穷大和无穷小的概念并不像通常想的那样隐含着高深的秘密。他认为一个无穷小或者消逝的量不过是一个趋于零的量。①

这种观点本来可以成为用极限概念进行阐释的基础，根据这种阐释，微分只是一个趋向于零，以零为极限的变量。但是，欧拉没有这么做。在微积分发展的不同阶段，广泛流传的无穷小都被视为比任何可指定量都小的一个常量。欧拉坚决反对任何这样的数学原子论或者单子论概念，怒斥这是"对充足理由律的拙劣滥用"。② 他像詹姆斯·伯努利那样，宣称小于任何给定量的数，必然为零。③ 因此微分 dx 和 dy 就是零。④ 尽管他承认存在无数个无穷小，正如在高阶微分中看到的那样，他却把所有这些都视为零。⑤ 莱布尼茨曾经建议把微分看作定性的零，但连续性定律仍然会使之保存有限量之间关系的特征，而微分正是来自这些有限量。欧拉按照他的形式主义观点，不太哲学地认为微分代表的零可通过这个公认的事实来辨别，即比 $\dfrac{0}{0}$ 可在某种意义上表示为任

---

① 《全集》，卷 X，第 69 页。

② 《致一位德国公主的信》(*Letters to a German Princess*)，卷 II，第 61 页；还可参阅《全集》，卷 X，第 67 页。

③ 《全集》，卷 X，第 69—70 页。

④ 同上书，第 70—72 页。

⑤ 同上；还可参阅同一著作卷 XI，第 5 页。

何有限数 $\dfrac{n}{1}$ 之比。[①] 因此,对欧拉而言,微积分只是求趋近于零的

增量之比,是找出表达式 $\dfrac{0}{0}$ 之值的启发式运算。[②]

    在说明忽略微分中高阶无穷小的理由时,欧拉的论据也缺乏   245
条理。他认为,在表达式 $\mathrm{d}x \pm \mathrm{d}x^2$ 里,无穷小量 $\mathrm{d}x^2$ 比 $\mathrm{d}x$ 更早地
变为零,因此对 $\mathrm{d}x = 0$ 来说,$\mathrm{d}x \pm \mathrm{d}x^2$ 与 $\mathrm{d}x$ 相比是相等的。[③] 他
曾经像贝克莱那样提出,忽略涉及微分的项,就是为某些误差留出
余地[④];他有时还把差分当作微分的实用替代物来运用[⑤]。但是,
欧拉没有说明从一种转换到另一种的理由。莱布尼茨曾经解释
过,根据连续性定律,用不确定量代替确定量是合理的,但是欧拉
仿照泰勒,只是简单地用零代替了增量。例如,在求 x^2 的微分时,
他允许 x 变成 $x+\omega$,那么 x 和 x^2 中的增量之比就是 $1:2x+\omega$。
除非 ω 变为零,否则这个比永远不等于 $1:2x$。因此欧拉就用 0
代替 ω,由此获得消失比 $\dfrac{\mathrm{d}x^2}{\mathrm{d}\iota} = \dfrac{2x}{1}$,与泰勒求 x^2 流数的方式
相同。[⑥]

---

    ① 《全集》,卷 X,第 70 页。

    ② 科恩在《无穷小法的原理及其历史》(*Das Princip der Infinitesimalmethode und seine Geschichte*,第 96 页)中针对欧拉对零的运用说:"显而易见,他在这里只运用了极限方法,但是他却超出了这种方法:他把增量本身而非过程视为零(已消失的增量)。"这表明,欧拉对极限概念缺乏理解。

    ③ 《全集》,卷 X,第 71 页。

    ④ 参阅韦森伯恩:《高等分析的基本原理》,第 158 页。

    ⑤ 参阅博尔曼(Bohlmann):《从欧拉到现代的重要无穷小教科书概要》("Übersicht über die wichtigsten Lehrbücher der infinitesimalrechnung von Euler bis auf die heutige Zeit")。

    ⑥ 《全集》,卷 X,第 7 页。

至于无穷大,欧拉采纳了沃利斯和丰特内勒的观点。因为级数 $1+2+3+\cdots$ 之和可以大于任何有限量,所以它肯定是无穷大,可以用符号 ∞ 表示。[1] 在另一个地方,他又提出,∞ 是一种介于正数和负数之间的极限,在这方面类似于数 0。他用相似的方式提出,关系式 $\frac{a}{0}=\infty$ 应理解为零乘以无穷大会得出有限量。[2] 此外,由于 $dx=0$,$\frac{a}{dx}$ 将是无穷大,因此 $\frac{a}{dx^2}$ 就是二阶无穷大;一般来说,与微分的阶相应,还存在无穷多个无穷大的级。[3] 他认为,如果 x 为无穷大,那么在 1 与 $x^{1\,000}$ 之间就有 1 000 个等级的无穷大。[4] 欧拉在处理无穷大时很不谨慎,这一点也表现在他对发散级数的运用上。莱布尼茨曾经提出 $1-1+1-1+\cdots=0+0+\cdots=\frac{1}{2}$;欧拉也一样,提出从 $\frac{1}{(1+1)^2}=\frac{1}{4}$ 可以得出 $1-2+3-4+5-\cdots=\frac{1}{4}$。欧拉又以略微不同的观点补充说,$1-3+5-7+\cdots=0$。在他的著作里可以找到许多个相似的发散级数的例子。[5]

由于欧拉局限于正规的函数,他没有卷入那些与无穷和连续性概念有关的复杂难题,这些概念后来使得这样质朴的论点站不住脚。尽管他关于微积分基本原理的观点看上去既不精确也不严密(这种精确性和严密性将在下一个世纪进入数学),他的研究所

①　《全集》,第 69 页。
②　同上书,第 73 页。
③　同上书,第 75 页。
④　同上书,卷 XV,第 298 页。
⑤　同上书,卷 XIV,第 585 页及以后。

蕴含的形式主义倾向却把新的分析从所有几何束缚中解放了出来。① 它也使得算术解释更容易被人接受,算术解释后来通过被欧拉忽视的极限概念阐明了微积分。

欧拉在莱布尼茨和伯努利的影响下,对有关微分为零的假设研究得非常成功,与此同时,他的同时代人让·勒·洪·达朗贝尔传播的那个观点,经过后来的阐述,最终变成了我们现在所接受的形式。尽管牛顿-莱布尼茨优先权的争议使英国和欧洲大陆的数学家互相疏远了,但他们并非完全不了解对方的观点。因此,罗宾斯在 1739 年批评了欧拉粗糙的无穷小概念,说他这种方法的错误是由于追随了那个指导他的"缺乏技巧的计算家"(约翰·伯努利)。②

同样,欧洲大陆的数学家也了解贝克莱-尤林-罗宾斯论争的内容。布丰(Buffon)曾在他翻译的牛顿《流数法与无穷级数》的历史介绍中,批评贝克莱和罗宾斯反对牛顿的一些论证,并且热情地支持尤林无力、冗长的辩护,认为它们"出色、明智、令人钦佩"。③ 不过,布丰虽然认为罗宾斯对欧拉和伯努利的批评有失公允④,却也反对欧拉有关无穷大和无穷小的观点。他认为,序列 1,2,3,… 没有最后的项,无穷大和无穷小也只是"虚无的状态"。⑤ 布丰对自然科学比对数学更感兴趣,因此并未详细阐述这种观点;不过,

247

---

① 参阅默茨:《19 世纪欧洲思想史》,卷 I,第 103 页。

② 卡约里:《极限和流数概念的历史》,第 139—140 页。

③ 法文版《流数法与无穷级数》(*La Methode des fluxions et des suites infinies*),第 xxvii—xxix 页。

④ 同上书,第 xxix 页。

⑤ 同上书,第 ix 页。

达朗贝尔更全面地阐释了无穷大和无穷小表示的项只是不确定大和不确定小的学说,使之成为其极限理论的基础。

　　达朗贝尔之所以认为极限法是微积分的基础,也许是受到较早的两部著作的影响。他在著名的《百科全书》(*Encyclopédie*)里"微分"(différentiel)词条中提到了这些著作:一本是 1704 年出版的牛顿的《曲线求积法》;另一本是 1746 年出版的德·拉·夏佩尔(De la Chapelle)的《几何学的建立》(*Institutions de géométrie*),这本通俗的教材将他和斯蒂文、圣文森特的格雷戈里等人对极限观念的预想联系在一起。①

　　达朗贝尔没有从字面上把牛顿的术语"最初比与最终比"理解为两个突然跳出来的量的第一个和最后一个比,而是理解为极限。如果第二个量比任何给定的量都更接近第一个量,或者它们之差是绝对不可指定的,他就把这一个量叫作另一个量的极限。不过,正确地说,他认为变化的量绝不会与其极限重合或者相等。② 因此,达朗贝尔本质上同意罗宾斯对牛顿意思的阐释。他还把同样的概念用于微分。回想一下,莱布尼茨曾经也认为可以把微分视为不确定量,根据连续性定律,它表示被剥夺了大小的量之间的最终关系。不过,就像达朗贝尔否认最终比概念的合理性一样,他也拒不接受可由微分求出的最终关系。他说,微分的基础和流数法一样,也将在极限概念中找到。"求方程的导数不过是求方程中所

---

　　①　卡约里:《将极限法嫁接到莱布尼茨的微积分上》("Grafting of the Theory of Limits on the Calculus of Leibniz")。

　　②　参阅《百科全书》中的词条"极限"。还可参阅皮尔庞特(Pierpont):《数学严密性》("Mathematical Rigor"),第 33 页。

含两个变量的有限差分之比的极限而已。"① 达朗贝尔认为这是微 248
积分真正的基本原则,他还顺便承认,这个比应用规则更难研究
出来。

纽文泰特曾经批评莱布尼茨的高阶微分是不存在的。不过,
达朗贝尔却说,这种区别不重要,因为微分符号只是一种方便的简
写或说法,是避免说明极限概念所必需的迂回表述。他认为无穷
小本身根本不存在。

> 一个量要么是某种事物,要么什么都不是:如果它是某种
> 事物,它就还没有消失;如果它什么都不是,那么它实际上已
> 经消失了。认为这两者之间存在一种过渡状态的假定只不过
> 是幻想而已。②

像根据极限来解释一阶微分那样,达朗贝尔用等同于极限比
的术语来定义二阶和高阶微分。他对这些量的第一种解释,在措
辞上险些类似于莱布尼茨的朴素主张:定义 dx^2 比 dx 如同 dx 比
1。达朗贝尔是这么说的:"当有人说一个量相对于另一个已经为
无穷小的量来说无穷小时,这仅仅表示,这些量中第一个与第二个
之比总是小于第二个量,正如后者总是小于一个给定量一样。"紧
接着,他又补充道,这个阐释可根据极限比来说明,"而且通过想象

---

① 参阅《百科全书》中的词条"微分"("Différentiel"),第 977 页。
② 《文学、历史和哲学文集》(*Mélanges de littérature*, *d'histoire*, *et de philoso-phie*),第 249—250 页。

第二个量足够小,可以设想这个比尽可能地小".① 对高阶无穷小的这种定义指出了目前阐释这些量的一般方式,但是它不够清楚,也不够准确。此外,它没有肯定地指出,对于高阶无穷小,这个比的极限必须为零。达朗贝尔解释中的这些弱点,在下一个世纪初被柯西纠正。与此同时,尽管遭到达朗贝尔的反对,把无穷小理解为固定无穷小的看法依然存在。

249　　　达朗贝尔把无穷小一词的意思解释为不确定小,并且根据极限来定义它,他还试图阐明自古希腊时代起就困扰着数学家的无穷大的概念。他断言——与丰特内勒的观点相反——无穷大的概念真的就是不确定大,而且只是根据极限学说所做阐释的简便说法而已。凭着这种理解,他又指出,无穷大量也可像无穷小量一样有各种阶。如果一条直线与另一条直线之比大于任何给定数,就可以说它是无穷大;如果它和任何有限数之乘积与其他直线的平方之比大于任何给定数,那么它就是三阶无穷大。②

　　欧拉说,一个无穷大数的对数是比一个无穷大数的任何一次根阶数都低的无穷大数。③ 他这么说的时候,心里想的当然也是上面这个无穷大的解释。当数学家谈到与函数有关的无穷大的阶时,他们所用的解释也与上面的相符,并且只与比的极限有关。它与 19 世纪后期出现的无穷集合的学说无关,而后者对于建立微积分是非常必要的。达朗贝尔(就像他的大多数同时代人一样)无法理解真实无穷大的近代概念。达朗贝尔解释说,在几何中,不需要

---

① 《文学、历史和哲学文集》,第 249—250 页。

② 同上,第 242 页及以后。

③ 《全集》,卷 XV,第 300 页。

假设存在一个真实的无穷大,因此其存在问题与数学无关。无穷大的近代观念建立在算术概念基础上,而达朗贝尔总体上是根据几何学来解释的,尽管在《百科全书》前言中的知识分类图里,无穷小量归入代数而非几何。

由于达朗贝尔的几何思维方式,他缺少清楚的专业术语来详细阐释极限概念,而这是使极限概念取代无穷小量阐释所必需的。因此,按达朗贝尔的说法,当两点成为一点时,割线变成切线,于是切线就是割线的极限[①],这必须把两点变成一点的过程形象化,因此这种阐释无从回答芝诺的批评。

至少对一些数学家来说,达朗贝尔的极限概念似乎如同无穷小那样,陷入了黑暗的形而上学中。结果那个时候欧洲大陆出版的大多数微积分教科书,都倾向于沿用莱布尼茨的解释。从1754年到1784年之间出版的28种教科书里,15种按莱布尼茨的术语阐释微积分,6种根据极限阐释,4种根据欧拉的零阐释,两种按流数法阐释,一种(拉格朗日的)根据我们随后将介绍的方法解释。[②]不过,仍然有人不时提出用极限概念作为逻辑方式来解释微积分。例如,汉辛斯·西吉斯芒德·热蒂尔(Hyacinth Sigismund Gerdil)在1760~1761年[③]效仿达朗贝尔说,应该将无穷大和无穷小从微积分中排除掉,代之以极限。[④]

另外一位支持者是 A. G. 卡斯特纳,他写了一本广受欢迎的

---

① 《文集》,卷 V,第 245—246 页。

② 卡约里:《将极限法嫁接到莱布尼茨的微积分上》。

③ 参阅拉格朗日:《著作集》,卷 X,第 269—270 页;卷 VII,第 598 页。

④ 参阅莫里兹·康托尔:《数学史讲义》,卷 IV,第 634—644 页。

教材《无穷小分析基础》（*Anfangsgründe der Analysis des Unendlichen*），出版于 1761 年。卡斯特纳在书中说他使用了牛顿最初比与最终比的方法，还使用了微分提供的简短符号，把它当作省略法，相当于诗人所运用的修辞格。[①] 他追随达朗贝尔，否认无穷大和无穷小的存在——尽管无穷小仍然潜入了他的著作。例如，在求微分时，卡斯特纳给自变量 z 设定了一个增量 e，那么 z 的函数 Z 就取得增量 E。"如果现在 e 无限减少，$E:e$ 无限趋近的极限就称为 Z 和 z 的微分之比，无穷小量 e 和 E 就称为 z 和 Z 的微分。"[②] 增量和微分的区别对用导数解释的微积分十分重要，缺乏这种区分就清楚地表明，甚至极限概念的倡导者都很难避免在其解释中使用无穷小。牛顿和达朗贝尔曾经提出最终比并非最终量之比，显然，卡斯特纳没有意识到他们的忠告的重要性。

在卡斯特纳的思想中，基础是微分而不是微商，这种观点在另一个地方也有所体现。要求 $Z = \dfrac{z^n}{a^{n-1}}$ 在 $z=0$ 时的微分 E，应先求该点的导数，再乘以 z 的微分 e，得出结果 $E=0$。但是，卡斯特纳是先根据 z 的增量 e，找出 Z 的增量 E，然后在求 $\dfrac{E}{e}$ 的极限前代入 $z=0$。他的结果为 $E = \dfrac{e^n}{a^{n-1}}$，与欧拉和詹姆斯·伯努利用其无穷小法求出的结果相同。[③]

---

① 《无穷小分析基础》导言，第 xiii—xiv 页。
② 同上书，第 10 页。
③ 同上书，第 13 页。也可参阅詹姆斯·伯努利：《全集》，卷 II，第 1097 页；欧拉：《全集》，卷 X，第 561 页。

当时另有若干数学家认为，无穷小不能为微积分提供令人满意的基础。[①] 他们中大多数人都试图用某种形式的极限概念代替它，只有一个人的方法与众不同，值得一提。约瑟夫·路易·拉格朗日对无穷小持怀疑态度，他响应贝克莱主教的说法，认为微分结果的正确性来自误差补偿。[②] 不过他对极限概念的态度也很冷静，因为他认为其中涉及形而上学困难。[③] 他觉得达朗贝尔把切线定义为割线的极限，并不使人满意，因为在割线成为切线之后，它还可以继续在被讨论点的另一侧成为割线。[④]

此外，流数法也没有引起拉格朗日的兴趣，因为其中引入了不相干的运动概念。欧拉把 dx 和 dy 表示为零的讲法也不能让他满意，因为他觉得我们对两个变为零的项之比，还没有清楚和精确的认识。[⑤] 于是，拉格朗日就尝试探索一种简单的代数方法，以排除其他方法中遭到反对的要素。他似乎早在 1759 年就确信自己找到了该方法，那年他写信给欧拉说，他认为他已经尽可能为力学以及微分和积分的原理给出了真正的形而上学解释。[⑥] 拉格朗日也许指的是他 1772 年在一篇论文里提出的方法[⑦]，这篇论文即《关于变量的求导和求积分计算的一种新类型》（"Sur une nouvelle

252

---

① 参阅莫里兹·康托尔：《数学史讲义》，卷 IV，第 XXVI 部分。
② 拉格朗日：《著作集》，卷 VII，第 598 页；还可参阅卷 IX，第 17 页。
③ 同上书，卷 VII，第 325—326 页；还可参阅卷 III，第 443 页，以及卷 IX，第 18 页。
④ 同上书，卷 VII，第 325 页。
⑤ 同上书，卷 IX，第 17—18 页。
⑥ 同上书，卷 XIV，第 173 页；还可参阅卷 III，第 443 页；卷 VII，第 325—328 页。
⑦ 参阅儒尔丹（Jourdain）：《拉格朗日早期著作里的"分析函数"概念》（"The Ideas of the 'Fonctions analytiques' in Lagrange's Early Work"）。

espèce de calcul relatif à la différentiation et à l'intégration des quantités variables")。①

在这里,他想起莱布尼茨曾经指出,两个变量乘积的各阶微分类似于这些变量中同阶二项式的各次幂——现在我们称之为莱布尼茨法则;莱布尼茨还说过,负次幂与积分之间存在着同样的相似性。拉格朗日根据这个提议,利用了有关无穷级数的一个相似类比。级数 $f(x+h)=f(x)+f'(x)h+f''(x)\dfrac{h^2}{2!}+\cdots$ 至少从泰勒那时候开始就已为人所知,而且它就是以泰勒命名的。在这个级数里,h 的幂的系数涉及微分或者流数之比。但是,无须这些概念也可推出该级数。因此,还有什么比用这种级数的系数定义微分和流数更自然的呢? 这个运算将(正如我们现在知道的,只是在表面上)使人们不必在研究中引入极限或者无穷小,于是微积分就转化为简单的代数运算了。在拉格朗日看来,微分和积分的这个概念就是

> 迄今为止给出的最清楚和最简单的概念。我们看到,它不依赖于任何形而上学以及无穷小或者消失量的理论。②

于是,拉格朗日着手将泰勒级数变成自己研究的基础,并且隐含地假设所有函数都可以有这样的展开式。在 $u(x+h, y+k, \cdots)$ 的泰勒级数中,h,k,$\cdots$ 的幂的系数 p,p',$\cdots$,q,q',$\cdots$ 被拉格朗日

---

① 参阅拉格朗日:《著作集》,卷 III,第 439—476 页。
② 同上书,卷 III,第 443 页。

定义为 u 的导函数。那么，对拉格朗日而言，微分就是"通过简单易行的运算直接找出函数 u 的导函数 p，p'，…，q，q'，…"；相反，积分则是"通过这些导函数 p，p'，…，q，q'，…求函数 u"。[①]

拉格朗日的方法建立在每个函数都可以这样表示和处理的基础上，这是一个未证明的假设。而且，避免使用无穷大、无穷小以及极限概念也只是一种假象，因为他并没有充分考虑收敛这一重要问题涉及的这些概念。此外，他的方法在运算上缺少莱布尼茨的思想和符号所具有的启发性和简易性。不过，从逻辑上说，拉格朗日的定义有一个优势，它就像欧拉的研究一样，试图以函数理论的形式化为基础，而不是以几何学、力学或者哲学的先入之见为基础。

有人批评[②]拉格朗日为了数学形式论而抛弃了通常被视为流数法和微分法基础的"生成"概念。这类批评未能认识到，数学在不受先入之见影响时，才是最有用的。欧拉曾经试图通过设微分为零来使莱布尼茨的概念形式化，但搞错了方向。达朗贝尔尝试给出一个令人满意的极限概念，却没有提出一个清楚、精确的形式，使其在逻辑上清晰无误。因此，拉格朗日便探索另一种表达模式，这种模式建立在欧拉强调和推广过的函数概念基础上。在这个过程中，他（无意间）几乎是第一次把注意力集中在现在是微积分核心概念的那些量上，那就是导函数，或者说导数、微分系数（这个术语让人联想起拉格朗日的方法，但它是由拉克鲁瓦[Lacroix]

---

① 拉格朗日：《著作集》，卷 III，第 443 页。
② 科恩：《无穷小法的原理及其历史》，第 100 页。

后来提出的）。① 在这一点上，拉格朗日不仅给出了"导数"这一名称，还给出了符号 $f'x$，这个符号经过修改至今仍在使用。

254　　牛顿强调增量或者流数的最初比与最终比法，虽然可以把这个比理解为单一的数或者量（现在所说的导数），但他似乎打算把这个量的概念视为增量或者流数的比，或者与这些成比例的量之比。此外，流数本身只能严密地定义为导数，牛顿却似乎没有意识到这一点。

同样，在微分中，莱布尼茨意识到了两个无穷小之比的重要性，但他似乎从不把这个比视为单一的数，而是视为不确定量的商，或是与这些成比例的确定量之商。达朗贝尔坚持微分只能严密地根据极限来理解，这很接近导数概念，但是即便在这里，也缺少作为单个无穷序列极限的单个函数或者单一的数的概念。

就像牛顿和莱布尼茨一样，达朗贝尔想到的似乎不是一个函数，而是一个等式的两边，其极限是相等的。同样可以看出，卡斯特纳思想中占优势的是一个比的思想。尽管他承认极限概念的基本重要性，却仍然将微商按字面意思定义为微分之比。② 在拉格朗日的方法中，"导数"一词第一次得到十分恰当地运用，这是因为他的"导函数"只是一组无穷级数中一个项的单一系数，完全放弃了任何有关比或者极限相等的思想，只是单个的量或者函数。尽管拉格朗日的定义最终未被接受，导函数的概念仍然可能有助于使目前的定义得到广泛认可。

---

① 参阅《数学文献》(3)（*Bibliotheca Mathematica*(3)），卷 I(1900 年)，第 517 页，上面有关于这些名称来源的注释。

② 《无穷小分析基础》，第 4 页。

拉格朗日的方法虽然 1772 年就在《陶里南西亚杂集》(*Miscellanea Taurinensia*)中发表,却几乎没有得到认可(也许是因为思想和相关的符号太新颖),于是数学家们继续为微积分寻求满意的基础。柏林科学院为了鼓励这方面的研究,于 1784 年(其时拉格朗日正担任院长)设奖,奖励有关数学无穷理论的最清楚、准确的阐述。获奖论文是西蒙·吕利耶(Simon L'Huilier)的《高等微积分原理初探》(*Exposition élémentaire des principes des calculs supérieurs*),发表于 1787 年,1795 年又以拉丁文再次出版。在这篇论文里,吕利耶意图证明"古人的穷竭法如果可以合理地进行扩展,肯定足以建立新的微积分原理"。[①] 为此,他改进了穷竭法,根据极限来阐释它。吕利耶使极限概念成为其说明的基础,他同意达朗贝尔说的,"在微分里没有必要提出微分量这个名称"。[②]

和近代教科书一样,吕利耶以微分比或者说微商为基础,把它定义为函数增量和自变量增量之比的极限。吕利耶认为这种形式的微积分表示,是对牛顿和其他英国学者表示的发展,不过他的说明和他们的相比,有一个进步。他把注意力集中到作为单一变量(增量之比)之极限的单一的数(导数),而不是集中到两个趋近于零的量或两个流数的最终比上,或者任何两个有与此相同之比的量上。他虽然保留了"微商"的名称和符号 $\dfrac{\mathrm{d}y}{\mathrm{d}x}$ 来表示这个量,却坚持说 $\dfrac{\mathrm{d}y}{\mathrm{d}x}$ 只不过是一个符号,应该把它理解为单个的数。[③] 在处理

255

①　《高等微积分原理初探》,第 6 页。
②　同上书,第 141 页。
③　同上书,第 32 页。

高阶的微商时，他再次提醒，符号 $\dfrac{\mathrm{d}^2 y}{\mathrm{d}x^2}$ 不应该拆开看成一个商。这就与牛顿和莱布尼茨的研究形成鲜明对比，他们的流数和微分，不管是什么阶，都极其依赖于所在的比或者方程。吕利耶的微商是单一的数或者函数，等价于拉格朗日的导函数，在本质上代表了目前的导数概念。

256 吕利耶的微商定义大都可从近代的初等微积分教科书里找到，但他似乎并没有意识到极限概念可能涉及的难题。他避开了无穷小的神秘性，避开了最终比的模糊性，也避开了符号 $\dfrac{0}{0}$ 的无意义；但是他未能理解，由于极限概念的微妙之处，我们必须下一个极其细致的定义。吕利耶只处理非常简单的函数，因此没有意识到自己表示的不足之处。他的变量总是小于或者大于他的极限。"设一个变量总是小于或者大于一个指定的常量，但是这个变量与后者之差能够小于任何指定的量——不管这个指定的量多么小；这个常量就叫作这个变量的大极限或者小极限。"① 他的变量不像我们更一般的观点认为的那样，可以在极限附近振荡。

更严重的是，吕利耶还犯了一个错误，这个错误是莱布尼茨连续性定律中模糊的均匀性思想引起的。他说："如果一个变量在所有阶段都具有某种特性，那么其极限也具有同样的特性。"② 19 世纪仍然保留了这个观点，从威廉·休厄尔（William Whewell）的描

---

① 《高等微积分原理初探》，第 7 页。

② 同上书，第 167 页。卡约里（《将极限法嫁接到莱布尼茨的微积分上》）显然没有注意到这个描述，说这个基本原理在 18 世纪得到了使用，但并未进行阐述。

述可以看得很清楚:"这个公理……即凡是到达极限时为真的,在极限上也为真,正好就是极限概念的真谛。"[1] 由以下事实,立刻可以看出这个学说的错误:可以轻而易举地把无理数定义为有理数序列的极限,内接于一个圆的多边形的特性异于其极限图形(圆)的性质。吕利耶在这一点上犯错误,很可能是因为他未能认识到,极限概念与无穷收敛序列的性质是一致的,也与实数和连续统性质的问题有关。下面的事实也进一步暴露出他对数的理解不充分:他认为有必要区分极限值和极限比。

吕利耶在极限概念中寻找微积分的基础是正确的,但他对此的探讨却把一个实际上非常困难的问题过分简单化了。他仿效达朗贝尔从数量而非集合的角度看待无穷大,否认存在实无穷大量,因为他认为承认这一点会导致"矛盾",如 $\infty+n=\infty-n$。因此他断言自己已经证明微积分独立于一切无穷概念,不管是无穷大还是无穷小。在这一点,他又未能认识到,整个极限理论在最后的分析中都是基于无穷集合的理论。这一事实要到下一个世纪才被清楚地认识到。

吕利耶的专著没有得到广泛阅读,他的观点在当时也没有得到普遍认可。对于微积分的真正基础这个问题,人们仍然像以前那样犹豫不决。结果,1797 年出现的一个例子,可能是力图摆脱这种困境的最著名的尝试:《关于微积分的玄想》(*Réflexions sur la métaphysique du calcul infinitésimal*),其作者 L. N. M. 卡诺是杰出的军人、行政官员和数学家,被法国议会授予"胜利的组织

257

---

[1]　《科学概念史》(*History of Scientific Ideas*),卷 I,第 152 页。

者"称号。卡诺的著作享有真正显赫的声望，从那时起到现在，被翻译成多种语言、有多个版本。[①]

当时流行的微积分在表述上缺乏清晰性和统一性，卡诺希望使该理论变得严密、精确。考虑到该学科的许多阐释互相抵触，他试图弄清"微积分真正的精神是什么"。[②] 不过，他在挑选统一的原理时，做出了一个不幸的选择。他就像贝克莱和拉格朗日那样总结说："微积分真正的形而上学原理……不过是……误差补偿的原理。"[③] 在展开该观点时，他实质上回到了莱布尼茨表达过的思想。他认为，要确定两个指定的量完全相等，只要证明它们的差不能是一个"指定的量"就够了。[④] 解释莱布尼茨的时候，卡诺补充说：对于任何量，都可以用另一个与其差为无穷小的量代替[⑤]；无穷小法只不过是把穷竭法转化为一种算法[⑥]；"无法感觉的量"只是起辅助作用，就像虚数一样，引入它仅仅是为了便于计算，在得出最后结果时要将它消掉[⑦]。

---

① 第一个版本在巴黎于 1797 年出版，1813 年在这里又出了一个增订版。除非特别注明，本书提到的都是第二版。第一版由 W. 迪克森（W. Dickson）翻译成英文，发表于《哲学杂志》(*Philosophical Magazine*)，卷 VIII（1800 年），第 222—240 页、335—352 页；卷 IX（1801 年），第 39—56 页。第二版由 W. R. 布劳韦尔（W. R. Browell）翻译，1832 年以《关于微积分形而上学原理的玄想》(*Reflexions on the Metaphysical Principles of the Infinitesimal Analysis*) 为题在牛津出版。其他法语版本于 1839 年、1860 年、1881 年和 1921 年（两卷）在巴黎出版。葡萄牙语译本于 1798 年在里斯本出版，德语译本于 1800 年在法兰克福出版，意大利语译本于 1803 年在帕维亚出版。
② 《关于微积分的玄想》，第 1 页。
③ 布劳韦尔译本，第 44 页。
④ 《关于微积分的玄想》，第 31 页。
⑤ 同上书，第 35 页。
⑥ 同上书，第 39 页。
⑦ 同上书，第 38—39 页。卡诺在这里说："数学难道不是充满这类谜团吗？"

卡诺甚至还根据连续性定律重复了莱布尼茨偏爱的解释。他提出,可以从两个角度想象微积分:把无穷小视为"有效量",或者当作"绝对的零"(不过,莱布尼茨不承认它们是绝对的零,只是相对的零)。对第一种情况,他认为应该依据误差补偿解释微积分:要让"不完美的方程"变得"绝对精确",只需一条权宜之计——消除引起误差的量——就可实现[1];对第二种情况,他把微积分看作一种比较消失量的"艺术",目的是从这些比较中发现被提出的量之间的关系[2]。有人反对说,这些消失量要么是零,要么不是零,卡诺回答说:"所谓的无穷小量并不简单地就是任何等于零的量,而是由一个连续性定律指定的等于零的量,这个定律决定这种关系。"[3] 这一解释与莱布尼茨一个世纪前给出的惊人地相似。

随着微积分的"真正形而上学原理"的建立,卡诺又进一步提出,该主题的不同观点本质上都可以归结为这同一个基础。为了证明这一点,他指出穷竭法使用了与已知辅助量类似的系统。牛顿的最初比与最终比法也类似,只是其中的引理使其不需要双重归谬法的证明。卡诺认为,卡瓦列里和罗贝瓦尔的方法显然都是穷竭法的推论。[4] 他提出,笛卡尔的待定系数法很接近无穷小分析,后者只是前者的"一个巧妙运用"![5] 他还认为,极限法与最初比与最终比的方法没有差别,因此它也是穷竭法的简化形式。[6]

259

---

[1] 参阅迪克森的译本,第 336 页。

[2] 《关于微积分的玄想》,第 185 页。

[3] 同上书,第 190 页。

[4] 同上书,第 139—140 页。

[5] 同上书,第 150—151 页。

[6] 同上书,第 171 页。

另外,这些方法都通往微积分的结果,只是路途更艰难曲折而已。[①]
他也将拉格朗日的方法与微分联系起来,因为它忽略了无穷级数的
其他项。[②] 因此,他(有点像吕利耶那样)认为,各种不同观点都只是
穷竭法的简化,目的是得到一种方便的算法。由于无穷小法将近似
计算的便利性与普通分析的精确结果结合在一起,因此,他认为没
有必要以更严密为借口,用任何不如它自然的方法取而代之。[③]

尽管卡诺的著作得到了广泛的阅读,我们却很难说它让人们
对新分析固有的难题有了更加清楚的理解。他多少意识到应该把
微分定义为变量,并且在一定程度上预示了柯西的观点,但他却不
能给出合适的定义,因为他和莱布尼茨一样,根据方程而非函数概
念来思考,而函数概念使得柯西把导数作为基础概念。此外,卡诺
强调将数学关系应用于科学实践[④],他似乎更关注运算规则在应
用上的简易性,而不是相关的逻辑推理,虽然其著作的题目看起来
更偏重于后者。从这方面来说,卡诺的著作与莱布尼茨的相似,他
不仅大量转述了莱布尼茨对微分的阐释,并且几乎是热情洋溢地
为莱布尼茨的方法辩护。

欧洲大陆的数学家基本上同意,从实用性的角度说,微分提供
了最好的运算方法;但是在逻辑问题上,他们产生了分歧。卡诺对
于后者没有什么帮助,他指出,新分析的所有方法本质上都有关
联,但这是大多数人早就认识到的事实;接着他又把无穷小法当作

---

① 《关于微积分的玄想》,第 192 页。
② 同上书,第 194—197 页。
③ 同上书,第 215—216 页。
④ 默茨:《19 世纪欧洲思想史》,卷 II,第 100—101 页。

基础,而该方法很可能是所有方法中逻辑性最弱的。这样一来,他指出的方向就与达朗贝尔[1]和吕利耶指出的截然相反,而严密性最终就是沿着他们的方向,跟随着柯西的研究前进的。[2]

在 1797 年出版的不仅有卡诺著作的第一版,还有拉格朗日的名著《解析函数论,包含微分学原理,不用无穷小或者消失量、极限或流数的任何研究,以及化为有限量的代数分析》(*Théorie des fonctions analytiques*, *contenant les principes du calcul différentiel*, *dégagés de toute considération d'infiniment petits ou d'évanouissans*, *de limites ou de fluxions*, *et réduits à l'analyse algébrique des quantités finies*)。这本书根据拉格朗日 1772 年提出的基于泰勒级数的"导函数",仔细而全面地发展了他的典型定义和方法。在书中,作者不仅尝试证明一个错误定理——每个连续函数都可展开为泰勒级数,而且还求出了初等函数的"导函数"(或者说导数),并讨论了它在几何与力学上的大量应用。这个方法因拉格朗日具有很高的威望在短期内一度相当成功。就像麦克劳林有关流数的论文那次的情况一样,数学家对拉格朗日的新方法赞誉有加[3],但很少使用。他们解释说,与普通微

---

① 芒雄(《微积分史纲》,第 290 页注释)误以为卡诺的观点是对达朗贝尔的发展。

② 认为卡诺"为柯西的著名论文扫清了道路"的断言(参阅史密斯:《拉扎尔·尼古拉斯·玛格丽特·卡诺》["Lazare Nicholas Marguérite Carnot"],第 189 页)只有从非常笼统的意义上说是有道理的。

③ 参阅伦敦《每月回顾》(*Monthly Review*,London,N. S.,XXVIII,1799)上的评论,附录,第 481—499 页;也可参阅瓦尔佩加-卡卢索(Valperga-Caluso):《论用前法计算导函数》("Sul paragone del calcolo delle funzioni derivate coi metodi anteriori");以及弗拉博格(Froberg)等人的专题论文集,《论拉格朗日发明的微分和积分分析》(*De analytica calculi differentialis et integralis theoria*, *inventa a cel. La Grange*)。

261 分和积分相比，他的符号不如前者方便，涉及的计算也更麻烦，因而只要通过拉格朗日的方法确信其他更加便捷的方法是合理的就够了。拉格朗日自己似乎也持有这种观点，因为他终其一生都一边使用导函数方法，一边使用微分符号。

　　大多数反对拉格朗日方法的观点都集中在其符号和运算的不便，但是，不久之后，人们就开始对所有连续函数都可展开为泰勒级数这一原理的正确性产生怀疑。有人指出[1]，只有非常简单的函数才有可能这样展开，因此该方法适用范围有限。另外，波兰人斯尼亚代茨基（Sniadecki）正确地解释说，该方法基本上等同于极限法。[2] 不过，当时人们对收敛、连续性和函数的理解还不够清楚，无法进一步澄清这些概念。

　　另一个波兰数学家霍埃内·朗斯基（Hoëné Wronski）也抨击了拉格朗日的观点，他的说法有趣但有点不恰当。他是莱布尼茨微分法和康德先验哲学的狂热信徒，有些刻薄地反对拉格朗日在分析中禁用无穷大的意图。虽然朗斯基曾中肯地质问拉格朗日证明泰勒级数时所用的级数 $f(x+i)=A+Bi+Ci^2+Di^3+\cdots$ 来自何处，但他批评拉格朗日，与其说是因为拉格朗日处理无穷级数时缺乏严密的逻辑，不如说是因为后者缺乏足够广博的视野。朗斯基相信，近代数学将建立在"至高无上的计算法则" $Fx=A_0\Omega_0+A_1\Omega_1+A_2\Omega_2+A_3\Omega_3+\cdots$ 基础上，其中的量 $\Omega_0,\Omega_1,\Omega_2,\Omega_3,\cdots$ 是

---

[1] 参阅迪克斯坦（Dickstein）:《微积分学基本原理的历史》（"Zur Geschichte der Prinzipien der Infinitesimalrechnung"）;也可参阅拉克鲁瓦:《论微分与积分》（Traité du calcul différentiel et du calcul intégral）,第二版,卷 III,第 629—630 页。

[2] 迪克斯坦:《微积分学基本原理的历史》。

变量 x 的任意函数。他认为,这一定律作为数学至高无上的原则,其不可抗拒的真理性并非来自数学,而是由先验哲学赋予的。[①]

朗斯基说导函数方法的使用范围非常有限,只局限于可以这样展开的某些函数,这种说法当然是正确的。不过,他对微积分的一般认识与目前所接受的看法相去甚远。拉格朗日试图给予该学科正式的逻辑证明,朗斯基则断言,微分构成了支配着量的生成的原始算法,而不是已经形成的量的定律。他声称,微分的命题表达了绝对真理,因此其原理的推论超出了数学的范围。他觉得,极限法、最终比法、消失量法和函数法对微积分的说明都只是间接的,以对新分析的不正确理解为出发点。朗斯基认为,几何学家尝试用纯数学方式检验该学科的基本原理简直是浪费时间和精力。他号召数学家们放弃"亦步亦趋地模仿古代几何学家,别像他们那样避免使用无穷大和依赖于它的方法"。[②]

朗斯基在自己的著作里,比沃利斯和丰特内勒更不加批判地运用无穷大。例如,他说"数字 π 的绝对意义是由表达式……$\dfrac{4\infty}{\sqrt{-1}}\{(1+\sqrt{-1})^{\frac{1}{\infty}}-(1-\sqrt{-1})^{\frac{1}{\infty}}\}$ 给出的"[③]。也许是因为他的记号太新奇,又或者他对符号 ∞ 的用法太怪异,朗斯基没有对微积分的发展产生强烈影响。当时的数学正打算接受他所反对的:把微积分的逻辑基础建立在极限概念之上。不过,朗斯基的著作代表了一种

---

① 《反驳解析函数论》(*Réfutation de la théorie des fonctions analytiques*),朗斯基的《全集》(*Œuvres*),卷 IV。

② 同上书,第39—40页。

③ 同上书,第69页。

极端观点，我们将看到，这样的观点会在整个 19 世纪反复出现。该思想学派的追随者把微积分视为一种解释数量增加的方式，试图保留无穷小的概念——不是作为一种广延量，而是作为一种强度量。数学已经摒弃了固定的无穷小，因为它不能合乎逻辑地建立这个观念；但是先验哲学为了保存这方面的原始直觉，试图把它解释为一种与数量的产生相联系的先验形而上学实体。

当时许多数学家试图给微积分提供这样的基础，即在逻辑上改进或者取代根据极限和无穷小给出的基础。拉格朗日的《解析函数论》也是这类尝试之一，但它是其中最重要的一种。孔多塞（Condorcet）、阿博加斯特（Arbogast）、塞尔瓦（Servois）等人提出了与拉格朗日类似的方法。[①] 孔多塞早在 1786 年就开始撰写一部有关微积分的著作，是基于级数和有限差分的，但因为法国大革命而中断了创作，该书未能出版。[②]

1789 年，L. F. A. 阿博加斯特向法国科学院提交的"真正的微分理论"，是沿着拉格朗日和孔多塞的方向发展的。1800 年，该著作以《导数的计算》（*Du calcul des dérivations*）为题发表，作者在书中试图用普通代数中找到的简单性和必然性建立微积分的原理，而不依赖于极限和无穷小。[③] 阿博加斯特就像拉格朗日那样，假设函

---

① 关于这些著作，请参阅前面提到的迪克斯坦著作，还有莫里兹·康托尔的《数学史讲义》（卷 IV，第 XXVI 节），以及拉克鲁瓦的《论微分与积分》（卷 I，第 237—248 页和前言）。

② 参阅拉克鲁瓦：《论微分与积分》，卷 I，第 xxii—xxvi 页。

③ 参阅齐默曼：《数学家阿伯加斯特和数学史》（*Arbogast als Mathematiker und Historiker der Mathematik*），第 44—45 页；还可参阅阿伯加斯特的《导数的计算》前言，以及拉克鲁瓦的《论微分与积分》前言。

数 $F(a+x)$ 可展开为 x 的幂级数,然后证明其中的系数可以等同于人们更熟悉的微商。[①]

这些新方法与英国数学家在贝克莱-尤林-罗宾斯论争之后所做的尝试相似,都是用算术计算方法阐释微积分。它们都像英国的论战一样,表达出对极限法、流数法和无穷小法的不满意。拉格朗日《解析函数论》的完整标题也表明了他对这些方法的不满。F. J. 塞尔瓦在出版于 1814 年的《论阐述微积分学原理的新方法》(*Essai sur un nouveau mode d'exposition des principes du calcul différentiel*)[②]中更加强烈地表达了这样的观点。他把极限法称为"粗野的假设"[③],把微分法称为"斜视病的无穷小"[④]。他反对引入无穷概念,认为这没什么用;他还提到朗斯基在针对拉格朗日的《反驳解析函数论》中阐释微积分的观点,断言他"通过阅读康德,预见几何学家早晚会成为他这个派系抨击的对象"[⑤]。如今,轮到塞尔瓦来尝试将微积分建立在有限差分和无穷级数组合之上了。他就像拉格朗日那样,无视实质性的收敛问题,从表面上消除了极限思想。

顺着这个方向的深入尝试持续了一段时间:有 1821 年格奥尔格·冯·布科伊(Georg von Buquoy)的《无穷小演算的一个新方法》(*Eine neue Methode für den Infinitesimalkalkul*),1849 年

264

---

① 《导数的计算》,第 xii—xiv 页;还可参阅同书第 2 页。

② 该文发表于《数学年刊》(*Annales de Mathématiques*),卷 V(1814—1815),第 93—141 页,1814 年在尼姆出版了单行本。本书参考的是尼姆版本。

③ 《论阐述微积分学原理的新方法》,第 56 页。

④ 同上书,第 65 页。

⑤ 同上书,第 68 页。

C. A. 阿加德(C. A. Agardh)的《论微积分的基本原理》(*Essai sur la métaphysique du calcul intégral*),甚至到 1873 年还有 J. B. 布拉瑟(J. B. Brasseur)的《对微分学基本原理的新阐释》("Exposition nouvelle des principes de calcul différentiel")。[①] 这些都无一例外地通过展开级数来避免"任何形而上学的概念",在这方面,它们非常接近早先拉格朗日、孔多塞、阿博加斯特和塞尔瓦的研究。不过,差不多就在塞尔瓦的研究取得成果的时期,一种使级数严格化的趋势开始了。由此,不加批判地对无穷级数作形式处理,以避开极限法,所有这类企图的基本弱点都暴露无遗。微积分的最终形式注定不会用这些新方法完成,而是建立在他们试图回避的各种观念中的那个极限概念之上。

　　1797 年,卡诺试图协调微积分的所有学说,拉格朗日试图认真地建立他的方法,而就在同一年,拉克鲁瓦的《论微分与积分》第一卷出版了,这很可能是到那时为止,该学科最著名也最具雄心的教科书。拉克鲁瓦在该书前言中宣称,他是受到拉格朗日新方法的启示,才决心写一本关于微积分的专著,它将以一种有启发性的方法代替无穷小法作为微积分的基础。不过,他的书很好地表现了这一时期的犹豫不决,因为尽管他声明了该书的目的,该学科的基础仍然不确定。拉克鲁瓦根据达朗贝尔和吕利耶的极限阐释拉格朗日的级数方法。但是,在这方面,他在谈到发散级数的极限,以及追随欧拉研究 $1-1+2-6+24-120+\cdots$ 这样的无穷级数

---

① 这些著作的完整出处请见后面的参考书目。

时,并不清楚这种关系的重要性。[①] 此外,拉格朗日怀疑莱布尼茨的方法建立在错误的无穷小观念之上,而拉克鲁瓦并不赞成这种怀疑。拉克鲁瓦承认使用了无穷小量。[②] 他接受了拉格朗日的形而上学原理,却运用了莱布尼茨的微分符号[③],这使他的思想时常陷入混乱,并导致他像欧拉一样,把微分系数(按照拉克鲁瓦的称呼)视为两个零的商。[④]

由于不清楚牛顿、莱布尼茨和拉格朗日的方法的关键区别,拉克鲁瓦的著作有点像卡诺那样,试图论证微积分的多种表示具有一致性。数学家兼天文学家拉普拉斯赞赏拉克鲁瓦的态度,说各种方法的调和有助于互相澄清,微积分真正的形而上学原理很可能就在它们的共性中。[⑤] 不过,至少在那个时候,这样做看来很糟糕,因为它在该学科最需要严密逻辑时让其陷入思想混乱。但是,拉克鲁瓦在 1802 年更通俗的著作(《初论》[*Traité élémentaire*],其大部头著作的节本)中删去了拉格朗日的方法,以极限阐释作为新版本的基础,虽然还是不严密,却使得基于无穷小的阐释成为可能。该著作曾多次再版(1881 年出了法语版第 9 版),翻译成多种语言,获得了极大成功,引起其他同类教科书出版。极限法主要就是通过这些论述才为人所熟知,尽管不太严密。也正是通过这些论述,莱布尼茨的记号和极限学说才在英国取代了流数法和那些

---

① 《论微分与积分》,卷 III,第 389 页。

② 同上书,卷 I,第 242 页。

③ 同上书,卷 I,第 243 页。

④ 同上书,卷 I,第 344 页。

⑤ 致拉克鲁瓦的信,发表于《微积分新论》(*Le Nouveau Traité du calcul différentiel*)第二版,前言,第 XIX 页。

与无穷小混淆的阐释。

266 　　1816 年,拉克鲁瓦的节本被译成英文,这一年"标志着一个重要的转变期"①,因为它见证了欧洲大陆所用方法在英国取得的胜利。更重要的是,这一转折点在数学史上还标志着一个新纪元的开始,因为就在第二年,波尔查诺出版了《关于方程在每两个给出相反结果的值之间至少有一个实根的定理的纯粹分析的证明》(*Rein analytischer Beweis des Lehrsatzes dass zwischen je zwei Werthen*, *die ein entgegengesetztes Resultat gewähren*, *wenigstens eine reele Wurzel der Gleichung liege*,以下简称《纯粹分析的证明》),这开启了数学各个分支学科都关注严密性的时期。②在微积分中,这种新趋势使高等分析学将逻辑建立在极限概念之上,自此,从流数法和微分法的发明开始的犹豫不决的时期宣告结束。

---

① 卡约里:《极限和流数概念的历史》,第 270—271 页。
② 参阅皮尔庞特:《数学严密性》,第 32—34 页。

第七章　严密的阐述

18 世纪，围绕流数法、最初比与最终比法、极限法、微分法和导函数法提出的异议，大部分未根据当时的概念得到回答。说到底，这些争论相当于芝诺在两千多年前提出的问题，都建立在无穷和连续性的基础上。但是，除了微分法外，其他方法的支持者都宣称他们不需要使用无穷概念，并且完全忽视连续概念。微分法的倡导者尽管试图根据这些概念来论证微分运算的合理性，却完全不能为它们提供逻辑上一致的解释。大多数数学家都认为这两个概念是形而上学的观念，超出了数学定义的范畴。

回顾历史，我们会发现一个有趣的现象：最不利于在数学中引入无穷和连续性的方法，恰好使它们的引入成为可能。那时似乎既不通向无穷，也不通向连续性定律的极限法，却为它们提供了逻辑基础；为了避开这些困难而发展出的拉格朗日方法所提出的问题，却为解决困难指明了方向。拉格朗日认为，通过泰勒定理，一个连续函数总是可以展开为一个无穷级数。我们已经看到，在 19 世纪初，批评者开始质疑这个原理的合理性。他们开始问一般函数指的是什么，连续函数又指什么，并指责对无穷级数的滥用。当拉格朗日指出必须考虑每一个级数的余项时，他已经开始更谨慎地运用级数了。这一警告可能足以说明他为什么认为自己已经避开了无穷大和无穷小。就像阿基米德一样，他显然认为级数不会一直延伸至无穷，而是会在余项足够小时终止。但是，到了 19 世纪，通过运用无穷级数和无穷集合，无穷的概念将成为微积分的基础。

伯纳德·波尔查诺是波西米亚神父、哲学家和数学家，他是为微积分提供更加严密的基本概念的先驱之一，这种严密性包括算术化方面和对无穷的仔细研究。[①] 1799 年，高斯利用几何方法给出了代数基本定理——每一个有理的整数代数方程都有一个根——的一个证明。波尔查诺希望找到一个只涉及算术、代数和分析的证明。正如拉格朗日认为没必要在数学中引入时间和运动，波尔查诺试图在其证明里避免涉及空间直觉。[②]

要做到这一点，首先必须有一个满意的连续性定义。实际上，可以这样说，毕达哥拉斯学派试图用数代替假想的连续几何量时碰到了困难，为解决困难就产生了微积分。牛顿借助连续运动的直觉，避免了这样的麻烦；莱布尼茨则借助连续性公理回避了这个问题。但是，波尔查诺给连续函数下了一个定义，第一次清楚地表明连续性观念的基础将在极限概念中找到。他定义，若对区间内任意 x，差 $f(x+\Delta x)-f(x)$ 始终小于任何给定的足够小的 Δx（不

---

① 参阅施托尔茨：《B. 波尔查诺在微积分史上的重要性》（"B. Bolzano's Bedeutung in der Geschichte der Infinitesimalrechnung"）。尽管波尔查诺在布拉格出生和去世，奎多·维特（Quido Vetter）却在其《波西米亚数学的发展》（"The Development of Mathematics in Bohemia"，第 54 页）中称他为米兰人，因为他的父亲是北意大利人。

② 《纯粹分析的证明》，第 9—10 页。

论正负），那么函数 $f(x)$ 在该区间内连续。[①] 这个定义与稍后柯西给出的没有本质区别，直到现在都是微积分的基础。

波尔查诺在提出微积分的原理时，清楚地意识到要用有限差之比的极限来解释这个问题。他将 $F(x)$ 对任意 x 值的导数 $F'(x)$ 定义为，不管 Δx 是正的还是负的，当 Δx 趋近于零时，比 $\dfrac{F(x+\Delta x)-F(x)}{\Delta x}$ 无限趋近于或尽可能趋近于 $F'(x)$。[②] 这个定义本质上与吕利耶的相同，不过波尔查诺进一步解释了极限概念的性质。拉格朗日等许多数学家觉得，极限概念与趋近于零的量之商或者零的商紧密相关。欧拉曾经把 $\dfrac{\mathrm{d}y}{\mathrm{d}x}$ 解释为零的商，在这方面，拉克鲁瓦倾向于仿效他。不过，波尔查诺强调如下事实：不应该把这个理解为 dy 比 dx 或者零除以零的商，而应该理解为一个表示单个函数的符号。[③] 他认为，如果一个函数在某一点化为 $\dfrac{0}{0}$，那么它在这个点上就没有确定值。但是，当达到这个点时，它可以有一个极限值；他还正确地指出，把有限值作为 $\dfrac{0}{0}$ 的意义，可使函数在这一点连续。[④]

从微积分发明之日起，就有人认为由于该学科与运动和量的

_____

① 参阅波尔查诺的《全集》(*Schriften*)，卷 I，第 14 页；还可参阅《纯粹分析的证明》，第 11—12 页。

② 波尔查诺：《全集》，卷 I，第 80—81 页；参阅《无穷的悖论》(*Paradoxien des Un-endlichen*)，第 66 页。

③ 《无穷的悖论》，第 68 页。

④ 波尔查诺：《全集》，第 25—26 页。

增长联系紧密,因此一个函数的连续性就足以保证导数的存在了。然而,波尔查诺却在 1834 年给出了一个不可微连续函数的例子。这个函数建立在一个基础作法之上,该作法可描述如下:设 PQ 是一条与水平线斜交的直线段,将线段 PQ 在点 M 对分,再将线段 PM 和 MQ 四等分,分割点分别为 P_1, P_2, P_3 和 Q_1, Q_2, Q_3。设 P'_3 为 P_3 通过 M 点在水平线上的反射,设 Q'_3 为 Q_3 通过 Q 点在水平线上的反射,由此形成折线 $PP'_3MQ'_3Q$。然后将上述基础作法应用于这条折线的四个部分,以这种方式获得分割成 4^2 段的折线。无限继续这一过程,这个由折线构成的图形将收敛于一条曲线,表示一个处处都不可微的连续函数。①

波尔查诺给出的这个说明,在数学上本来可以像科学中的决验法(experimentum crucis)一样,证明连续函数尽管有几何与物理直觉的暗示,却并不一定有导数。但是,波尔查诺的著作在那时还不为人知,因此这一任务留给了魏尔斯特拉斯,他在三分之一个世纪后,给出了这种函数的著名例子。②

拉格朗日曾经认为,他的级数法避免了考虑无穷小或者极限的必要性;但是波尔查诺指出,对无穷级数来说,必须考虑收敛的问题。这些问题类似于极限问题,从下面波尔查诺的描述可以明显看出:对于序列 $F_1(x)$, $F_2(x)$, $F_3(x)$, …, $F_n(x)$, …, $F_{n+r}(x)$, …,如果在 n 无限增加的情况下, $F_n(x)$ 和 $F_{n+r}(x)$ 的差

---

① 参阅科瓦列夫斯基(Kowalewski):《论波尔查诺的不可微连续函数》("Über Bolzanos nichtdifferenziebare stetige Function")。

② 魏斯曼(Waismann)在《数学思想引论》(*Einführung in des Mathematische Denken*,第 122 页)中误把魏尔斯特拉斯当作了第一个给出这种例子的人。

变得一直小于任何给定量,则存在且只存在一个使这个序列尽可能趋近的值。① 我们以后将看到,波尔查诺的基本命题对于实数和算术连续统的一般定义也很重要。

　　虽然有空间和时间概念的悖论存在,波尔查诺仍然认为,任何连续统最终都可被视为由点组成。② 在这方面他与伽利略相似,他也提到了伽利略。③ 波尔查诺否认存在无穷大量和无穷小量,但他和伽利略一样认为存在实无穷集合。有关这样的集合,他谈到了伽利略指出的悖论:在这种情况下,部分可以与整体一一对应。例如,从 0 到 5 之间的数,可以和 0 到 12 之间的数配对。④ 关于无穷大,波尔查诺的观点本质上就是从康托尔时代起数学家们所采用的,只有一点除外:波尔查诺认为具有不同的无穷势的集合,后来被发现具有相同的势。波尔查诺试图用神学来证明无穷存在,但是在这个世纪稍晚的时候,那个被他和伽利略简单地视为悖论的性质,却被戴德金在澄清微积分概念时用作了无穷集定义的基础。

271

　　波尔查诺的观点指出了最终阐述微积分的方向,19 世纪的许多思想都朝着这个方向发展,然而它没有对微积分的发展产生太大影响。他的著作基本上无人注意,直到半个多世纪之后才被赫

---

①　《纯粹分析的证明》,第 35 页。
②　《无穷的悖论》,第 75—76 页。
③　同上书,第 89—92 页。
④　同上书,第 28—29 页。

尔曼·汉克尔发现。[①] 不过，幸好数学家 A. L. 柯西在与波尔查诺大致相同的时期，也探索了类似的观点，而且成功地把微积分建立在这些基础之上。

在数学著述的产量方面，柯西可与欧拉媲美，他撰写了大约800 部专著和论文，几乎涉及数学的所有分支。[②] 他最伟大的贡献包括将严密方法引入微积分的三部专著：《理工科大学分析教程》(*Cours d'analyse de l'École Polytechique*，1821 年)、《无穷小计算概要》(*Résumé des Leçons sur le calcul infinitésimal*，1823 年)和《微分学讲义》(*Leçons sur le calcul différentiel*，1829 年)。[③] 通过这些著作，柯西对这门学科延续至今的特点产生的影响，超过其他任何人。

我们已经看到，极限概念从希腊的穷竭法开始逐渐发展，到了牛顿时代，才在《自然哲学的数学原理》中得到说明。罗宾斯、达朗贝尔和吕利耶更明确地把它用作微积分的基本概念，拉克鲁瓦的教科书里也有它。但是，在这漫长的发展过程中，极限概念一直建立在几何直觉的基础上，缺少精确的表达形式。它几乎不可能以其他形式存在，因为这期间算术和代数概念主要建立在几何量观念的基础之上。微积分的发明者认为，微积分只是一种工具，用来

272　解决几何中涉及量的关系的问题，他们的继承者大多也接受了这

---

① 参阅迪克斯坦：《微积分学基本原理的历史》，第 77 页；以及埃尔希(Ersch)和格鲁瓦(Gruber)主编的《普通百科全书》(*Allgemeine Encyklopädie*)中汉克尔所写的词条"极限"。

② 参阅瓦尔森(Valson)：《柯西男爵的生活与工作》(*La Vie et les travaux du Baron Cauchy*)，由邦孔帕尼(Boncompagni)评论，第 57 页。

③ 第一部在柯西的《全集》(*Œuvres*)(2)，卷 III；后两部在《全集》(2)，卷 IV。

样的观点。从某种意义上说,欧拉和拉格朗日在这方面是例外,因为他们试图将微积分建立在其解析函数概念的形式上。但是,即便如此,他们也摒弃了极限概念。另外,当他们不加批判地推断其方法适用于所有连续曲线时,还是无意中接受了几何直觉的先入之见。尽管达朗贝尔、吕利耶和拉克鲁瓦通过在著作里推广极限概念为柯西打下了基础,但那时这种概念很大程度上仍是几何的。

不过,在柯西的著作里,极限就像在波尔查诺的思想中那样,成了清楚而确定的算术概念而非几何概念。在此之前,如果要说明这个概念,人们最先想到的就是被定义为多边形的极限的圆。这种说明立刻会带来如何解释这个概念的问题。是让多边形的边和表示圆的点重合吗?多边形是否变成了圆?多边形的性质与圆的是否相同?正是这些问题妨碍了人们接受极限概念,因为它们类似于芝诺的悖论,要求将第一个图形的性质逐渐转化为第二个图形的性质的过程加以形象化。

就在最近,极限概念还被肤浅地解释为:不管是把圆称为边长无限减小的多边形的极限,还是把圆视为一个具有无数个无穷小边长的多边形,都无关紧要,因为在这两种情况下,最后多边形与圆的"具体差别"都消失了。[①] 这种诉诸几何直觉的情况与极限概念简直挨不着边。柯西在《分析教程》中给极限下定义时,使这个概念完全摆脱了几何图形或者几何量,他说"如果一个变量的一系列值无限趋向一个固定量,使之最后与固定值之差可任意地小,那

---

① 维凡蒂:《无穷小的概念》,第39页。

273　　么这个固定值就被称为所有其他值的极限"[1]。这是到那时为止数学家为极限下的最清晰的定义——尽管后来的人对此有异议，试图使之更形式化、更精确。柯西的定义运用了数、变量以及函数的概念，而不是运用几何与动力学直觉。在说明这个极限概念时，柯西说一个无理数是各种有理分数逐渐接近的极限。[2]

　　在极限的算术定义基础上，柯西接下来继续定义那个难以捉摸的术语——无穷小。自从希腊数学思辨遭遇无穷小，这个概念就和空间性质的几何直觉密切相关，多多少少被视为固定的极小延展。这个概念没有在算术中发展起来，多半是因为人们把 1 看作是数字的极小值，而把有理分数当作两个数之比来处理。不过，17 世纪见证了代数方法在几何学中的迅速崛起，因此，在费马时代，无穷小成为代数和几何都关心的问题。牛顿曾经坚持说，他的方法不涉及最小可感知量，但是他用最终比而不是有限的数阐释他的步骤，这使他的消逝量以最小可感知量的形式出现。莱布尼茨在否认存在实际无穷小时不那么确定，前后也不太一致，因为他有时候认为它们是确定量，有时候又认为是不确定量，偶尔还认为它们是定性的零。不过，18 世纪函数概念的发展，以及它对变量之间关系的强调，使得柯西认为无穷小不过是一个变量。"如果一个变化量的数值无限减少，以至于朝着极限零收敛，那么这个量就成为无穷小了。"[3] 结果，除了把无穷小理解为所取的值收敛、以零为极限以外，无穷小就和其他变量没有什么差别了。

---

① 参阅柯西：《全集》(2)，卷 III，第 19 页；还可参阅卷 IV，第 13 页。
② 同上书，卷 III，第 19 页、341 页。
③ 同上书，卷 III，第 19 页；卷 IV，第 16 页。

为了使无穷小的概念更有用，并且为了利用莱布尼茨的观点提供的运算便利性，柯西又增加了高阶无穷小的定义。牛顿局限于一阶无穷小或者消逝的量，但是莱布尼茨曾试图定义高阶无穷小。例如，他将二阶无穷小定义为，它与一阶无穷小之比等于一阶无穷小与给定有限常数（如 1）之比。这样一个含糊的定义不能一贯运用，但是达朗贝尔试图根据极限来改进它。在一定程度上，他认识到应将无穷小视为变量，无穷小量的阶应该根据它们之比来定义；但是，我们看到，他的研究缺乏为人广泛接受所必需的那种表述上的精确性。因此，用极限概念的精确符号体系表达达朗贝尔观点的任务，也留给柯西来完成了。

274

柯西是这样定义的：对于无穷小量 x，如果 $\lim\limits_{\substack{x\to 0 \\ y\to 0}}\left(\dfrac{y}{x^{n-\varepsilon}}\right)=0$ 且 $\lim\limits_{\substack{x\to 0 \\ y\to 0}}\left(\dfrac{y}{x^{n+\varepsilon}}\right)=\pm\infty$，那么 $y=f(x)$ 就是 x 的 n 阶无穷小，ε 具有其古典意义——一个任意小的正的常数。[1] 这里，我们再次看到，变量、函数和极限概念在柯西的工作中占据支配地位。牛顿、莱布尼茨和达朗贝尔都未能清楚区分自变量无穷小和因变量无穷小，而柯西在谈到无穷小 y 对于另一个无穷小 x 的阶时，他就把两者的区别融入其定义了。其中 x 是自变量，可以设 x 为任意趋近于极限零的序列的数值，对应的 y 值的序列根据 y 与 x 的函数关系来确定。然后求出比值 $\dfrac{y}{x^{n-\varepsilon}}$ 和 $\dfrac{y}{x^{n+\varepsilon}}$ 的序列的极限，由此确定了无穷小 y 的阶。这与目前教科书中给出的普通定义本质上是相同的：

---

[1] 柯西:《全集》(2)，卷 IV，第 281 页。

如果 $\lim\limits_{x\to 0}\frac{y}{x^n}$ 是一个不等于零的常数，则称 y 为对于另一个无穷小 x 的 n 阶无穷小。

275　　　达朗贝尔曾经讨论过无穷大的阶，柯西用类似的方式，让无穷大阶的观点严密而清晰。波尔查诺从集合的角度思考，宣称有可能存在实无穷；柯西则强调可变性，否认这种可能性，因为这种假设似乎会导致悖论。[①] 他只承认亚里士多德的潜无穷，和达朗贝尔一样将无穷仅仅理解为不确定大，即一个变量，其连续数值的增加超过了任何给定数。[②] 然后他就用完全类似于无穷小的阶的方式，定义了无穷大的阶。

　　确定了极限、无穷小和无穷大的概念之后，柯西就能够定义微积分的核心概念——导数了。他的阐述和波尔查诺的完全一样：设函数为 $y=f(x)$，变量 x 的增量为 $\Delta x=i$，形成比式 $\frac{\Delta y}{\Delta x}=\frac{f(x+i)-f(x)}{i}$。当 i 趋近于零的时候，他用 $f'(x)$ 表示该比的极限（"如果存在"），并称之为 y 关于 x 的导数。[③] 当然，这就是吕利耶的微商，但由于运用了欧拉和拉格朗日的函数概念，它的意义变得明确了。柯西使导数成为微分的核心概念，然后"微分"就可根据导数来定义。于是，微分就只是一种方便的辅助概念，我们便可以使用莱布尼茨富有联想性的记号，而不会因为这种记号混淆增量和微分。莱布尼茨曾认为微分是基础概念，并根据它来定义微

----

① 参阅恩里克斯：《逻辑学的历史发展》，第 135 页。
② 柯西：《全集》(2)，卷 III，第 19 页；还可参阅卷 IV，第 16 页。
③ 同上书，卷 IV，第 22 页；还可参阅第 287 页、289 页。

商,柯西却逆转了这种关系。他用极限定义了导数之后,才用导数表示微分。如果 dx 是一个有限常量 h,那么 $y=f(x)$ 的微分 dy 就定义为 $f'(x)dx$。换言之,微分 dy 和 dx 是这样选取的量:它们的比 $\dfrac{(dy)}{(dx)}$ 与比式 $\dfrac{\Delta y}{\Delta x}$ 的"最终比"或其极限 $y'=f'(x)$ 一致。[①] 实际上这就是达朗贝尔和吕利耶的观点,甚至莱布尼茨已经有了先见之明,他在 1684 年说,dy 比 dx 等于纵坐标与次切距之。不过,如果莱布尼茨要让他的研究具有逻辑性,他还必须用极限定义术语"次切距",使比的极限成为导数。

276

然而,柯西给予导数和微分概念一种形式上的精确性,这是其前人的定义所缺少的。因此他也就能够给出高阶微分的满意定义了。当然,微分 $dy=f'(x)dx$ 是 x 和 dx 的函数。如果 dx 是固定的,那么函数 $f'(x)dx$ 也将依次拥有一个导数 $f''(x)dx$ 和微分 $d^2y=f''(x)dx^2$。一般地有 $d^ny=f^n(x)dx^n$。柯西还补充说,因为 n 阶导数就是它与 dr^n 相乘得出 d^ny 的系数,因此这个导数就叫作微分系数。[②]

这种说法并不意味着高阶导数要用高阶微分来定义。事实上情况是相反的,微分脱离了导数根本就没有逻辑意义。柯西保留微分只是把微分当作辅助概念,在运算上它比导数更方便。这一事实使得数学家阿达玛(Hadamard)于 1934 年到 1936 年在《数学公报》(*Mathematical Gazette*)上对该问题的讨论中认为,阐述微

---

① 柯西:《全集》(2),卷 IV,第 27—28 页、287—289 页。

② 同上书,卷 IV,第 301 页及以后。

积分时,运用高阶微分毫无意义。[1]

实际上,柯西对导数和微分的定义并无新意。这些定义运用函数、变量、变量的极限等概念,更像是澄清此前其他人给出的定义。18 世纪,函数一词一般指根据变量和当时普遍使用的运算符号书写的简单表达式。当然,它不包括波尔查诺的不可微函数。但是,到下个世纪初,J. B. J. 傅里叶的著作表明,可以用三角函数的无穷级数解析地表示任意非连续曲线。由此,人们对函数概念的理解更加全面了。[2]

函数只是一种解析表示法的形式主义观点,被函数是变量间的任意关系这种看法所取代。由此,人们认识到,曲线的连续性不必通过单个连续函数方程来表示。这又使人们看到有必要重新定义连续性。柯西对这种需要的回答类似于波尔查诺那个未引起注意的定义:对于函数 $f(x)$,如果在给定区间,变量 x 的一个无穷小增量 i 总会在该函数中产生一个无穷小增量 $f(x+i)-f(x)$,那么该函数在给定区间就是连续的。[3] 在这里,无穷小一词就像在柯西著作中的其他地方一样,应该按不确定小和极限来理解:如果对于区间内任何数值 a,在 x 趋近于 a 时,变量 $f(x)$ 的极限为 $f(a)$,那么 $f(x)$ 在该区间就是连续的。这个定义将先前几个世纪的观点颠倒了过来。牛顿(含蓄地)和莱布尼茨(明确地)都将微积

---

[1] 阿达玛:《教学中的微分表示法》("La Notion de différentiel dans l'enseignement")。

[2] 参阅儒尔丹的两篇文章:《关于傅里叶对数学概念的影响》("Note on Fourier's Influence on the Conception of Mathematics")和《柯西的定积分和函数连续性概念的来源》("The Origin of Cauchy's Conceptions of a Definite Integral and of the Continuity of a Function")。

[3] 柯西:《全集》(2),卷 III,第 19—20 页、278 页。

分的合理性建立在希腊思想力求避开的假想，即一种模糊的连续性概念上，认为极限状态将在变量趋近于极限时遵守同样的定律。柯西将连续性概念精确地数学化，并且表明是连续性概念依赖于极限概念，而不是相反。此外，连续性的本质并不像直觉隐约感到、亚里士多德叙述的那样，在于某些部分的模糊混合、一致或者接近，而在于某种特定形式的算术关系。这种关系后来在点集论中得到详细阐述，进而导出了连续统的定义。

新的连续性观念带来了一系列新的问题。需要指出的是，整个犹豫不决的时期——从牛顿和莱布尼茨到拉格朗日和拉克鲁瓦——讨论的内容都集中于微分和导数的概念，而把积分的概念排除在外。这种状况很容易解释。从希腊时代一直到帕斯卡的时代，人们通过各种等价于微元之和的方法来求面积。如果按照极限概念给予合适的阐释，这些方法都相当于现在所说的定积分。但是，巴罗、牛顿和莱布尼茨做出了那个杰出的发现，即求面积的问题不过是求曲线切线的逆问题而已。由于针对后一类问题发展出了方便的算法——流数法和微分法，因此，只需颠倒这些运算过程，就可得到系统化求面积的方法。

牛顿将流数之逆叫作流量。莱布尼茨将积分定义为微分之和——尽管他认识到积分为微分之逆，并且根据这个事实求积分。流数和微分之逆等价于现在所谓的逆导数、原函数或不定积分，有时候干脆就叫积分。在我们前面讨论的那个时期，把积分理解为微分的逆，比把积分理解为和更加流行。约翰·伯努利在莱布尼茨和式积分学的形式发展中，放弃了积分作为和的定义，明确地称之为微分的逆运算。他认为积分的目的，就是从若干微分的给定关系中,找出这些量之间的关系。[①]

欧拉利用和的概念求定积分的近似值,但是他把微分理解为零,因此拒绝莱布尼茨把积分视为求和过程的观点,像约翰·伯努利那样把积分定义为微分的逆运算。[②] 吕利耶非常强调积分是导数之逆,甚至还建议用"积分比"的说法代替"积分和"。[③] 拉格朗日同样认为积分问题是求"导函数"的原函数[④];拉克鲁瓦则说,积分的目的是从微分系数中得到推导出它们的函数[⑤]。波尔查诺也与他们类似,把积分定义为导数之逆。[⑥]

279

这种倾向导致的结果是,这一时期积分的定义在逻辑上都直接依赖于微分定义,于是后者成为讨论微积分运算和概念合理性的基础。不过,19 世纪初期的发展带来了新观点。柯西重申(定)积分的定义应为和式极限,从而使微积分的两个基础概念——导数和积分——的独立定义成为必需的条件。

由于导数已经被定义为 $\lim\limits_{h \to 0} = \dfrac{f(x+h)-f(x)}{h}$,我们从波尔查诺和柯西的连续性定义中可以看到,导数的存在隐含了函数在该点的连续性——尽管反之并不正确。因此,18 世纪意义上的积分即反导数的存在,势必与连续性问题紧密相连。不过,即使是非连续曲线显然也有面积,所以,非连续函数也允许有莱布尼茨意义下

---

① 《第一部积分学》,第 3 页;还可参阅同书,第 8 页;以及《全集》,卷 III,第 387 页。

② 《全集》,卷 XI,第 7 页。

③ 《初探》,第 32 页;还可参阅同书,第 144 页。

④ 《全集》,卷 III,第 443 页。

⑤ 《论微分与积分》,卷 II,第 1—2 页。

⑥ 波尔查诺:《全集》,第 83—84 页。

的积分。于是柯西就恢复了定积分作为和的特征。对于在区间 x_0 到 X 之间连续的函数 $y = f(x)$，柯西构建了乘积的特征和式 $S_n = (x_1 - x_0) f(x_0) + (x_2 - x_1) f(x_1) + \cdots + (X - x_{n-1}) f(x_{n-1})$。如果差 $x_{i+1} - x_i$ 的绝对值无限减小，S_n 的值将"最终达到某个极限"S，后者只依赖于函数 $f(x)$ 的形式以及界值 x_0 和 X——"这个极限就叫作定积分"。[①]

柯西提醒说，用来表示这个极限的积分符号 $\int$，不应该理解为一个总和，而应该理解为这类和的极限。[②] 然后，柯西提出这样的事实：尽管两个运算的定义彼此独立，在这个意义上，积分却是微分过程的逆。他证明，如果 $f(x)$ 是一个连续函数，被定义为定积分的函数 $F(x) = \int_{x_0}^{x} f(t)\, dt$ 就以函数 $f(x)$ 为其导数。[③] 这很可能是通称为微积分基本定理的命题，第一次得到严密的论证。[④]

280

只需将柯西的定积分定义稍加改动，就可推广到在定义区间具有间断点的函数上。例如，如果函数 $f(x)$ 在区间 x_0 到 X 之间的 X_0 点处不连续，那么从 x_0 到 X 的定积分就定义为和式 $\int_{x_0}^{X_0 - \varepsilon} f(x)\, dx +$

---

① 柯西：《全集》(2)，卷 IV，第 125 页；还可参阅儒尔丹：《柯西的定积分和函数连续性概念的来源》，第 664 页及以后；《柯西和高斯的函数理论》（"The Theory of Functions with Cauchy and Gauss"），第 193 页。

② 柯西：《全集》(2)，卷 IV，第 126 页。

③ 同上书，第 151—152 页。

④ 萨克斯：《积分理论》，第 122—123 页。

$\int_{X_0+\varepsilon}^{X} f(x)\mathrm{d}x$ 在 ε 变成不确定小时的极限（如果极限存在的话）。[1]

不连续函数已经在数学和科学中扮演了重要角色，而从柯西那时起，积分理论就以将积分视为和式的观点为基础，得到了很大发展。例如，勒贝格（Lebesgue）积分就是由这个观点发展出来的。[2] 在定积分定义中讨论的那些无穷级数，在柯西之前已经被运用了一个多世纪，但是大约到 19 世纪初，人们才强烈地感到需要考虑这些运算的收敛性。"收敛级数"这个术语似乎是在一个半世纪之前，由詹姆斯·格雷戈里第一次使用的，虽然适用范围有限[3]；但是 18 世纪的研究普遍缺乏严密性，因此不具备发展该概念所必需的思想精确性。那个世纪初的瓦里尼翁和世纪末的拉格朗日说：如果不考虑余项，就不能可靠地使用级数。这样的看法使该概念的发展朝前迈出了一步。[4]

不过，仍然没有人给出收敛无穷级数的一般定义或者理论，于是欧拉和拉克鲁瓦在研究中继续运用发散级数。然而，进入 19 世纪后，阿贝尔（Abel）、波尔查诺、柯西和高斯都指出，需要定义和验证无穷级数的收敛性，然后才能在数学中合理使用无穷级数。在这方面，尤其是柯西的研究，通过其著作对同时代人产生了广泛影响，为收敛和发散理论奠定了基础。柯西是这样定义收敛级数的：如果对于值不断增加的 n，和 S_n 无限趋近于某个极限 S，那么级数

[1]　参阅柯西：《全集》(2)，卷 I，第 335 页和《著作集》(1)，卷 I，第 335 页。

[2]　萨克斯：《积分理论》，第 125 页。

[3]　参阅《论圆和双曲线的实际求积》，第 10 页。

[4]　瑞弗：《无穷级数的历史》，第 69—70 页、155 页。

收敛,极限 S 在这种情况下就称为级数之和。[①] 柯西清楚地表明这里也涉及极限概念,就像在微分和积分中以及定义连续性时一样。另外,他还指出,只有在这个意义上,才能认为一个无穷级数有一个和。换言之,在极限概念的基础上,芝诺的阿基里斯悖论完全可以用精确的观点作答。

柯西继续他的研究,试图证明现在通常所说的柯西定理——序列收敛于一个极限的充分必要条件是:对于任何大于 n 的 p 和 q 的值,当 n 充分大时,可以使 S_p 与 S_q 之差的绝对值小于任何指定量。现在,我们称满足这种条件的序列是自身收敛的。条件的必要性根据收敛的定义就可直接得出,但是要证明条件的充分性,则需要先定义实数系,假定的极限 S 就是一个实数。没有无理数的定义,这一部分的证明从逻辑上就是不可能的。

柯西在其《分析教程》中说,无理数应被视为有理数序列的极限。由于极限被定义为序列的项所逼近的一个数,最终序列的项与这个数的差可小于任何给定数,那么在极限的定义中,无理数的存在依赖于已知存在的量,也就是依赖于先验的定义。也就是说,不能把数 $\sqrt{2}$ 定义为序列 $1, 1.4, 1.41, 1.414, \cdots$ 的极限,因为考虑到极限和收敛的定义,要证明该序列有一个极限,就必须假定之前已经证明或者定义过这个数存在。

柯西似乎没有意识到这里的循环推理[②],默认每个自身收敛的序列都有极限。也就是说,他觉得一个具有收敛与级数之和所

282

---

① 柯西:《全集》(2),卷 III,第 114 页。

② 参阅普林斯海姆:《无理数与极限概念》,第 180 页。

体现的外在关系的数,可以根据柯西定理表达的内在关系得出。这个观点也许恰好基于他和波尔查诺力图避开的东西,即来自几何的先入之见。借用几何线段作为数的概念的基础的尝试,曾经带来毕达哥拉斯学派的不可公度难题,以及随之而来的微积分的发展。在柯西之前两个世纪,圣文森特的格雷戈里同样提出过,一个无穷等比数列之和可以用一条线段的长度表示,因此就可认为这个级数有一个极限。但是,为了使分析中的极限概念独立于几何学,19 世纪下半叶的数学家们试图在提出无理数的定义时,不使用极限定义。

闯入柯西无理数概念的几何直觉,同样使柯西错误地认为,一个函数的连续性足以保证该函数的几何表示和证明导数存在。[①] A. M. 安培(A. M. Ampère)也曾在类似于柯西那样的几何预想引导下,企图证明这个错误的命题:除了区间中某些孤立点外,每个连续函数都有一个导数。[②] 大概就在同一时期,波尔查诺在手稿中举例说明这种观点是错误的,但是直到魏尔斯特拉斯发表他的结果,这个事实才为世人所知。

可以有把握地说,是柯西使微积分的基本概念得到了严密的阐述。柯西因此通常被认为是近代意义上的严格微分的奠基者。[③] 他在精确定义的极限概念基础上,建立了连续性和无穷级数的理论以及导数、微分和积分的理论。通过其讲义和教材的普

---

① 儒尔丹:《柯西和高斯的函数理论》。

② 参阅普林斯海姆:《函数理论的基础原理》("Principes fondamentaux de la théorie des fonctions")。

③ 克莱因:《高观点下的初等数学》,第 213 页。

及,他对微积分的阐述被普遍采纳,到现在仍被采用。不过,无穷 283
小仍然被运用了一段时间。S. D. 泊松在其《力学教程》(*Traité de mécanique*)中大量使用无穷小法,这本书在 19 世纪上半叶多次出版,很长一段时间内都是标准著作。他认为这些"小于任何同类性质的给定量"是真实存在的,而不仅仅是"几何学家想象的一种研究方法"。[①] 因此他认为,微分学的目标就是求无穷小量之比——其中忽略了高阶的无穷小[②];而积分是微商的逆。

A. A. 库尔诺(A. A. Cournot)同样反对柯西的著作,不过立场略有差别。他在出版于 1841 年的《函数与无穷小计算初论》(*Traité élémentaire de la théorie des fonctions et du calcul infinitésimal*)中宣称,他对科学哲学的爱好使他具备了研究微积分形而上学原理的能力。[③] 说到这一点,他的态度和卡诺的有点相似。他认为,牛顿和莱布尼茨的理论是互补的,而拉格朗日的方法只是对牛顿观点的回归。[④] 无穷小只能间接利用极限来定义,但它是一种根据连续性定律来生成量的模式,"存在于自然之中"。[⑤]

不过,库尔诺主张概念存在于理解中,独立于为它们所下的定义。简单的概念有时会有复杂的定义,甚至没有定义。出于这个原因,他觉得不应该让速度和无穷小之类的观念的精确性从属于

---

① 《力学教程》,卷 I,第 13—14 页。
② 同上书,第 14—16 页。
③ 《函数与无穷小计算初论》,前言。
④ 同上。
⑤ 同上书,第 85—88 页。

逻辑定义。[①] 这种观点与上个世纪统治数学的观点截然相反。从库尔诺的时代起，分析的趋势就是以前所未有的谨慎，正式从逻辑上对该学科加以详细阐述。这一潮流起源于 19 世纪上半叶，主要由柯西推动，到 19 世纪下半叶由魏尔斯特拉斯继续发展，获得了显著成功。

284　　　　柯西的研究谨小慎微，但是他的说明中仍然有许多措辞需要进一步解释。"无限趋近于""要怎么小就怎么小"和"无穷小增量的最后比"等表达要按照极限法来理解，但是它们本身就包含了一些上世纪已经提出来的难题。变量趋近于一个极限的概念唤起了运动和量的生成的模糊直觉。此外，柯西的描述里还有某些细微的逻辑缺陷。其中一个是他未能清楚说明无穷集合的概念，这是其无穷序列研究的基础，而导数和积分就建立在无穷序列之上。还有一个缺陷非常明显，他没有定义所有概念中最基本的概念——数，这对极限的定义从而对微积分概念的定义极其重要。波尔查诺首先触及其中的第一个问题，但是很久之后，大部分是通过格奥尔格·康托尔（Georg Cantor）的努力，这个理论才得到进一步发展。第二个问题的难点主要在于无理数定义中的一个恶性循环，这由魏尔斯特拉斯解决了。

　　尽管柯西赋予了微积分概念目前的一般形式，让它以极限概念为基础，但是微积分严密性的权威论述还没有给出；是卡尔·魏尔斯特拉斯[②]为分析建立了纯粹形式化的算术基础，令其完全独

---

① 《函数与无穷小计算初论》，第 72 页。

② 参阅庞加莱：《魏尔斯特拉斯的数学著作》（"L'Œuvre mathématique de Weierstrass"）；还可参阅皮尔庞特：《数学严密性》，第 34—36 页。

立于所有几何直觉。1872 年,魏尔斯特拉斯宣读了一篇论文,说明了波尔查诺早些时候已经知道的事实,即在整个区间都连续的函数可以在该区间的任何一点都没有导数。[①] 在此之前,一般的观点基于物理经验,认为一条连续曲线必有切线(在某些孤立点处除外)。由此得出结论,相应的函数一般都应该有导数。然而,魏尔斯特拉斯最后确证,这种凭经验得出的结论是不正确的。他通过构造一个不可微的连续函数 $f(x) = \sum_{n=0}^{\infty} b^n \cos(a^n \pi x)$ 来证明这一点,其中 x 为实变数,a 为奇数,b 是小于 1 的正的常数,$ab >$ $1 + \dfrac{3\pi}{2}$。[②]

285

从那以后,还有许多这样的函数被发现,我们甚至可以这么说,在所有连续函数中,在某些点有切线的只是例外,虽然这有违几何直觉。[③] 从下面的事实更可以看出,以直觉为指导是不可靠的:我们有一些用运动来定义的连续曲线,但是它们没有切线。[④]

魏尔斯特拉斯非常清楚,直觉是不可信的,所以,他尽量让他的分析学基础具有严密和精确的形式。他没有像柯西那样,通过若干论著提出他对微积分原理的研究,也没有撰写一系列论文。

------

① 魏尔斯特拉斯似乎早在 1861 年就在讲义中谈到了这一点。参阅普林斯海姆:《函数理论的基础原理》,第 45 页注释;沃斯:"微积分",第 260—261 页。

② 参阅魏尔斯特拉斯:《数学著作》(*Mathematishce Werke*),卷 II,第 71—74 页;芒雄:《魏尔斯特拉斯的没有导数的连续函数》("Fonction continue saus derivée de Weierstrass")。

③ 参阅沃斯:"微积分",第 261—262 页。

④ 尼柯克(Neikirk):《一组用运动定义但没有切线的曲线》("A Class of Continuous Curves Defined by Motion Which Have No Tangents Lines")。

他的观点主要是通过听他的课的学生，由他们的著作公之于世的。[①]

为了保证逻辑正确性，魏尔斯特拉斯希望把微积分（以及函数理论）只建立在数的概念上[②]，由此将它完全与几何分开。要做到这一点，就有必要对无理数给出一个独立于极限概念的定义，因为极限概念是以无理数为前提的。于是，这就引导魏尔斯特拉斯对算术的基本原理，特别是无理数理论做深入研究。他没有去探究什么是数的本质，而是先把整数概念当作有一个共同典型特性的单位的集合，复合数则被视为具有不止一项典型特性的各种单位组成的集合。那么，所有有理数都通过引入适宜的复合数种类来定义。因此数 $3\frac{2}{3}$ 由 3α 和 2β 构成，其中 α 是主要单位，β 是余数部分即 $\frac{1}{3}$，被当作另一个元素。那么，如果我们知道一个数由什么元素（其数量有无穷多个）组成，以及每个元素出现的次数，就可确定这个数。根据这种理论，$\sqrt{2}$ 既不会被定义为序列 $1,1.4,1.41$，…的极限，也不是引入的序列概念；它只是任意次序的集合本身 $1\alpha,4\beta,1\gamma$，…其中 α 是主要单位，β，γ，…是它的某些余数部分，当然集合要满足这样的条件，即任何有限个元素之和总是小于某个有理数。如果需要，我们现在可以证明，$\sqrt{2}$ 这个数是变数序列 1α；

---

① 参阅，例如平凯莱（Pincherle）：《解析函数论引论，按照 C. 魏尔斯特拉斯教授的原理》（"Saggio di una introduzione alla teoria delle funzitiche secondo i principii del Prof. C. Weierstrass"），参阅默茨：《19 世纪欧洲思想史》，卷 II，第 703 页。

② 儒尔丹：《超穷数理论的发展》（"The Development of the Theory of Transfinite Numbers"），1908—1909 年，第 298 页注释；还可参阅第 303 页。

$1\alpha, 4\beta; 1\alpha, 4\beta, 1\gamma; \cdots$的极限，由此就纠正了柯西数论和极限理论中出现的逻辑错误。[①] 从某种意义上说，魏尔斯特拉斯通过使序列（他其实视之为一个非序集合）本身成为数或极限，解决了一个收敛序列的极限的存在问题。

柯西曾说一个变量趋近于一个极限，为了让微积分的基础更严格地形式化，魏尔斯特拉斯处理了这种说法中隐含的诉诸连续运动的直觉的思想。此前的学者一般都把变量定义为一个不是常数的量；但是，自魏尔斯特拉斯的时代起，人们就认识到变量和极限概念本质上并不是动态的，而只涉及纯粹的静态观念。魏尔斯特拉斯把一个变量 x 简单地解释为一个字母，它表示一个数值集合中的任何一项。[②] 一个连续变量同样可根据静态观念来定义：如果对于集合中任意数值 x_0 以及任意正数序列$\delta_1, \delta_2, \cdots, \delta_n$，不管$\delta_i$ 多小，在区间 $x_0 - \delta_i, x_0 + \delta_i$ 之间都存在这个集合的其他数值，那么这就叫作连续。[③]

同样，魏尔斯特拉斯给出的连续函数定义等价于波尔查诺和柯西的定义，但是更清晰、更精确。说 $f(x + \Delta x) - f(x)$ 在 Δx 趋近于零的时候成为无穷小，或者始终小于任何给定的量，都让人想起无穷小或者运动的其他模糊概念。魏尔斯特拉斯将 $f(x)$ 在 x 的某个区间是连续的定义为，如果对于该区间的任何数值 x_0 以及

287

---

① 儒尔丹：《超穷数理论的发展》，第 303 页及以后。还可参阅罗素：《数学原则》，第 281 页及以后；普林斯海姆：《无理数与极限概念》，第 149 页及以后；平凯莱：《解析函数论引论，按照 C. 魏尔斯特拉斯教授的原理》，第 179 页及以后。

② 平凯莱：同上，第 234 页。

③ 同上，第 236 页。

任意小的正数 ε，都有可能找到一个包含 x_0 的区间，对于其中的所有数值，$f(x)-f(x_0)$ 之差的绝对值都小于 ε[①]；或者，如海涅(Heine)根据魏尔斯特拉斯的讲义所表达的那样，如果给定任何 ε，都可找到一个 η_0，使当 $\eta<\eta_0$ 时，$f(x\pm\eta)-f(x)$ 之差的绝对值小于 ε。[②]

一个变量或者函数的极限也以相似的方式定义。如果给定任意小的数 ε，可以找到另一个数 δ，使得对于所有与 x_0 之差小于 δ 的数值 x，$f(x)$ 与 L 之差小于 ε，则数 L 是函数 $f(x)$ 在 $x=x_0$ 时的极限。[③] 这样表达的极限概念，与柯西的导数和积分定义结合在一起，为微积分提供了精确的基本概念，这种精确性可被视为严密阐述微积分的基本条件。这个定义中没有提到无穷小，因此直到今天还在使用的"无穷小演算"的名称显然不合适。尽管从牛顿和莱布尼茨时代到波尔查诺和柯西时代，许多数学家都试图避免使用无穷小量，但是也许只有魏尔斯特拉斯毫不含糊的符号表示，才算得上从微积分里排除了持久不散的固定无穷小概念。

在 18 世纪，对于一个趋近于极限的变量是否能达到这个极限的问题，曾有过激烈的争论。这次论争与牛顿的最初比与最终比，以及莱布尼茨的微商都有联系，本质上是芝诺在阿基里斯悖论中

---

① 平凯莱:《解析函数论引论,按照 C. 魏尔斯特拉斯教授的原理》,第 246 页。

② 海涅:《函数的基本原理》("Die Elemente der Funktionenlehre"),第 182 页;还可参阅第 186 页。

③ 参阅施托尔茨:《普通数学讲义》,卷 I,第 156—157 页;还可参阅怀特海(Whitehead):《数学导论》(*An Introduction to Mathematics*),第 226—229 页。

论述的核心问题。但是,按照魏尔斯特拉斯精确的极限理论,这个问题的表述本身就是值得商榷的。极限概念不涉及趋近,只是物体的静止状态。这个问题实际上等于两个问题:首先,变量 $f(x)$ 对于 x 的数值 a,是否有一个极限 L? 其次,对于 x 的数值 a,这个极限 L 是否为函数的值? 如果 $f(a)=L$,那么就可以说对于讨论中的数值 x,这个变量的极限就是在 x 这个值下变量的值,而不是 $f(x)$ 达到 $f(a)$ 或者 L,因为后一种说法毫无意义。

回想一下,我们可以确切地说,由于会导致芝诺的悖论,变化性的思想在希腊数学中被禁止使用,而正是这个在中世纪后期复兴并得到几何表示的概念,在 17 世纪导出了微积分。随着持续了近两个世纪的有关新分析基础的讨论达到高潮,魏尔斯特拉斯发展出的所谓变量的"静态"理论,使当初导致近代分析产生的因素在某种意义上又被排除在数学之外。变量并不表示不断取得区间内所有数值的过程,而是在区间内取得的任意一个数值。模糊的运动直觉在微积分的发展方面取得了了不起的成果,但是,人们在深入推敲的过程中,发现它不准确,也容易使人误解。那么,曾经对我们的思想产生很大影响的晦涩难懂的连续性究竟是什么? 它也是毫无依据的吗? 波尔查诺思索的、魏尔斯特拉斯在其无理数定义中暗暗使用的无穷概念又是什么? 我们能否对这些概念给出一致的定义? 这些问题戴德金和康托尔大都研究过,这两位数学家在探索无理数的满意定义时,遵循的思路和魏尔斯特拉斯的类似。

由于多方面的原因,1872 年是微积分基础史上很重要的一年。这一年不仅见证了魏尔斯特拉斯提出连续不可微函数,见证

了其学生整理的魏尔斯特拉斯关于算术基本原理的讲义的面世①，
而且还见证了下列论著的出版：夏尔·梅雷(Charles Méray)的《无穷
小分析新概要》(*Nouveau précis d'analyse infinitésimale*)；爱德华·
海涅发表于《克雷勒杂志》(*Crelle's Journal*)上的一篇关于"函数的
基本原理"的论文；格奥尔格·康托尔在《数学年刊》(*Mathematishce
Annalen*)上发表了关于算术基本原理的第一篇论文，题为《关于三角
级数论中一个定理的推广》("Über die Ausdehnung eines Satzes aus
der Theorie der trigonometrischen Reihen")；还有里夏德·戴德金的
《连续性及无理数》(*Stetigkeit und Irrationale Zahlen*)。他们每个人
的著作都附带地涉及同一个问题——如何系统阐述独立于极限概
念的无理数定义。② 魏尔斯特拉斯在这方面的研究前面已经论述过
了。此外，梅雷先于魏尔斯特拉斯在 1869 年发表的一篇题为《由作
为给定变量的极限这个条件所定义的量的性质》("Remarques sur la
nature des quantités définies par la condition de servir de limites à des
variables données")的论文，试图解决柯西给出的极限和无理数定义
中的恶性循环。三年之后，梅雷在《无穷小分析新概要》中进一步阐
述了他的观点。

　　回想一下，波尔查诺和柯西曾试图证明一个自身收敛的序
列——也就是说，对于这个序列，任意给定一无论多小的 ε，都能找
到一个整数 N，使得 $n>N$ 时，对任何大于整数 n 的整数值 p，不等
式 $|S_{n+p}-S_n|<\varepsilon$ 都成立——在外部关系意义下收敛，换句话说，

---

① 科萨克(Kossak)：《算术基本原理》(*Die Elemente der Arithmetik*)。
② 关于这项研究的全面叙述及参考书目，参阅儒尔丹：《超穷数理论的发展》；也可
参阅普林斯海姆：《无理数与极限概念》，第 144 页及以后。

它有一个极限 S。在这里,梅雷快刀斩乱麻,摒弃了柯西基于极限 S 的收敛定义。根据柯西定理,梅雷称一个自身收敛的无穷级数是收敛的。在这种情况下,就不需要证明存在一个可以被视为极限的未定义数 S。梅雷用整数和有理分数指严格意义上的数;他将收敛的有理数序列称为收敛"变量",在更广泛的意义上把它视为求一个数,不管是有理数还是无理数。不过,至于序列是否是数,他不是很明确。[①] 如果是,那么正如无理数的情形隐含的那样,他的理论就与魏尔斯特拉斯的等价,尽管表述不太明确。

康托尔和海涅也像魏尔斯特拉斯和梅雷一样,试图避开柯西在极限和无理数推理中的循环论证。1872 年,他们发表了这方面的研究成果。梅雷把 $|S_{n+p} - S_n| < \varepsilon$ 作为收敛的定义,取代必须预先证明 S 存在的条件 $|S - S_n| < \varepsilon$,以避免逻辑困境。魏尔斯特拉斯的定义也以类似的方式说明无理数,不是把它当作极限,而是当作无穷多个有理数集的整体。前人的研究促使海涅和康托尔得出了相似的观点。与其假定存在一个数 S 作为自身收敛的无穷级数的极限,不如(像梅雷犹豫不决地那样)认为 S 不是由级数决定,而是由级数所定义——就像级数自身的一个符号而已。[②] 他们的定义与魏尔斯特拉斯的观点相似,还加上了梅雷的条件 $\lim\limits_{n \to \infty}(S_{n+p}$

---

① 参阅《由作为给定变量的极限这个条件所定义的量的性质》;以及《无穷小分析新概要》,第 xv 页、1—7 页;还可参阅儒尔丹:《超穷数理论的发展》,1910 年,第 28 页及以后。

② 海涅:《函数的基本原理》,第 174 页及以后;康托尔:《全集》(*Gesammelte Abhandlungen*),第 92—102 页、185—186 页。还可参阅儒尔丹:《超穷数理论的发展》,1910 年,第 21—43 页及其《无理数引论》("The Introduction of Irrational Numbers");参阅罗素:《数学原则》,第 283—286 页。

$-S_n)=0$,其中 p 为任意值。这一条件等价于魏尔斯特拉斯的条件——一个集合中任何有限数相加所得之和总小于某一界限,但表达形式更方便。

顺着这个方向,戴德金做了另一个尝试。魏尔斯特拉斯在 1859 年讲授函数论,由此开始研究算术基础。戴德金的情况与此相似,他说,1858 年,因为第一次要讲授微分的基本原理,他就把注意力转到这些问题上来。[①] 在讨论一个变量趋近于一个固定极限值的时候,他曾像先前的柯西那样,求助于连续量的几何学证据。不过他认为,无理数理论作为极限概念的根本难题,如果要具有严密性,必须只从算术方面加以发展。[②]

戴德金处理这个问题的方式,与魏尔斯特拉斯、梅雷、海涅和康托尔等略有差别,因为他不考虑如何定义无理数以避开柯西的恶性循环,而是问自己,当算术方法明显失败时,在连续几何量中究竟有什么可以解决困难,也就是说,连续性的本质是什么? 柏拉图试图在模糊的流动量中寻找解决方法,亚里士多德则认为它在于这一事实:两个相邻部分的端点是重合的。伽利略曾经提出,它是真正的无限分割的结果,是流体的连续性,在这方面与有限非连续分割(例如分割为细小粉末)形成对比。莱布尼茨的哲学和数学主张使得他赞成伽利略的观点,认为连续性是有关分离的聚合,而非各部分的结合或重合的特性。如果在一个集合中,任意两个元素之间总是存在着该集合的其他元素,那么莱布尼茨就认为这个

---

① 戴德金:《关于数论的论文》(*Essays on the Theory of Numbers*),第 1 页。

② 同上书,第 1—3 页;还可参阅第 10 页。

集合形成了一个连续统。[①]

科学家恩斯特·马赫同样认为集合的稠密性构成了它的连续性[②]，但是，对实数系的研究显示，这种条件是不充分的。例如，有理数具有稠密性，可是并不构成一个连续统。戴德金顺着这个方向思考，发现一条直线的连续性，不由模糊的连在一起来说明，而在于以点分割直线的性质。他注意到，将直线上的点分成两类，使一类中的每一个点都在另一类的每一个点的左边，那么有且只有一个点可进行这种分割。有序的有理数系并不适用这一点，这就是直线上的点形成连续统而有理数却形不成的原因。正如戴德金所说："这个普通的说明便揭露了连续性的秘密。"[③]

因此，以何种方式补充有理数域使之成为连续统，就显而易见了。只需假设康托尔-戴德金公理成立即可：一条直线的点可与实数一一对应。用算术方式表达就是，若把有理数分为两类，使第一类 A 的每个数都小于第二类 B 的每个数，那么有且只有一个实数可以产生这个分割，或者叫"戴德金分割"。因此，如果将有理数分成 A，B 两类，使 A 类包含平方小于 2 的所有数，B 类包含平方大于 2 的所有数，那么，根据连续性公理，就只有一个实数能产生这个分割，在这里写作 $\sqrt{2}$。另外，这个分割还构成了数 $\sqrt{2}$ 的定义。同样，任何实数都可以用有理数系的这种分割定义。这一公设使实数域成为连续域，就像直线拥有这种特性一样。而且，从某种意义

292

---

① 《哲学全集》，卷 II，第 515 页。
② 《热学原理》，第 71 页。
③ 戴德金：《关于数论的论文》，第 11 页。

上说，戴德金的实数是独立于空间和时间直觉的人类智力的产物。

人们通常认为微积分是用来处理连续量的。但是，在此之前，没有人确切地解释过人们在什么意义上接受这个观点。变量符号取代了几何量的观点，不过柯西暗示了对连续变量的几何阐释。戴德金证明，几何量具有连续性，并不是因为有理数明显没有离散性（这是人们通常的看法①），而是因为几何量中的点形成了一个稠密完备集。如果依此——也就是说，采用戴德金的公设——使数系完备化，那么这个数系也将变成连续的。现在，正如戴德金指出的那样，可以在他对实数的新定义基础上，严密地证明有关极限的基本定理②，而不必求助于几何学。③ 几何学指出了一条通向恰当的连续性定义的道路，最终连续性的正式算术定义却排除了几何学。

从某种意义上说，戴德金分割等价于魏尔斯特拉斯、梅雷、海涅和康托尔给出的实数定义。④ 伯特兰·罗素沿着这些人提出的思路，试图另外提出一个实数的正式定义。他觉得以前的定义要么忽视了无理数存在性的问题，要么人为假定了新的数，却没有说清楚它们究竟是什么。他建议把实数定义为有理数的整个"段"。例如，数$\sqrt{2}$被定义为平方小于 2 的所有有理数的有序集合。也就

① 参阅德罗比希(Drobisch)：《论连续概念及其与微积分的关系》("Über den Begriff des Stetigen und seine Beziehungen zum Calcul")，第 170 页。

② 不过，需要注意的是，最近有批评指出，戴德金对数的定义中包含了一个恶性循环。参阅外尔(Weyl)：《现代创建分析中的恶性循环》("Der Circulus vitiosus in der heutigen Begründung der Analysis")。

③ 《关于数论的论文》，第 27 页；还可参阅第 35—36 页。

④ 参阅 J. 塔内里对但切尔(Dantscher)的《关于魏尔斯特拉斯无理数理论的讲义》(Vorlesungen über die Weierstrassche Theorie der irrationalen Zahlen)的评论。

是说,他不像戴德金那样假定一个元素将有理数分成两类,而只是选择戴德金两类中的一类,使之成为数,而不是分割元素。[①] 这就排除了引入除有理数和有理数段以外其他概念的必要性。根据这种观点,就没必要创造无理数了;无理数就在有理数系内,就像它们也在更复杂的魏尔斯特拉斯学说中一样。

上述建立实数定义的所有努力,就是为了给出一个形式化的逻辑定义,使之独立于几何含义,避免用极限定义无理数的逻辑错误,反之亦然。由这些定义,可推导出微积分中关于极限的基本定理,而不会出现循环推理。于是,导数和积分可直接在这些定义之上建立起来,从而抛掉任何与感官知觉有联系的特征,例如变化率或者曲面面积。我们在追溯微积分的漫长发展史中看到,几何无法给出足够清晰和精确的概念。因此,只有运用数的概念,使之脱离几何量的概念而形式化,才能得到所要求的严密性。从上面关于数的定义可以看出,基本要素不是量的大小,而是次序。这在戴德金和罗素的定义里表现得最清楚,其中只涉及元素的有序类。不过,其他系统也同样适用,它们的缺点是需要先对“相等”做出新的定义,才能弄清楚这一点。数 2 的本质特征不是其大小,而是它在实数的有序集合中的位置。尽管导数和积分仍然分别被定义为特征商的极限与特征和的极限,但是通过数和极限的定义,它们最终没有成为量的概念,而成了次序概念。微积分不是数量科学的分支,而是关系逻辑科学的分支。

戴德金的研究不仅满足了不依赖于极限的数的定义的需要,

---

① 罗素:《数理哲学导论》(*Introduction to Mathematical Philosophy*),第 72 页。

而且解释了连续量的性质。波尔查诺、柯西等人给自变量的连续函数下过定义。一个连续的自变量被默认能够取到一个区间内的所有值，它们对应于一条直线段上的点。不过，1872 年的算术化脱离了几何图形，根据有序集合，形式化地说明了连续变量或者集合的意思。其条件包括：首先，值或者元素应该形成一个有序集合；其次，这个集合应该是稠密集——也就是说，在任何两个值或者元素之间，总有其他的值或者元素；最后，这个集合应该是完备集——也就是说，如果这些元素被分割（就像在戴德金分割中一样），那么总会有产生这个分割的元素。

这个定义不再诉诸经验主义，也不是对一种光滑、连续的"统一性"或"凝聚性"的描述，本能会把这种统一性和连续性联系起来。它只指定了一群无限、离散、多样的元素，这些元素满足某些条件——集合是有序的、稠密的和完备的。在这个意义上，我们可以解释"微积分处理连续变量"这个说法，解释牛顿的"最初比与最终比"，或者莱布尼茨认为因连续性定律而存在的微分之间的最终关系。把匀速运动引入牛顿的流数法，是借助直观来不恰当地逃避连续性问题。连续性概念里不存在运动，就我们所知，反过来也不一定正确。通过感官知觉，我们显然无法断定能否用连续统处理运动。亥姆霍兹、马赫等人的实验已经表明，触觉和视觉的生理学空间本身就不是连续的。[①]

巴罗和牛顿根据时间的连续不断的平滑流动，确信时间是连续的，现在看来时间的连续性只是一个假说。数学不能确定运动

---

① 恩里克斯：《科学的问题》，第 211—212 页。

是否连续,因为它只处理假设关系,能任意使变量连续或者不连续。对这一事实的认识和表述不清晰是芝诺悖论产生的根源。运动的动态直觉与连续性的静态概念被混为一谈,前者是实证的科学描述问题,后者只是先验的数学定义问题。前者暗示运动在数学上可根据连续变量定义,但是由于感官知觉的局限,不能证明它必须如此定义。如果用连续变量及其导出的极限、导数和积分概念的精确数学术语来描述芝诺悖论,那么表面上的矛盾就可以迎刃而解了。二分法和阿基里斯悖论的关键在于相关集合是否完备。[①] 运动场悖论根据稠密集的基础来回答,飞矢悖论根据瞬时速度或者导数的定义来回答。

连续性的数学理论不是以直觉,而是以按照逻辑发展的数与点集的理论为基础。不过,后者反过来依赖于无穷集合的概念,芝诺就是援引这个概念强化其论证的。芝诺在运用无穷时有一个预设:在有限时间内完成无限个步骤是不可想象的。这又是他所质疑的那种实证科学描述,而就我们所知,无论是对无穷集合在物理意义上存在的可能性,还是对于在思想中执行与集合(不管是有限集合还是无穷集合)有关的无穷多个步骤的可能性,都根本没有办法证明或证伪。既然科学无法解答这一点,这个问题也许会变成一个数学假说。

此外,数学在定义数和连续性时,还需要无穷的理论。因此,无穷集合在数学上是否存在的问题;也就是其逻辑定义是否相容的问题,仍有待解决。伽利略曾经模糊地指出无穷集合必定存在

296

---

① 参阅亥姆霍兹:《计算与度量》,第 xviii 页;卡约里:《芝诺关于运动的辩论的历史》,第 218 页。

矛盾,即部分可与整体一一对应,波尔查诺对此看得更清楚。这一事实导致柯西否认它们的存在。的确,在柯西和魏尔斯特拉斯研究的基础上,我们可以说,无穷不过表明了亚里士多德的潜势,表明我们讨论的过程是不完备的。[1] 他们的无穷小是以零为极限的变量,极限的概念只涉及数的定义。但是,这个数的概念暗含无穷集合先验存在的预设,因此不能含糊地回避这个问题。在魏尔斯特拉斯对算术基础的研究影响下,戴德金和康托尔为了完成这项研究,试图为无穷集合理论寻找一个基础。[2] 他们在波尔查诺的悖论中找到了。他们没有把它仅仅当作无穷集合的一个奇怪特性,而是把它当作一个无穷集合的定义。戴德金说:"如果系统 S 与其部分相似,则它是无穷系统;反之则 S 为有限系统。"[3] 根据这个定义,无穷集合是逻辑上自洽的实体,实数的定义就完成了。

康托尔(戴德金就这个问题与他通过信[4])不满足于只定义无穷集合。他希望进一步探索这个问题。他在一系列论文中回顾了无穷的历史——从德谟克利特时代一直到戴德金,并且详细阐述了他的无穷集合理论,或者说集合论。康托尔的数学无穷学说被夸张地称为"自希腊人以来唯一真正的数学"[5],它既没有涉及亚里士多德的潜无穷,也没有涉及经院学派的合成无穷,这些观念总是与可变性紧密联系[6]。康托尔使用了中世纪哲学的自成无穷,

---

① 参阅博曼(Baumann):《戴德金与波尔查诺》("Dedekind und Bolzano")。

② 参阅希尔伯特(Hilbert):《论无穷》("Über das Unendliche")。

③ 戴德金:《关于数论的论文》,第 63 页。

④ 参阅格奥尔格·康托尔:《全集》(*Gesammelte Abhandlungen*)。

⑤ 参阅贝尔:《科学的女王》,第 104 页。

⑥ 同上书,第 180 页。

也即实无穷。他觉得，经院学派主要是把这个问题当作一个宗教教条来处理，而不是当作数学概念来处理。[①] 这种看法不无道理。另外，莱布尼茨的微积分代表了建立无穷大和无穷小数学的最温和的尝试，但他的思想摇摆不定。有时候他宣布反对绝对无穷，然后又说自然并不厌恶实无穷，还处处用实无穷更好地标记造物主的完美。[②]

从沃利斯那时起，数学家就用∞来表示无穷大，但是既没有人给出定义，也没有看到经院学派式的辨别。例如，魏尔斯特拉斯在潜在和现实两个方面使用这个符号：他用 $f(a) = \infty$ 表达 $\dfrac{1}{f(a)} = 0$ 的意思，也用表达式 $f(\infty) = b$ 表示当 x 为不确定大时，$f(x)$ 的极限为 b。[③] 为了避免这种混淆，康托尔选择了一个新的符号 ω，表示正整数的实无穷集合。另外需要说明的是，∞一般指量的大小，而 ω 则根据集合来阐释。沃利斯、丰特内勒等人各自把∞视为最大的正整数或者所有正整数之和；但是符号 ω 只有在正整数形成一个元素集合的意义上，才指的是所有正整数。这种与元素群有关的无穷观点，波尔查诺此前清楚地解释过，但是他没能认识到康托尔所说的元素无穷集合的势。有理数可以与正整数一一对应，因此这两个集合被视为具有相同的势。不过，康托尔集合论最突出的结果之一就是，存在高于 ω 的超穷数。算术理论表明连续统需要的是有理数以外的数，康托尔现在证明，连

① 贝尔：《科学的女王》，第191页。
② 同上书，第179页；还可参阅莱布尼茨：《哲学全集》，卷I，第416页。
③ 卡约里：《数学符号史》，卷II，第45页。

续统需要的是不能与正整数一一对应的实数集；也就是说，实数集合是不可数的。因此，它表示势更高的一个超穷数，现在通常简单地写作 C。C 上面还有其他数，然而，ω 与 C 之间是否还有其他数的问题没有答案。不过，连续变量的定义以及微积分的概念却只需要无穷集合 C。

康托尔的研究并没有扫清无穷概念的内在困难引起的异议，但他明确地驳斥了围绕逻辑矛盾产生的争论。同样，康托尔的工作也回答了针对在定义无理数或在极限概念中使用无穷的批评，它澄清了这种状况。[①] 毕达哥拉斯学派发现的不可公度，以及对数和无穷的满意定义的公认需求，这两者构成了微积分研究的起点；其终点则可视为这些概念的建立，它们是由伟大的三巨头（魏尔斯特拉斯、戴德金和康托尔）完成的。正是通过这些人的研究，微积分的基本概念——连续变量的极限、导数和积分——才获得可与欧几里得的几何学相媲美的逻辑严密性，以及希腊人从未梦想过的形式精确性。我们已经证明，微积分只需要整数，或者说只需要有限或无穷的整数系。[②] 用毕达哥拉斯的名言"万物皆数"概括微积分的发展，是再恰当不过了。

---

① 关于这一点，也许应该看到，无穷集合的理论也导致了许多自相矛盾的问题，它们令人迷惑但尚未得到解答。参阅庞加莱：《科学的基础》，第 477 页及以后；皮尔庞特：《数学严密性》，第 42—44 页。就此而论，曾有人提出，这些悖论也许与理论物理中遇到的难题有联系。参阅诺思罗普 (Northrop) 关于薛定谔的《科学与人类气质》的评论，发表于《美国数学协会学报》(*Amenrican Mathematical Society*)，卷 XLII(1936 年)，第 791—792 页。

② 庞加莱：《科学的基础》，第 380 页、441 页及以后。

第八章 结 论

有一种强烈的诱惑吸引着职业数学家和科学家，他们总是企图将伟大的发现和发明归功于个人。就像为了阐述之便而将历史分为各个时期一样，在将注意力集中于该学科的某些基础方面时，这样的归属划分有助于达到教育目的。不过，这种归属和划分很危险，它会拔高某些个人的重要性。很少有——也许没有——单个的数学家或者科学家有资格接受一项"革新"的全部荣誉，也没有任何一个时代应该被称为某方面文化的"复兴"时代。在任何发现和发明背后，都必定能找到促使其产生的思想演化过程。微积分的历史就很好地说明了这一事实。[①]

牛顿的流数法并不比他的运动定律和万有引力定律更加出人意料；莱布尼茨的微分就像他的连续性定律一样，早已有了完整的轮廓。这两个人被视为微积分的发明者，是因为他们给其前辈的无穷小算法提供了进一步发展所必需的算法统一性和精确性。他们的研究与前人巴罗和费马相应方法的相异之处，与其说在于实质和细节的差异，不如说在于观念和普遍性的差异。巴罗和费马

---

① 参阅卡尔平斯基：《数学发现中是否有进步？》，第 47—48 页。

的算法本身也是对诸如托里拆利、卡瓦列里和伽利略，或者开普勒、瓦莱里奥和斯蒂文等人的观点的精细阐述。这些无穷小方法的早期发明者的成就，同样也是奥雷姆、计算大师、阿基米德和欧多克索斯所做贡献的直接结果。其中，欧多克索斯的研究又受到亚里士多德、柏拉图、芝诺和毕达哥拉斯学派的数学和哲学问题的启发。如果没有这些人以及其他许多人奠定的思想基础，牛顿和莱布尼茨的微积分将难以想象。

300　　　如果说，一方面，数学家倾向于遗忘微积分兴起之前的启发与前期的准备工作，那么，另一方面，该学科的历史学家则常常未能意识到后期严密阐述的重要性。对该学科的历史叙述往往终止于牛顿和莱布尼茨的研究，尽管这两个人都没能为其思想提供精确的说明——这要等到两个世纪之后才能大致完成。忽视这后一阶段的研究，表明人们对柯西和魏尔斯特拉斯提出的微积分基本概念不够重视，或者不够理解。在上面经常提及且可以成倍增加的参考书目中，大多数观点都把微积分的最后详细阐述未经证实地归功于该领域的早期研究者。魏尔斯特拉斯对实数的定义被等同于欧多克索斯的比例理论，戴德金分割则被等同于布里松的猜测。康托尔的连续统被认为已经在奥卡姆的威廉或者芝诺的推测中表达过。魏尔斯特拉斯的极限概念被解释为与牛顿的最初比与最终比法一样，甚至与古希腊的穷竭法相同。柯西的导数和微分被描述成完全符合莱布尼茨的相关概念。柯西的定积分被彻底归功于费马，甚至卡瓦列里和阿基米德。

　　　这样的引证清楚地说明下述倾向是多么普遍：想当然地以自己对该主题的清晰理解，解读早期研究者的观点，忘了那些思想都是几个世纪的思考和研究所达到的顶点。数学和科学概念在形成过程中经历了不同寻常的积累过程,它们是不断试图理解各种要素之间关系的努力成果,在这里,就是不断试图描述物理经验提供的混乱印象的努力成果。例如,16世纪的动力学和天文学并非凭空产生,而是由这两门学科的古代和中世纪的观点发展而成。同样,近代初期使用的无穷小概念也不是从头开始的,而是从经院哲学家和希腊数学家研究中断的地方开始的。

不过,这种逐步累积成就的事实不应该被理解为数学家在展开一个构思巧妙的计划。在整个科学和数学发展过程中,要素不断增加,也不断被抛弃。因此,没有研究者能够预见对其观点的精细阐述会通往什么方向。只有回顾历史,才能看清这种发展沿着什么路线前进。在追溯思想脉络时,虽然可以轻易认出最终的概念产生自什么观点,但是前者一般并不等于后者,我们应该根据它们各自所处时代的数学和科学背景来考虑。例如,如果根据20世纪的分析符号阐述阿基米德和巴罗的几何观点,就等于隐含地运用了现代符号法所提供的思想精确性和简洁性,而这是早期研究者完全不具备的。

数学和历史领域的专业人员如果有更加深刻、更具共情的理解力,也许就很容易消除有关数学概念的本质和兴起方面的错误思想。相关研究者不仅要熟悉微积分的基本原理,还要熟悉其发展历史,这将有助于弄清,问题不在于谁是该学科的创始者——是魏尔斯特拉斯和柯西,牛顿和莱布尼茨,巴罗和费马,卡瓦列里和开普勒,还是阿基米德和欧多克索斯——而在于,在什么意义上可认为这些人对新分析有贡献。

我们不仅有可能追溯 2500 年来微积分概念的发展道路，而且可以指出某些相当不利于微积分概念发展的潮流。或许最明显的阻力是坚持从数学中排除当时还没有严格的逻辑阐释的概念。孕育出微积分的概念——变化和连续性，以及无穷大和无穷小——就是由于上面的原因而被希腊数学排除在外，欧几里得的著作就是这种排斥的见证。当阿基米德抛弃了希腊逻辑理想，运用这些被禁用的概念时，他的研究就有了最大成效，但这只代表了运用这些概念的孤立例子。同样，在 17 世纪，许多数学家——包括帕斯卡和巴罗——都避免使用代数和解析几何，因为它们不符合从希腊时代延续下来的严密要求。他们如果充分利用这些要素，就可能被誉为微积分的发明者了。这样的情况再次在 18 世纪出现，主要是由于欧洲大陆"计算家"的微分法薄弱的逻辑基础（也由于民族忌妒），英国数学家鄙视微分法，因而未能对那个世纪迅速成长的分析做出显著贡献。

很显然，不加选择地运用明显没有逻辑基础的方法和概念是不可宽恕的。当然，为了避免不可救药的混淆（正如我们目睹的 18 世纪对无穷级数的运用），最终还是要找出其逻辑基础；但是，在逻辑基础最终确立之前排斥具有启发性的观点，是一个严重的错误。

另一方面，在微积分的发展中，更微妙因而也更严重的阻碍是，未能在各个阶段对所运用的概念给出在当时尽可能简洁和正式的定义。芝诺的悖论就是很好的例子，表明不清楚、明确地规定问题的条件，并给出相关术语的正式定义，会让问题晦涩难解。如果希腊人要求芝诺像数学家那样给出准确的叙述，他们也许就不会禁止那些将导向微积分的概念，也不会差不多完全忽视动力学这门科学了。经院哲学家的细致区分指出了澄清这些问题的道路，但是，这些人对希腊几何学和阿拉伯代数学的形式主义不够熟悉，因此不能使他们的概念趋于完善。

经院学派衰落之后，时代潮流远离了思想精确性，转向了自由发挥想象力——正如我们在文艺复兴时期看到的情形那样。这种情形对数学的影响在库萨的尼古拉斯和开普勒的著作中表现得很明显，他们在数学里运用无穷大、无穷小、运动和连续性的概念，却没有对它们给予充分研究和定义。从某种意义上说，这算是幸运的，因为这预示了微积分的方法的发展。另一方面，由于缺少正确的批评态度，如此使用的算法的逻辑基础几百年来都未得到定义，由此导致的思想混乱引出了六种替代方法。如果牛顿更精确地描述他的极限法，如果莱布尼茨更明确地承认，他是在研究一种创造性的工具，而不是一个逻辑基础，也许就不会出现一个犹豫不决的时期。事实上，必须要有柯西、魏尔斯特拉斯等人的工作来准确、详细地阐述连续变量、极限、导数和积分，以便使它们被广泛接受。

303

不过，微积分概念发展的主要障碍，很可能来自对数学本质的错误理解。自从前希腊世界的经验主义数学发展起来之后，人们对待数学的态度就是，要么把它当作经验科学的分支，要么当作先验哲学的分支。不管是哪种情形，数学都不能自由地按自己的意志发展，总要受到某些限制：要么是受来自后验的自然科学的概念限制，要么受制于先验的绝对论哲学赋予的概念。在古埃及和古巴比伦阶段，数学主要是大量有关自然界的知识。早期伊奥尼亚学派重新把这些知识整理成演绎模式，但是其基础仍然以经验科学为主。不过，毕达哥拉斯学派的东方神秘主义颠倒了形势，赋予数学一种超感官的现实性，让表象世界变成这种现实的副本。前提就这样范畴化地确立了，数学家能做的就是发展其逻辑含义。柏拉图将这个观点详细阐述为一门唯心主义哲学，一贯否认数学命题的纯逻辑和假设性本质。不过，在产生微积分思想的希腊时期，柏拉图的观点却产生了有利的影响，因为它们抵消了亚里士多德逍遥学派的态度。

304

亚里士多德认为，数学是自然科学的理想化抽象，因此，其前提和定义不是任意的，而是由我们对感觉世界的阐释决定。几何学接受的概念都只是与这种图像一致的概念。无穷小和实无穷被排除在外，倒不是因为任何证明上的逻辑矛盾，而是由于一种与自然界不相容的假定，数学的实在性被看作由抛弃与自然界无关的属性而产生。感官知觉似乎暗示，连续性取决于端点的重合与同一性。同样，依照经验主义和常识的判断，数被看作单位一的集合，结果就认为无理数不属于数。数学是关系逻辑，但是这些关系的性质却完全取决于受物理经验证据支配的公设。

在柏拉图和亚里士多德两人的观念中，前者一度令微积分概念得以发展。根据这种观念，无穷大和无穷小概念不会受到排斥，因为理智并不受感觉世界支配。数学的实体具有一种本体论真实，独立于常识，而且公设是由推理独自发现的。这使得数学独立于自然科学，但还没有给予它现在享有的选择公设的自由。

虽然阿基米德的著作对柏拉图和亚里士多德两者的思想都有所体现，不过在穷竭法和欧几里得的古典几何中，获胜的却是亚里士多德。因此，在中世纪，对无穷和连续性概念的讨论，是从辩证观点而非数学观点的角度展开的;但是,当它们进入库萨的尼古拉斯、开普勒和伽利略的几何学时,却主要是依据柏拉图的理性先验说而不是自然主义描述。不过,其他数学家如罗贝瓦尔、托里拆利、巴罗和牛顿等人,在当时的自然科学引导下,像亚里士多德那样根据感官知觉来阐释数学,并引入运动来避免无穷和连续性的难题。哲学家霍布斯和贝克莱表现出强烈的经验主义倾向,拒绝数学中存在没有大小的点的理想化概念,因为他们认为这样的点在自然界中没有对应物。

305

　　但是,17世纪大多数数学家都抱着怀疑态度。他们运用无穷小和无穷大时,假定它们是存在的,并且把连续当作似乎由不可分量组成的那样来处理,结论则由他们与欧几里得几何的一致性而获得实用主义的证明。不管在什么情况下,他们的态度都并非不偏不倚地建立公设和定义——然后跟随逻辑演绎。因此,在18世纪,微积分基础研究表现出的形式,就是探索在直觉上似乎真实的解释,而不是在逻辑上自洽的解释。不过,这个时候,在欧拉和拉格朗日有力的促进下,一种非常成功的代数形式主义正在迅速发展。这个在19世纪带来了非欧几何学有力地提示的数学观念——公理化体系,既独立于感性经验世界,又独立于任何产生自内省的规定。只要符合一种内在一致性,微积分就可以自由地采用自己的前提,形成自己的定义。一个概念的存在只依赖于其进入的关系的无矛盾性。因此,微积分的基础就只根据数和无穷集合从形式上定义,不用求诸可能或必需的经验世界来验证。

　　不过,这样的形式化倾向并非在任何地方都会被接受。甚至数学家也不总是赞成这一运动。埃尔米特(Hermite)最喜爱的观点是将数学比之于自然科学,他极其厌恶康托尔超越人类经验的研究工作。① 杜布瓦-雷蒙(Du Bois-Reymond)同样反对后来成为微积分基础的形式定义,他希望根据几何量来定义数(很像柯西暗中所做的那样②),因此仍然保留直觉作为指导。像布劳威尔这样更彻底的直觉主义者,试图将连续和离散的融合形象化,有点像柏拉图的做法。③ 数学家克罗内克(Kronecker)反对戴德金和康托尔的研究,不是因为其形式主义,而是因为他认为这种研究不自然。克罗内克认为,这些研究者"构造"的数不可能存在,并建议将一切基础建立在只含整数的方程之上。其他数学家大多不具有这种见解。④

　　自然,在抛弃有关微积分的经验和直觉方面,不少科学家和哲学家比这些数学家更犹豫不决。特别是彻底的经验主义和唯心主义哲学家,他们从牛顿和莱布尼茨时代起,就企图在微积分里加入某种超越形式化公理体系的意义。牛顿曾经把微积分看作是对量的生成的科学描述,莱布尼茨则视之为对这种生成的形而上学的解释。19世纪的形式主义从微积分里去除了这种先入之见,只留下抽象数学实体之间的纯符号关系。不过,过去的科学和形而上

---

①　参阅庞加莱:《数学的未来》("L'Avenir des mathématiques"),第939页。

②　普林斯海姆:《无理数与极限概念》,第153页及以后。也可参阅儒尔丹:《超穷数理论的发展》,1913—1914年,第1页、9—10页。

③　参阅亥姆霍兹:《计算与度量》,第 xxii—xxiv 页;以及布劳威尔:《直觉主义和形式主义》;以及西蒙:《连续统史评》。

④　参阅古度拉特(Couturat):《数学分析》(De l'infini mathématique),第603页及以后;还可参阅皮尔庞特:《数学严密性》,第38—40页;普林斯海姆:《无理数与极限概念》,第158—163页;儒尔丹:《超穷数理论的发展》,1913—1914年,第2—8页。

学倾向的痕迹仍有遗留。开尔文(Kelvin)勋爵把数学视为常识的神奇化,当他质问 $\dfrac{\mathrm{d}x}{\mathrm{d}t}$ 表示什么,而得到的回答是 $\lim\limits_{\Delta x \to 0} \dfrac{\Delta x}{\Delta t}$ 时,他惊呼道:"托德亨特(Todhunter)就会那么说。难道就没人知道它表示速度吗?"[1] 他的朋友亥姆霍兹也表现出类似的倾向。亥姆霍兹在著名的论文《论力的守恒》(Über die Erhaltung der Kraft)中,把面视为线的总和[2],很像两个世纪前卡瓦列里在《六个几何问题》里的观点。在另一个问题上,他又断言不可公度关系存在于真实物体中,但是它们不能用数准确表示。[3] 马赫也强烈地感受到数学的经验起源,赞成亚里士多德认为几何概念是空间物理经验的理想化产物的观点。[4] 与这种观点相应,他觉得有必要赋予虚数 i 某种形式的几何意义。[5] 在这方面,他的看法与目前的一些科学家相同,他们认为 $\sqrt{-1}$ 只是"各种独特方法的一部分",用来处理在其他方面难对付的问题"。[6]

亥姆霍兹和马赫的态度代表了 19 世纪实证哲学对科学的影响。实证主义和唯物主义思想很难接受变化的数学观,坚持认为应根据经验和普通代数的数据,用速度和实际区间阐释微积分。

307

———————

① 哈特(Hart):《科学的制造者》(Makers of Science),第 278—279 页;菲利克斯·克莱因:《19 世纪数学的发展》(Entwicklung der Mathematik im 19 Jahrhundert),卷 I,第 238 页。

② 《论力的守恒》,第 14 页。

③ 亥姆霍兹:《计算与度量》,第 26 页。

④ 马赫:《空间与几何学》(Space and Geometry),第 94 页;还可参阅第 67 页。也可参阅斯特朗:《运算与形而上学》,第 232 页。

⑤ 《空间与几何学》,第 104 页注释。

⑥ 海尔(Heyl):《怀疑论物理学家》("The Skeptical Physicist"),第 228 页。

孔德认识到,数学不是"量的科学"①,但是他没有上升到柯西的形式观点。与卡诺的经验的和实用主义的态度一致,他认为牛顿、莱布尼茨和拉格朗日的方法本质上是相同的。不过,由于微分没有清楚界定无穷小,而且极限法明显将普通分析和先验分析区别开来,他觉得拉格朗日的方法更合理。② 杜林更强烈地表达了自己的观点,1872 年,他在经典的《力学的一般理论的批判史》中陷入与高斯、柯西等人的争辩中,这些人否认几何绝对真理,在数学中引入诸如虚数、非欧几何学和极限等想象的虚构。③ 马克思主义唯物论者不会允许数学独立于经验,而这种独立是数学正确发展所必需的。④ 这样的否认使得导数概念以及据此对运动的科学描述成为不可能之事。按照这种观点,数学无穷大就是对整体大于其任何部分这一"同义反复"的反驳。⑤

如果说一些哲学家在极度现实主义的指引下,摒弃了大部分 19 世纪的数学,那么唯心论哲学家则追随康德,同样不愿意接受微积分领域柯西和魏尔斯特拉斯赤裸裸的形式主义。柯西把微分定义为一个变量,而不是一个固定量;魏尔斯特拉斯已经证明,连续变量只依赖于元素集的静态概念。唯心论者则试图把微分阐释为具有一种强度量属性,类似于亚里士多德的潜势、经院学派的动

---

① 孔德:《数学哲学》,第 18 页。

② 同上书,第 110—117 页。

③ 杜林:《力学的一般理论的批判史》,第 475 页及以后、529 页及以后。

④ 恩格斯(Engels):《反杜林论:欧根·杜林先生在科学中实行的变革》(*Herr Eugen Dühring's Revolution in Science*),第 47 页。

⑤ 同上书,第 48—49 页、62 页;还可参阅博瓦斯(Bois):《杜林的有限说》("Le Fi-nitisme de Dühring"),第 95 页。

量、霍布斯的微动或者现代科学的惯性。他们不希望根据康托尔和戴德金的离散性来看待连续统,而将它看作一种不可分析的概念,其形式是直观地可感知的形而上学实体的形式存在。他们认为,微分作为连续统的生成元素,具有一种"肯定"意义,与极限概念的"否定"相反。[①] 用黑格尔(Hegel)的话说就是,导数代表了量的"生成"[②],与积分或者"已生成"量相反。

唯物论和唯心论哲学家都未能理解目前已被接受的数学的本质。数学既不是对自然的描述,也不是对其活动的解释,它与物理运动或者量的形而上学生成无关。它只是可能关系的符号逻辑[③],与近似真理或者绝对真理无关,只与假言真理有关。也就是说,数学决定的是从给定前提能够逻辑推理出什么结果。数学与哲学的联合,或者数学与科学的联合,常常有助于提出新的问题或者新的观点。

不过,在那些概念最终的严密公式化和详细描述中,数学必须不受产生这些概念的经验的一切无关因素的偏见所影响。[④] 任何限制数学自由选择其公理和定义的企图,都基于这样的假定:相关关系性质中任何一个既定的先入之见,都必然是有效的。毫无疑

309

---

① 参阅康德:《全集》,卷 XI(第一部分),第 270—271 页;还可参阅卷 II,第 140—149 页以及其他各处。也可参阅科恩:《无穷小法的原理及其历史》书中各处;西蒙:《微分学理论及其历史》,第 128 页;维凡蒂:《关于无穷小的历史》,第 1 页及以后;费拉里:《微分学原理的研究》("Studien zur Metaphysik der Differentialrechnung"),第 23 页及以后;拉斯韦兹:《原子论的历史》,卷 I,第 201 页。

② 克莱因:《高观点下的初等数学》,第 217 页。

③ M. R. 科恩(M. R. Cohen):《理智与自然》(Reason and Nature),第 171—205 页。

④ 参阅庞加莱:《科学的基础》,第 28—29 页,46 页,65 页,428 页。

问,微积分是我们用于发现和理解物理真理的最佳工具;但是这个有效工具的基础很可能将在这一事实中找到:相关概念是逐渐从定性预想中解放出来的,这种预想来自于我们的变化性和多样性经验。希腊哲学曾试图区分、比较定性和定量,但是中世纪后期和现代早期的哲学通过几何表示法,将两者联系起来。甚至定量解释也服从于大小、长度、延续时间等感性概念,因此,只有在19世纪将微积分建立在序数的基础上,它才获得更大的独立性。微积分概念的历史表明,定性要通过定量得到解释,后者反过来又通过序数——也许是数学中最基本的概念——得到解释。正如对运动和离散的感觉引出了微积分的抽象概念,或许感官经验会继续为数学家提出问题,数学家反过来又会自由地将这些问题化为相关的基本的形式逻辑关系。只有这样,才能充分理解数学的双重特征:数学是对在自然现象中发现的关系进行描述性阐释的语言,也是对任意前提的三段论式的精细加工。

参考文献

Agardh, C. A. , *Essai sur la métaphysique du calcul intégral*. Stockholm, 1849.

[Al-Khowarizmi] Robert of Chester's Latin Translation of the *Algebra* of Al-Khowarizmi, with an introduction, critical notes and an English version by L. C. Karpinski. New York and London, 1915.

Allman, G. J. , *Greek Geometry from Thales to Euclid*. Dublin and London, 1889.

Amodeo, F. , "Appunti su Biagio Pelicani da Parma. " *Atti*. *IV Congresso dei Matematici* (Roma, 1908), III, 549—553.

Arbogast, L. F. A. , *Du calcul des dérivations*. Strasbourg, An VIII (1800).

Archibald, R. C. , *Outline of the History of Mathematics*. 3d ed. , Oberlin, 1936.

Archimedes, *Opera omnia*. Ed. by J. L. Heiberg. 3 vols. , Lipsiae, 1880—1881.

[Archimedes] *The Method of Archimedes*. Recently Discovered by Heiberg. A Supplement to the *Works of Archimedes*, Ed. by T. L. Heath. Cambridge, 1912.

——"Eine neue Schrift des Archimedes. " Ed. by J. L. Heiberg and H. G. Zeuthen. *Bibliotheca Mathematica* (3), VII (1906—1907), 321—363.

——"A Newly Discovered Treatise of Archimedes. " With commentary by D. E. Smith. *Monist*, XIX (1909), 202—230.

——*The Works of Archimedes*. Ed. with notes by T. L. Heath. Cambridge, 1897.

Aristotle, *the Works of Aristotle.* Ed. by W. D. Ross and J. A. Smith. 11 vols. , Oxford, 1908—1931.

Aubry, A. , "Essai sur l'histoire de la géométrie des courbes." *Annaes Scientificos da Academia Polytechnca do Porto*, IV (1909), 65—112.

———"Sur l'histoire du calcul infinitésimal entre les années 1620 et 1660." *Annaes Scientificos da Academia Polytechnica do Porto*, VI (1911), 82—89.

Ball, W. W. R. , *A Short Account of the History of Mathematics.* London, 1888.

Barrow, Isaac, *Geometrical Lectures.* Ed. by J. M. Child. Chicago and London, 1916.

———*The Mathematical Works of Barrow.* Ed. by W. Whewell. Cambridge, 1860.

Barry, Frederick, *The Scientific Habit of Thought.* New York, 1927. See also Pascal.

Baumann, Julius, "Dedekind und Bolzano." *Annalen der Naturphilosophie*, VII (1908), 444—449.

Bayle, Pierre, *Dictionnaire historique et critique.* New ed. , 15 vols. , Paris, 1820.

Becker, Oskar, "Eudoxos-Studien." *Quellen und Studien zur Geschichte der Mathematik*, *Astronomie und Physik*, Part B, Studien, II (1933), 311—333, 369—387; III (1936), 236—244, 370—410.

Bell, E. T. , *The Handmaiden of the Sciences.* New York, 1937.

———*The Queen of the Sciences.* Baltimore, 1931.

———*The Search for Truth.* New York, 1934.

Berkeley, George, *Works.* Ed. by A. C. Fraser. 4 vols. , Oxford, 1901.

Bernoulli, James, "Analysis problematis antehac propositi." *Acta eruditorum*, 1690, pp. 217—219.

———*Opera.* 2 vols. , Genevae, 1744.

Bernoulli, John, *Die Differentialrechnung aus dem Jahre 1691/92.* Ostawld's Klassiker, No. 211. Leipzig, 1924.

———*Die erste Integralrechnung.* Eine Auswahl aus Johann Bernoullis mathematischen Vorlesungen über die Methode der Integrale und anderes aufgeschrieben zum Gebrauch des Herrn Marquis de l'Hospital in den Jahren 1691 und 1692. Translated from the Latin. Leipzig and Berlin, 1914.

———*Opera omnia*. 4 vols. , Lausannae and Genevae, 1742. See also Leibniz.

Bernstein, Felix, "Über die Begründung der Differentialrechnung mit Hilfe der unendlichkleinen Grössen. " *Jahresbericht, Deutsche Mathematiker- Vereinigung*, XIII (1904), 241—246.

Bertrand, J. , "De l'invention du calcul infinitésimal. " *Journal des Savants*, 1863, pp. 465—483.

Birch, T. B. , "The Theory of Continuity of William of Ockham. " *Philosophy of Science*, III (1936), 494—505.

Björnbo, A. A. , "Über ein bibliographisches Repertorium der handschriftlichen mathematischen Literatur des Mittelalters. " *Bibliotheca Mathematica* (3), IV (1903), 326—333.

Black, Max, *The Nature of Mathematics*. New York, 1934.

Bledsoe, A. T. , *The Philosophy of Mathematics with Special Reference to the Elements of Geometry and the Infinitesimal Method*. Philadelphia, 1868.

Bocher, Maxime, "The Fundamental Concepts and Methods of Mathematics. " *Bulletin, American Mathematical Society*, XI (1904), 115—135.

Bohlmann, G. , "Übersicht über die wichtigsten Lehrbücher der Infinitesimalrechnung von Euler bis auf die heutige Zeit. " *Jahresbericht, Deutsche Mathematiker-Vereinigung.* , VI (1899), 91—110.

Bois, Henri, " Le Finitisme de Dühring. " *L'Année Philosophique*, XX (1909), 93—124.

Bolzano, Bernard, *Paradoxien des Unendlichen*. Wissenschaftliche Classiker in Facsmile-Drucken. Vol. II, Berlin, 1889.

———*Rein analytischer Beweis des Lehrsatzes dass zwischen je zwey Werthen, die ein entgegengesetztes Resultat gewähren, wenigstens eine reelle Wurzel der Gleichung liege*. Prag, 1817.

———*Schriften*. Herausgegeben von der Königlichen Böhmischen Gesellschaft der Wissenschaften in Prag. 4 vols. , Prag, 1930—1935.

Boncompagni, B. , "La Vie et les travaux du Baron Cauchy... par C. - A. Valson." Review. *Bullettino di Bibliografia e di Storia delle Scienze Matematiche e Fisiche* II (1869), 1—95.

Bopp, Karl, "Die Kegelschnitte des Gregorius a St. Vincentio in vergleichender Bearbeitung." *Abhandlungen zur Geschichte der Mathematischen Wissenschaften*, XX (1907), 87—314.

Bortolotti, Ettore, "La memoria 'De infinitis hyperbolis' di Torricelli." *Archeion*, VI (1925), 49—58, 139—152.

————"La scoperta e le successive generalizzazioni di un teorema fondamentale di calcolo integrale." *Archeion*, V (1924), 204—227.

Bosmans, Henri, "André Tacquet et son traité d'arithmétique théorique et pratique." *Isis*, IX (1927—1928), 66—83.

————"Le Calcul infinitésimal chez Simon Stevin." *Mathesis*, XXXVII (1923), 12—18, 55—62, 105—109.

————"Un Chapitre de l'œuvre de Cavalieri (Les Propositions XVI—XXVII de l'Exercitatio Quarta)." *Mathesis*, XXXVI (1922), 365—373, 446—456.

————"Les Démonstrations par l'analyse infinitésimale chez Luc Valerio." *Annales de la Société Scientifique de Bruxelles*, XXXVII (1913), 211—228.

————"Diophante d'Alexandrie." *Mathesis*, XL (1926), Supplement.

————"Grégoire de Saint-Vincent." *Mathesis*, XXXVIII (1924), 250—256.

————"Le Mathématicien anversois Jean-Charles della Faille de la Compagnie de Jésus." *Mathesis*, XLI (1927), 5—11.

————"Note historique sur le triangle arithmétique de Pascal." *Annales de la Société Scientifique de Bruxelles*, XXXI (1906—1907), 65—72.

————"La Notion des indivisibles chez Blaise Pascal." *Archivio di Storia della Scienza*, IV (1923), 369—379.

————"Simon Stevin." *Biographie Nationale de Belgique*. Brussels, 1921—1924.

————"Sur l'interprétation géométrique donnée par Pascal à l'espace à quatre dimensions. " *Annales de la Société Scientifique de Bruxelles*, XLII (1922—1923), 337—345.

———"Sur l'œuvre mathématique de Biaise Pascal. " *Mathesis*, XXXVIII (1924), Supplement.

———"Sur quelques exemples de la méthode des limites chez Simon Stevin. " *Annales de la Société Scientifique de Bruxelles*, XXXVII (1913), 171—199.

———"Sur une contradiction reprochée à la théorie des 'indivisibles' chez Cavalieri. " *Annales de la Société Scientifique de Bruxelles*, XLII (1922—1923), 82—89.

———"Le Traité 'De centro gravitatis' de Jean-Charles della Faille. " *Annales de la Société Scientifique de Bruxelles*, XXXVIII (1914), 255—317.

Boutroux, Pierre, *Les Principes de l'analyse mathématique*; *exposé historique et critique*. 3 vols. , Paris, 1914—1919.

Brasseur, J. B. , "Exposition nouvelle des principes de calcul différentiel. " *Mémoires, Société Scientifique de Liège* (2), III (1873), 113—192.

Brassine, E. , *Précis des œuvres mathématiques de P. Fermat*. Paris, 1853.

Braunmühl, A. von, "Beiträge zur Geschichte der Integralrechnung bei Newton und Cotes. " *Bibliotheca Mathematica* (3), V (1904), 355—365.

Brill, A. , and M. Noether, "Die Entwickelung der Theorie der algebraischen Funktionen in alterer und neurer Zeit. " *Jahresbericht, Deutsche Mathematiker-Vereinigung*, III (1892—1893), 107—566.

Broden, Torsten, *Über verschiedene Gesichtspunkte bei der Grundlegung der mathematischen Analysis*. Lund [1921].

Brouwer, L. E. J. , "Intuitionism and Formalism. " Translated by Arnold Dresden. *Bulletin, American Mathematical Society*, XX (1913), 81—96.

Brunschvicg, Léon, *Les Étapes de la philosophie mathématique*. Paris, 1912.

Buquoy, Georg, Graf von, *Eine neue Methode für den Infinitesimalkalkul*. Prag, 1821.

Burnet, John, *Greek Philosophy*. Part I, "Thales to Plato. " London, 1914.

Burns, C. D. , "William of Ockham on Continuity. " *Mind*, N. S. , XXV (1916), 506—512.

Burtt, E. A. , *The Metaphysical Foundations of Modem Physical Science.*

London，1925.

Cajori，Florian，"Bibliography of Fluxions and the Calculus. Textbooks Printed in the United States. " *United States Bureau of Education. Circular of Information*，1890，no. 3，pp. 395—400.

————"Controversies on Mathematics between Wallis，Hobbes，and Barrow. " *Mathematics Teacher*，XXII (1929)，146—151.

————"Discussion of Fluxions: From Berkeley to Woodhouse. " *American Mathematical Monthly*，XXIV (1917)，145—154.

————"Grafting of the Theory of Limits on the Calculus of Leibniz. " *American Mathematical Monthly*，XXX (1923)，223—234.

————*A History of Mathematical Notations*. 2 vols. ，Chicago，1928—1929.

————"The History of Notations of the Calculus. " *Annals of Mathematics* (2)，XXV (1924)，1—46.

————*A History of the Conceptions of Limits and Fluxions in Great Britain from Newton to Woodhouse*. Chicago and London，1919.

————*A History of Mathematics*. 2d ed. ，New York，1931.

————"History of Zeno's Arguments on Motion. " *American Mathematical Monthly*，XXII (1915)，1—6，39—47，77—82，109—115，143—149，179—186，215—220，253—258，292—297.

————"Indivisibles and 'Ghosts of Departed Quantities' in the History of Mathematics. " *Scientia* (2d series，XIX)，XXXVII (1925)，303—306.

————"Newton's Fluxions. " In *Sir Isaac Newton. 1727—1927. A Bicentenary Evaluation of His Work*. Baltimore，1928.

————"The Purpose of Zeno's Arguments on Motion. " *Isis*，III (1920)，7—20.

————"The Spread of Newtonian and Leibnizian Notations of the Calculus. " *Bulletin，American Mathematical Society*，XXVII (1921)，453—58.

————"Who was the First Inventor of the Calculus?" *American Mathematical Monthly*，XXVI (1919)，15—20.

　　See also Newton.

Calculator，see Suiseth.

Calinon，A. ，"The Role of Number in Geometry. " *New York Amer. Math. Society Bulletin*，VII (1901)，178—179.

Cantor, Georg, *Contributions to the Founding of the Theory of Transfinite Numbers. Trans, with Introduction by P. E. B. Jourdain.* Chicago and London, 1915.

———*Gesammelte Abhandlungen mathematischen und philosophischen Inhalts.* Berlin, 1932.

Cantor, Moritz, "Origines du calcul infinitésimal." *Logique et Histoire des Sciences.* Bibliothèque du Congrès International de Philosophie (Paris, 1901), III, 3—25.

———*Vorlesungen über Geschichte der Mathematik.* Vol. I, 2d ed. , Leipzig, 1894. Vols. II—IV, Leipzig, 1892—1908.

Cardan, Jerome, *Opera.* 10 vols. , Lugduni, 1663.

Carnot, L. N. M. , "Reflections on the Theory of the Infinitestimal Calculus" Trans. by W. Dickson. *Philosophical Magazine*, VIII (1800), 222—240, 335—352; IX (1801), 39—56.

———*Reflexions on the Metaphysical Principles of the Infinitesimal Analysis.* Trans. by W. R. Browell, Oxford, 1832.

———*Réflexions sur la métaphysique du calcul infinitésimal.* 2d ed. , Paris, 1813.

Cassirer, Ernst, "Das Problem des Unendlichen und Renouviers 'Gesetz der Zahl. '" *Philosophische Abhandlungen. Hermann Cohen zum 70sten Geburtstag Dargebracht*, Berlin, 1912, pp. 85—98.

Cauchy, Augustin, *Œuvres complètes.* 25 vols. , Paris, 1882—1932.

Cavalieri, Bonaventura, *Centuria di varii problemi.* Bologna, 1639.

———*Exercitationes geometricae sex.* Bononiac, 1647.

———*Geometria indivisibilibus continuorum nova quadam ratione promota.* New ed. , Bononiae, 1653.

Chasles, Michel, *Aperçu historique sur l'origine et le développement des méthodes en géométrie, particulièrement de celles qui se rapportent à la géométrie moderne.* Paris, 1875.

Chatelain, Aemilio, see Denifle.

Child, J. M. , "Barrow, Newton and Leibniz, in Their Relation to the Discovery of the Calculus. " *Science Progress*, XXV (1930), 295—307.

See also Barrow; Leibniz.

Christensen, S. A., "The First Determination of the Length of a Curve." *Bibliotheca Mathematica* N. S. , I (1887), 76—80.

Cohen, H. , *Das Princip der Infinitesimalmethode und seine Geschichte*. Berlin, 1883.

Cohen, M. R. , *Reason and Nature. An Essay on the Meaning of Scientific Method*. New York, 1931.

Cohn, Jonas, *Geschichte des Unendlichkeitsproblems im abendländischen Denken bis Kant*. Leipzig, 1896.

Commandino, Federigo, *Liber de centro gravitatis solidorum*. Bononiae, 1565.

Comte, Auguste, *The Philosophy of Mathematics*. Trans. by W. M. Gillespie. New York, 1858.

Coolidge, J. L. , "The Origin of Analytic Geometry." *Osiris*, I (1936), 231—250.

Courant, Richard, *Differential and Integral Calculus*. Translated by E. J. McShane. Vol. II, 2d ed. , London and Glasgow, 1937.

Cournot, A. A. , *Traité élémentaire de la théorie des fonctions et du calcul infinitésimal*. 2 vols. , Paris, 1841.

Couturat, Louis, *De l'infini mathématique*. Paris, 1896.

Curtze, Maximilian, "Über die Handschrift R. 4°. 2, Problematum Euclidis explicatio der Königlich. Gymnasialbibliothek zu Thorn." *Zeitschrift für Mathematik und Physik*, XIII (1868), Supplement, pp. 45—104. See also Oresme.

D'Alembert, Jean le Rond, Preface and articles "Exhaustion," "Différentiel," and "Limite," in *Encyclopédie ou Dictionnaire raisonné des sciences, des arts et des métiers*. 36 vols. , Lausanne and Berne, 1780—1782.

————*Mélanges de littérature, d'histoire, et de philosophie*. 4th ed. , 5 vols. Amsterdam, 1767.

Dantscher, Victor von, *Vorlesungen über die Weierstrass'sche Theorie der irrationalen Zahlen*. Leipzig and Berlin, 1908.

Dantzig, Tobias, *Aspects of Science*. New York, 1937.

————*Number, the Language of Science*. New York, 1930.

Datta, Bibhutibhusan, "Origin and History of the Hindu Names for Geometry." *Quellen und Studien zur Geschichte der Mathematik, Astronomie und Physik*, Part B, Studien, I (1931), 113—119.

———and A. N. Singh, *History of Hindu Mathematics.* A Source Book. Part I. "Numerical Notation and Arithmetic." Lahore, 1935.

Dauriac, L., "Le Réalisme finitiste de F. Evellin." *L'Année Philosophique*, XXI (1910), 169—200.

Dedekind, Richard, *Essays on the Theory of Numbers.* Trans. by W. W. Beman. Chicago, 1901.

Dehn, M., "Über raumgleiche Polyeder." *Nachrichten von der Königlichen Gesellschaft der Wissenschaften zu Göttingen, Mathematische-Physikalische Klasse*, 1900, pp. 345—354.

de Morgan, Augustus, *Essays on the Life and Work of Newton.* Chicago and London, 1914.

———"On the Early History of Infinitesimals in England." *Philosophical Magazine* (4), IV (1852), 321—330.

Denifle, Henricus, and Aemilio Chatelain, *Chartularium universitatis Parisiensis.* 4 vols., Paris, 1889—1897.

Descartes, René, *Geometria, a Renato des Cartes anno 1637 Gallice edita.* *With letters and notes of Hudde, de Beaune, van Schooten, and van Heuraet.* 3d ed., 2 vols., Amstelodami, 1683.

———*Œuvres.* Ed. by Charles Adam and Paul Tannery. 12 vols, and Supplement, Paris, 1897—1913.

Dickstein, S., "Zur Geschichte der Prinzipien der Infinitesimalrechnung. Die Kritiker der 'Théorie des Fonctions Analytiques' von Lagrange." *Abhandlungen zur Geschichte der Mathematik*, IX (1899), 65—79.

Diophantus, *Les Six Livres arithmétiques et le livre des nombres polygons.* Translated with introduction and notes by Paul Ver Eecke. Bruges, 1926.

D'Ooge, M. L., see Nicomachus.

Drobisch, M. W., "Über den Begriff des Stetigen und seine Beziehungen zum Calcul." *Berichte über die Verhandlungen der Königlich Sächsischen Gesellschaft der Wissenschaften zu Leipzig. Mathematisch-Physische*

Classe，1853，pp. 155—176.

Duhamel，J. M. C. ，"Mémoire sur la méthode des maxima et minima de Fermat et sur les méthodes des tangentes de Fermat et Descartes." *Mémoires de l'Académie des Sciences de l'Institut Impérial de France*，XXXII (1864)，269—330.

Duhem，Pierre，*Études sur Léonard de Vinci*. Vols. I and II, Ceux qu'il a lus et ceux qui l'ont lu; vol. III, Les Précurseurs parisiens de Galilée. Paris，1906—1913.

————"Léonard de Vinci et la composition des forces concourantes." *Bibliotheca Mathematica* (3)，IV (1903)，338—343.

————"Oresme." Article in *Catholic Encyclopedia*，XI (1911)，296—297.

————*Les Origines de la statique*. 2 vols. ，Paris，1905—1906.

Dühring，Eugen，*Kritische Geschichte der allgemeinen Principien der Mechanik*. 3d. ed. ，Leipzig，1887.

Eastwood，D. M. ，*The Revival of Pascal. A Study of His Relation to Modern French Thought*. Oxford，1936.

Edel，Abraham，*Aristotle's Theory of the Infinite*. New York，1934.

Eneström，Gustav，"Die erste Herleitung von Differentialen trigonometrischen Funktionen." *Bibliotheca Mathematica* (3)，IX (1908—1909)，200—205.

————"Leibniz und die Newtonsche 'Analysis per aequationes numero terminorum infinitas. '" *Bibliotheca Mathematica* (3)，XI (1911)，354—355.

————"Sur le Part de Jean Bernoulli dans la publication de l'Analyse des infiniment petits." *Bibliotheca Mathematica* N. S. ，VIII (1894)，65—72.

————"Sur un théorème de Kepler équivalent à l'intégration d'une fonction trigonométrique." *Bibliotheca Mathematica* N. S. ，III (1889)，65—66.

————"Über die angebliche Integration einer trigonometrischen Function bei Kepler." *Bibliotheca Mathematica* (3)，XIII (1913)，229—241.

————"Über die erste Aufnahme der Leibnizschen Differentialrechnung." *Bibliotheca Mathematica* (3)，IX (1908—1909)，309—320.

————"Zwei mathematische Schulen im christlichen Mittelalter." *Bibliotheca Mathematica* (3)，VII (1907)，252—262.

Engels, Frederick, *Herr Eugen Dühring's Revolution in Science.* [*Anti-Dühring.*] [New York, 没有日期。]

Enriques, Fedrigo, *The Historic Development of Logic.* Trans. by Jerome Rosenthal. New York, 1929.

——*Problems of Science.* Trans. by Katharine Royce. Chicago and London, 1914.

Euclid, *The Thirteen Books of the Elements.* Trans. from text of Heiberg with introduction and commentary by T. L. Heath. 3 vols., Cambridge, 1908.

Euler, Leonhard, *Letters on Different Subjects in Natural Philosophy Addressed to a German Princess.* 2 vols., New York, 1840.

——*Opera omnia.* Ed. by Ferdinand Rudio. 22 vols. in 23, Lipsiae and Berolini, 1911—1936.

Evans, G. W., "Cavalieri's Theorem in his own Words." *American Mathematical Monthly*, XXIV (1917), 447—451.

Evans, W. D., "Berkeley and Newton." *Mathematical Gazette*, VII (1913—1914), 418—421.

Fedel, J., *Der Briefwechsel Johann (i) Bemoulli-Pierre Varignon aus den Jahren 1692 bis 1702.* Heidelberg, 1932.

Fehr, H., "Les Extensions de la notion de nombre dans leur développement logique et historique." *Enseignement Mathématique*, IV (1902), 16—27.

Fermat, Pierre, *Œuvres.* Ed. by Paul Tannery and Charles Henry. 4 vols. and Supplement, Paris, 1891—1922.

Fine, H. B., *The Number-System of Algebra Treated Theoretically and Historically.* Boston and New York [1890].

Fink, Karl, *A Brief History of Mathematics.* Trans. by Beman and Smith. Chicago, 1910.

Fontenelle, Bernard, *Élémens de la géométrie de l'infini. Suite des Mémoires de l'Académie Royale des Sciences* (1725). Paris, 1727.

Fort, Osmar, "Andeutungen zur Geschichte der Differential-Rechnung." Dresden, 1846.

Freyer, *Studien zur Metaphysik der Differentialrechnung.* Berlin, 1883.

Froberg, J. P., *De analytica calculi differentialis et integralis theoria, in-*

venta a cel. La Grange. Upsaliae, 1807—1810.

Funkhouser, H. G. , "Historical Development of the Graphical Representation of Statistical Data. " *Osiris*, III (1937), 269—404.

Galilei, Galileo, *Opere.* Edizione nazionale. 20 vols. , Firenze, 1890—1909.

Galloys, Abbé Jean, "Réponse à l'écrit de M. David Gregorie, touchant les lignes appellées Robervalliennes, qui servent à transformer les figures. " *Histoire de l'Académie Royale des Sciences*, *Mémoires*, 1703, pp. 70—77.

Gandz, Solomon, "The Origin and Development of the Quadratic Equations in Babylonian, Greek and Early Arabic Algebra. " *Osiris*, III (1938), 405—557.

———"The Sources of al-Khowarizmi's Algebra. " *Osiris*, I (1936), 263—277.

Garrett, J. A. , see Wren.

Genty, Abbé Louis, *L'Influence de Fermat sur son siècle*, *relativement au progrès de la haute géométrie et du calcul.* Orleans, 1784.

Gerhardt, C. I. , *Die Geschichte der höheren Analysis.* Part I. "Die Entdeckung der höheren Analysis. " Halle, 1855.

———*Die Entdeckung der Differentialrechnung durch Leibniz.* Halle, 1848.

———*Geschichte der Mathematik in Deutschland.* München, 1877.

———"Zur Geschichte des Streites über den ersten Entdecker der Differentialrechnung. " *Archiv der Mathematik und Physik*, XXVII (1856), 125—132. See also Leibniz.

Gibson, G. A. , "Berkeley's Analyst and Its Critics: An Episode in the Development of the Doctrine of Limits. " *Bibliotheca Mathematica*, N. S. , XIII, (1899), 65—70.

———"Vorlesungen über Geschichte der Mathematik von Moritz Cantor. Dritter (Schluss) Band. A Review : with Special Reference to the Analyst Controversy. " *Proceedings*, *Edinburgh Mathematical Society*, XVII (1898), 9—32.

Ginsburg, Benjamin, "Duhem and Jordanus Nemorarius. " *Isis*, XXV (1936), 340—362.

Giovannozzi, P. Giovanni, "Pierre Fermat. Una lettera inedita." *Archivio di Storia della Scienza*, I (1919), 137—140.

Giuli, G. de, "Galileo e Descartes." *Scientia*, XLIX (1931), 207—220.

Goldbeck, Ernst, "Galileis Atomistik und ihre Quellen." *Bibliotheca Mathematica* (3), III (1902), 84—112.

Görland, Albert, *Aristoteles und die Mathematik*. Marburg, 1899.

Gow, James, *A Short History of Greek Mathematics*. Cambridge, 1884.

Grandi, Guido, *De infinitis infinitorum et infinite parvorum ordinibus disquisitio geometrica*. Pisis, 1710.

Graves, G. H., "Development of the Fundamental Ideas of the Differential Calculus." *Mathematics Teacher*, III (1910), 82—89.

Gregory, James, *Exercitationes geometricae*. Londini, 1668.

————*Geometrica pars universalis*. Patavii, 1668.

————*Vera circuli et hyperbolae quadratura*. Patavii [1667].

Gregory of St. Vincent, *Opus geometricum quadraturae circuli et sectionum coni decem libris comprehensum*. Antverpiae, 1647.

Guisnée, "Observations sur les méthodes de maximis & minimis, où l'on fait voir l'identité et la différence de celle de l'analyse des infiniment petits avec celles de Mrs. Hermat et Hude." *Histoire de l'Académie Royale des Sciences*, 1706, pp. 24—51.

Gunn, J. A., *The Problem of Time: An Historical and Critical Study*. London, 1929.

Gunther, R. T., *Early Science in Oxford*. 10 vols., London, 1920—1935.

Günther, S., "Albrecht Dürer, einer der Begründer der neueren Curventheorie." *Bibliotheca Mathematica*, III (1886), 137—140.

————"Über eine merkwürdige Beziehung zwischen Pappus und Kepler." *Bibliotheca Mathematica*, N. S., II (1888), 81—87.

Hadamard, J., "La Notion de différentiel dans l'enseignement." *Mathematical Gazette*, XIX (1935), 341—342.

Hagen, J. G., "On the History of the Extensions of the Calculus." *Bulletin, American Mathematical Society*, N. S., VI (1899—1900), 381—390.

Hankel, Hermann, "Grenze." Article in Ersch and Gruber, *Allgemeine*

Encyklopädie der Wissenschaften und Künste, Neunzigster Theil, Leipzig. 1871, pp. 185—211.

———*Zur Geschichte der Mathematik in Altertum und Mittelalter*. Leipzig, 1874.

Harding, P. J. , "The Geometry of Thales. " *Proceedings, International Congress of Mathematicians* (Cambridge, 1912), II, 533—538.

Harnack, Axel, *An Introduction to the Study of the Elements of the Differential and Integral Calculus*. Trans. by G. L. Cathcart. London, 1891.

Hart, J. B. , *Makers of Science*. London, 1923.

Hathway, A. C. , "The discovery of Calculus. " *Science*, N. S. , L (1919), 41—43.

———"Further History of the Calculus. " *Science*, N. S. , LI (1920), 166—167.

Heath, L. R. , *The Concept of Time*. Chicago, 1936.

Heath, T. L. , "Greek Geometry with Special Reference to Infinitesimals. " *Mathematical Gazette*, XI (1922—1923), 248—259.

———*A History of Greek Mathematics*. 2 vols. , Oxford, 1921.

　　See also Archimedes and Euclid.

Heiberg, J. L. , "Mathematisches zu Aristoteles," *Abhandlungen zur Geschichte der Mathematischen Wissenschaften*, XVIII (1904), 1—49.

———*Quaestiones archimedae*. Hauniae, 1879.

　　See also Archimedes.

Heine, E. , "Die Elemente der Funktionenlehre. " *Journal für die Reine und Angewandte Mathematik*, LXXIV (1872), 172—188.

Heinrich, Georg, "James Gregorys 'Vera circuli et hyperbolae quadratura. '" *Bibliotheca Mathematica*. (3) II (1901), 77—85.

Helmholtz, Hermann von, *Counting and Measuring*. Trans. by C. L. Bryan with introduction and notes by H. T. Davis. New York, 1930.

———*Über die Erhaltung der Kraft, eine physikalische Abhandlung*. Berlin, 1847.

Henry, Charles, "Recherches sur les manuscrits de Pierre de Fermat. " *Bullettino di Bibliografia e di Storia delle Science Matematiche e Fisiche*, XII (1879), 477—568, 619—740; XIII (1880), 437—470.

Heyl, Paul, "The Skeptical Physicist. " *Scientific Monthly*, XLVI (1938), 225—229.

Hilbert, David, " Über das Unendliche. " *Mathematische Annalen*, XCV (1926), 161—190.

Hill, M. J. M. , "Presidential Address on the Theory of Proportion. " *Mathematical Gazette*, VI (1912), 324—332, 360—368.

Hobbes, Thomas, *The English Works*. Ed. by Sir Wm. Molesworth. 11 vols. , London, 1839—1845.

————*Opera philosophica quae latine scripsit omnia*. 5 vols. , London, 1839—1845.

Hobson, E. W. , "On the Infinite and the Infinitesimal in Mathematical Analysis. " *Proceedings*, *London Mathematical Society*, XXXV (1903), 117—140.

Hoefer, Ferdinand, "Stevin. " Article in *Nouvelle Biographie Générale*, Vol. XLIV, Paris, 1868, cols. 496—498.

Hogben, Lancelot, *Science for the Citizen*. New York, 1938.

Hoppe, Edmund, "Zur Geschichte der Infinitesimalrechnung bis Leibniz und Newton. " *Jahresbericht*, *Deutsche Mathematiker-Vereinigung*, XXXVII (1928), 148—187.

Hudde, Johann, see Descartes.

Huntington, E. V. , *The Continuum and Other Types of Serial Order*. *With an Introduction to Cantor's Transfinite Numbers*. 2d ed. , Cambridge, Mass. , 1917.

————"Modern Interpretation of Differentials. " *Science*, N. S. , LI (1920), 320—321, 593.

Huygens, Christiaan, *Œuvres complètes*. Published by Société hollandaise des sciences. 19 vols. , La Haye, 1888—1937.

[Ibn al-Haitham] "Die Abhandlung über die Ausmessung des Paraboloids von el-Hasan b. el-Hasan b. el Haitham. " Translated with commentary by Heinrich Suter. *Bibliotheca Mathematica* (3), XII (1911—1912), 289—332.

Jacoli, Ferdinando, "Evangelista Torricelli ed il metodo delle tangenti detto Metodo del Roberval. " *Bullettino di Bibliografia e di Storia delle Sci-*

enze Matematiche e Fisiche, VIII (1875), 265—304.

Jaeger, Werner, *Aristoteles. Grundlegung einer Geschichte seiner Entwicklung*. Berlin, 1923.

Johnson, F. R. , and S. V. Larkcy, "Robert Recorde's Mathematical Teaching and the Anli-Aristolelian Movement. " *Huntington Library Bulletin*, No. VII (1935), 59—87.

Johnston, G. A. , *The Development of Berkeley's Philosophy*. London, 1923.

Jourdain, P. E. B. , "The Development of the Theory of Transfinite Numbers. " *Archiv der Mathematik und Physik* (3), X (1906), 254—281; XIV (1908—1909), 287—311; XVI (1910), 21—43; XXII (1913—1914), 1—21.

————"The Ideas of the 'fonctions analytiques' in Lagrange's Early Work. " *Proceedings, International Congress of Mathematicians* (Cambridge, 1912), II, 540—541.

————"The Introduction of Irrational Numbers. " *Mathematical Gazette*, IV (1908), 201—209.

————"Note on Fourier's Influence on the Conceptions of Mathematics. " *Proceedings, International Congress of Mathematicians* (Cambridge, 1912), II, 526—527.

————"On Isoid Relations and Theories of Irrational Number. " *Proceedings, International Congress of Mathematicians* (Cambridge, 1912), II, 492—496.

————"The Origin of Cauchy's Conceptions of a Definite Integral and of the Continuity of a Function. " *Isis*, I (1913), 661—703.

————"The Theory of Functions With Cauchy and Gauss. " *Bibliotheca Mathematica* (3), VI (1905), 190—207.

Jurin, James, "Considerations upon Some Passages of a Dissertation Concerning the Doctrine of Fluxions, Published by Mr. Robins. . . . " *The Present State of the Republick of Letters*, XVIII (1736), 45—82, 111—179.

————*Geometry No Friend to Infidelity: or, A Defence of Sir Isaac Newton and the British Mathematicians, in a Letter Addressed to the Author of the Analyst by Philalethes Cantabrigiensis.* London, 1734.

———*The Minute Mathematician: or, The Freethinker no Just-thinker, Set Forth in a Second Letter to the Author of the Analyst.* London, 1735.

———"Observations upon Some Remarks Relating to the Method of Fluxions." *The Present State of the Republick of Letters,* 1736, Supplement, pp. 1—77.

Kaestner, A. G., *Anfangsgründe der Analysis des Unendlichen.* 3d ed., Göttingen, 1799.

———*Geschichte der Mathematik seit der Wiederherstellung der Wissenschaften bis an das Ende des achtzehnten Jahrhunderts.* 4 vols., Göttingen, 1796—1800.

Kant, Immanuel, *Sämmtliche Werke.* Ed. by Karl Rosenkranz and F. W. Schubert. 12 vols in 8, Leipzig, 1838—1842.

Karpinski, L. C., *The History of Arithmetic.* Chicago and New York [c. 1925].

———"Is There Progress in Mathematical Discovery and Did the Greeks Have Analytic Geometry?" *Isis,* XXVII (1937), 46—52.

　　See also Al-Khowarizmi; Nicomachus.

Kasner, Edward, "Galileo and the Modern Concept of Infinity." *Bulletin, American Mathematical Society,* XI (1905), 499—501.

Kepler, Johann, *Opera omnia.* Ed. by Ch. Frisch. 8 vols., Frankofurti a. M. and Erlangae, 1858—1870.

　　See also Struik.

Keyser, C. J., "The Role of the Concept of Infinity in the Work of Lucretius." *Bulletin, American Mathematical Society,* XXIV (1918), 321—327.

Kibre, Pearl, see Thorndike.

Klein, Felix, *Elementary Mathematics from an Advanced Standpoint: Arithmetic, Algebra, Analysis.* Trans. by E. R. Hedrick and C. A. Noble. New York, 1932.

———*The Evanston Colloquium Lectures on Mathematics.* New York, 1911.

———"Über Arithmetisirung der Mathematik." *Nachrichten von der Königlichen Gesellschaft der Wissenschaften zu Göttingen (Geschäftliche Mittheilungen),*

1895, pp. 82—91.

———*Vorlesungen über die Entwicklung der Mathematik im 19. Jahrhundert.* Ed. by R. Courant, O. Neugebauer, and St. Cohn-Vossen. 2 vols., Berlin, 1926—1927.

Klein, Jacob, "Die griechische Logistik und die Entstehung der Algebra." *Quellen und Studien zur Geschichte der Mathematik, Astronomie und Physik*, Part B, Studien, III (1936), 19—105, 122—235.

Körner, Theodor, "Der Begriff des materiellen Punktes in der Mechanik des achtzenhten Jahrhunderts." *Bibliotheca Mathematica* (3), V (1904), 15—62.

Kossak, E., *Die Elemente der Arithmetik*. Berlin, 1872.

Kowalewski, Gerhard, "Über Bolzanos nichtdifferenzierbare stetige Funktion." *Acta Mathematica*, XLIV (1923), 315—319.

Lacroix, S. F., *Traité du calcul différentiel et du calcul intégral*. 2d ed., 3 vols., Paris, 1810—1819.

Lagrange, J. L., "Fonctions analytiques." Reviewed in *Monthly Review*, (London), N. S., XXVIII (1799), Appendix, pp. 481—499.

———*Œuvres*. 14 vols., Paris, 1867—1892.

Landen, John, *A Discourse Concerning the Residual Analysis*. London, 1758.

———*The Residual Analysis*; *A New Branch of the Algebraic Art*. London, 1764.

Lange, Ludwig, *Die geschichtliche Entwickelung des Bewegungsbegriffes und ihr voraussichtliches Endergebniss*. Leipzig, 1886.

Larkey, S. V., see Johnson, F. R.

Lasswitz, Kurd, *Geschichte der Atomistik vom Mittelalter bis Newton*. 2 vols., Hamburg and Leipzig, 1890.

Laurent, H., "Différentielle." Article in *La Grande Encyclopédie*, Vol. XIV.

Leavenworth, Isabel, *The Physics of Pascal*. New York, 1930.

Leibniz, G. W., "Addenda ad schediasma proximo." *Acta Eruditorum*, 1695, pp. 369—372.

————*The Early Mathematical Manuscripts*. Trans. from the Latin Texts of
　　C. I. Gerhardt with Notes by J. M. Child. Chicago, 1920.

————"Isaaci Newtoni tractatus duo." Review in *Acta Eruditorum*, 1705,
　　pp. 30—36.

————*Mathematische Schriften*. Ed. by C. I. Gerhardt. *Gesammelte Werke*.
　　Ed. by G. H. Pertz. Third Series, *Mathematik*. 7 vols., Halle, 1849—
　　1863.

————*Opera omnia*. Ed. by Louis Dutens. 6 vols., Genevae, 1768.

————*Opera philosophica que exstant latina, gallica, germanica omnia*. Ed.
　　by J. E. Erdmann. Berolini, 1840.

————*Philosophische Schriften*. Ed. by C. I. Gerhardt. 7 vols., Berlin,
　　1875—1890.

————"Responsio ad nonnullas difficultates, a Dn. Bernardo Nieuwentijt."
　　Acta Eruditorum, 1695, pp. 310—316.

————"Testamen de motuum coelestium." *Acta Eruditorum*, 1689, pp. 82—
　　96.

————and John Bernoulli, *Commercium philosophicum et mathematicum*. 2
　　vols., Lausannae and Genevae, 1745.

Lennes, N. J., *Differential and Integral Calculus*. New York, 1931.

Le Paige, M. C., "Correspondance de René François de Sluse publiée pour la
　　première fois et précédée d'une introduction par M. C. Le Paige."
　　*Bullettino di Bibliografia e di Storia delle scienze matematiche e
　　fisiche*, XVII (1884), 427—554, 603—726.

Lewes, G. H., *The Biographical History of Philosophy*. Vol. I, Library
　　ed., New York, 1857.

L'Hospital, G. F. A. de, *Analyse des infiniment petits pour l'intelligence des
　　lignes courbes*. Paris, 1696.

L'Huilier, Simon, *Exposition élémentaire des principes des calculs
　　supérieurs, qui a remporté le prix proposé par l'Académie Royale des
　　Sciences et Belle-Lettres pour l'année 1786*. Berlin [1787].

Libri, G., *Histoire des sciences mathématiques en Italie*. 4 vols. Halle,
　　s/S., 1865.

Löb, Hermann, *Die Bedeutung der Mathematik für die Erkenntnislehre des Nikolaus von Kues*. Berlin, 1907.

Lorenz, Siegfried, *Das Unendliche bei Nicolaus von Cues*. Fulda, 1926.

Loria, Gino, "Le ricerche inedite di Evangelista Torricelli sopra la curva logaritmica. " *Bibliotheca Mathematica* (3), I (1900), 75—89.

———*Storia delle matematiche*. 3 vols. , Torino, 1929—1933.

Luckey, P. , "Was ist ägyptische Geometrie?" *Isis*, XX (1933), 15—52.

Luria, S. , "Die Infinitesimaltheorie der antiken Atomisten. " *Quellen und Studien zur Geschichte der Mathematik*, *Astronomie und Physik*, Part B, Studien, II (1933), 106—185.

Mach, Ernst, *Die Principien der Wärmelehre*. *Historisch-Kritisch Entwickelt*. 2d ed. , Leipzig, 1900.

———*The Science of Mechanics*. Trans. by T. J. McCormack. 3d ed. , Chicago, 1907.

———*Space and Geometry in the Light of Physiological*, *Psychological and Physical Inquiry*. Trans. by T. J. McCormack. Chicago, 1906.

Maclaurin, Colin, *A Treatise of Fluxions*. 2 vols. , Edinburgh, 1742.

Mahnke, Dietrich, "Neue Einblicke in die Entdeckungsgeschichte der höheren Analysis. " *Abhandlungen der Preussische Akademie der Wissenschaften*, Physikalisch-Mathematische Klasse, I (1925), 1—64.

———"Zur Keimesgeschichte der Leibnizschen Differentialrechnung. " *Sitzungsberichte der Gesellschaft zur Beförderung der Gesamten Naturwissenschaften zu Marburg*, LXVII (1932), 31—69.

Maire, Albert, *L'Œuvre scientifique de Blaise Pascal*. *Bibliographie*. Paris, 1912.

Mansion, Paul, "Continuité au sens analytique et continuité au sens vulgaire. " *Mathesis* (2), IX (1899), 129—131.

———Editorial note. *Mathesis*, IV (1884), 177.

———"Esquisse de l'histoire du calcul infinitésimal. " Appendix to *Résumé du cours d'analyse infinitésimale*. Paris, 1887.

———"Fonction continue sans dérivée de Weierstrass. " *Mathesis*, VII (1887), 222—225.

————"Méthode, dite de Fermat, pour la recherche des maxima et des minima." *Mathesis*, II (1882), 193—202.

Marie, Maximilien, *Histoire des sciences mathématiques et physiques.* 12 vols, in 6, Paris, 1883—1888.

Marvin, W. T., *The History of European Philosophy.* New York, 1917.

Mayer, Joseph, "Why the Social Sciences Lag behind the Physical and Biological Sciences." *Scientific Monthly*, XLVI (1938), 564—566.

Méray, Charles, *Nouveau Précis d'analyse infinitésimale.* Paris, 1872.

————"Remarques sur la nature des quantités définies par la condition de servir de limites à des variables données." *Revue des Sociétés Savantes. Sciences Mathématiques, Physiques et Naturelles*, 2d. Series, IV (1869), 280—289.

Mersenne, Marin, *Tractatus mechanicus theoricus et practicus. Cogitata physico-mathematica.* Parisiis, 1644.

Merton, R. K., "Science, Technology and Society in Seventeenth Century England." *Osiris*, IV (1938), 360—632.

Merz, J. T., *A History of European Thought in the Nineteenth Century.* 4 vols., Edinburgh and London, 1896—1914.

Milhaud, Gaston, "Descartes et l'analyse infinitésimale." *Revue Générale des Sciences*, XXVIII (1917), 464—469.

————*Descartes savant.* Paris, 1921.

————*Leçons sur les origines de la science grecque.* Paris, 1893.

————"Note sur les origines du calcul infinitésimal." Logique et Histoire des Sciences. *Bibliothèque du Congrès International de Philosophie* (Paris, 1901), III, 27—47.

————*Nouvelles études sur l'histoire de la pensée scientifique.* Paris, 1911.

————*Les Philosophes géomètres de la Grèce : Platon et ses prédécesseurs.* 2d ed., Paris, 1934.

————"La Querelle de Descarte set de Fermat au sujet des tangentes." *Revue Générale des Sciences*, XXVIII (1917), 332—337.

Miller, G. A., "Characteristic Features of Mathematics and Its History." *Scientific Monthly*, XXXVII (1933), 398—404.

———"Some Fundamental Discoveries in Mathematics." *Science*, XVII (1903), 496—99.

See also Smith.

Molk, J. , see Pringsheim; Schubert; Voss.

Montucla, Étienne, *Histoire des mathématiques*, New ed. , 4 vols. , Paris, [1799]—1802.

More, L. T. , *Isaac Newton: A Biography*. New York and London, 1934.

Müller, Felix, "Zur Literatur der analytischen Geometrie and Infinitesimal-rechnung vor Euler." *Jahresbericht*, *Deutsche Mathematiker-Vereinigung*, XIII (1904), 247—253.

Neave, E. W. J. , "Joseph Black's Lectures on the Elements of Chemistry." *Isis*, XXV (1936), 372—390.

Neikirk, L. I. , "A Class of Continuous Curves Defined by Motion Which Have No Tangent Lines." *University of Washington Publications in Mathematics*, II, 1930, 59—63.

Neugebauer, Otto, "Das Pyramidenstumpf-Volumen in der vorgriechischen Mathematik." *Quellen und Studien zur Geschichte der Mathematik*, *Astronomie und Physik*, Part B, Studien, II (1933), 347—351.

———*Vorlesungen über Geschichte der antiken mathematischen Wissenschaften*. Vol. I, *Vorgriechische Mathematik*. Berlin, 1934.

Newton, Sir Isaac, *Mathematical Principles of Natural Philosophy and System of the World*. Translation of Andrew Motte Revised and Supplied with an Historical and Explanatory Appendix by Florian Cajori. Berkeley, Cal. , 1934.

———*The Method of Fluxions and Infinite Series*. Trans. with notes by John Colson. London, 1736.

———*La Méthode des fluxions et des suites infinies*. Trans. with introduction by Buffon. Paris, 1740.

———*Opera quae exstant omnia*. Ed. by Samuel Horsley. 5 vols. , Londini, 1779—1785.

———*Opuscula mathematica*, *philosophica et philologica*. 3 vols. , Lausannae and Genevae, 1744.

———— *Two Treatises of the Quadrature of Curves, and Analysis by Equations of an Infinite Number of Terms*. Explained by John Stewart. London, 1745.

[Newton, Sir Isaac] "Review of Commercium Epistolicum". *Philosophical Transactions, Royal Society of London*, XXIX (1714—1716), 173—224.

Nicomachus of Gerasa, *Introduction to Arithmetic*. Trans. by M. L. D'Ooge, with Studies in Greek Arithmetic by F. E. Robbins and L. C. Karpinski. New York, 1926.

Nieuwentijdt, Bernard, *Analysis infinitorum seu curvilineorum proprietates ex polygonorum natura deductae*. Amstelaedami, 1695.

————*Considerationes circa analyseos ad quantitates infinite parvas applicatae principia, et calculi differentialis usum in resolvendis problematibus geometricis*. Amstelaedami, 1694.

————*Considerationes secundae circa calculi differentialis principia; et responsio ad virum nobilissimum G. G. Leibnitium*. Amstelaedami, 1696.

Noether, M. , see Brill.

Note, in *Histoire de l'Académie royale des sciences*, 1701, pp. 87—89.

Nunn, T. P. , "The Arithmetic of Infinities." *Mathematical Gazette*, V (1910—1911), 345—356, 377—386.

Oresme, Nicole, *Algorismus proportionum*. Ed. by M. Curtze. [Berlin, 1868.]

[Oresme] *Tractatus de latitudinibus formarum*. MS, Bayerische Staatsbibliothek, München, cod. lat. 26889, fol. 201^r—206^r.

Osgood, W. F. , "The Calculus in Our Colleges and Technical Schools." *Bulletin, American Mathematical Society*, XIII (1907), 449—467.

[Pappus of Alexandria] *Pappus d'Alexandrie. La Collection mathématique*. Translated with introduction and notes by Paul Ver Eecke. 2 vols. , Paris and Bruges, 1933.

Pascal, Blaise, *Œuvres*. Ed. by Léon Brunschvicg and Pierre Boutroux. 14 vols. , Paris, 1908—1914.

————*The Physical Treatises of Pascal*. Trans. by I. H. B. and A. G. H.

Spiers with Introduction and Notes by Frederick Barry. New York, 1937.

Perrier, Lieutenant, "Pascal. Créateur du calcul des probabilités et précurseur du calcul intégral." *Revue Générale des Sciences*, XII (1901), 482—490.

Petronievics, B. , "Über Leibnizens Methode der direkten Differentiation." *Isis*, XXII (1934), 69—76.

Picard, Émile, "La Mathématique dans ses rapports avec la physique." *Revue Générale des Sciences*, XIX (1908), 602—609.

————"On the Development of Mathematical Analysis, and Its Relations to Some Other Sciences." *Science*, N. S. , XX (1904), 857—872.

————"Pascal mathématicien et physicien." *La Revue de France*, IV (1923), 272—283.

Pierpont, James, "The History of Mathematics in the Nineteenth Century." *Bulletin, American Mathematical Society*, XI (1904), 136—159.

————"Mathematical Rigor, Past and Present." *Bulletin, American Mathematical Society*, XXXIV (1928), 23—53.

Pincherle, Salvatore, "Saggio di una introduzione alla teoria delle funzioni analitiche secondo i principii del Prof. C. Weierstrass." *Giornale di Matematiche*, XVIII (1880), 178—254, 317—357.

Plato, *Dialogues.* Trans, with analyses and introductions by Benjamin Jowett. 4 vols. , Oxford, 1871.

Plutarch, *The Lives of the Noble Grecians and Romans.* Trans. by John Dryden and revised by A. H. Clough. New York [没有日期].

————*Miscellanies and Essays. Comprising All his Works under the Title of "Morals."* Translated from the Greek by Several Hands. Corrected and revised by W. W. Goodwin. 5 vols. , Boston, 1898.

Poincaré, Henri, "Le Continu mathématique." *Revue de Métaphysique et de Morale*, I (1893), 26—34.

————"L'Avenir des mathématiques." *Revue Générale des Sciences*, XIX (1908), 930—939.

————*The Foundations of Science.* Trans. by G. B. Halsted. New York, 1913.

————"L'Œuvre mathématique de Weierstrass." *Acta Mathematica*, XXII

(1898—1899), 1—18.

Poisson, S. D. , *Traité dé mécanique.* 2d ed. , 2 vols. , Paris, 1833.

Prag, A. , "John Wallis. " *Quellen und Studien zur Geschichte der Mathematik , Astronomie und Physik ,* Part B, Studien, I (1931), 381—412.

Prantl, C. , *Geschichte der Logik im Abendlande.* 4 vols. , Leipzig, 1855—1870.

Pringsheim, A. , and J. Molk, "Nombres irrationnels et notion de limite. " *Encyclopédie des Sciences Mathématiques ,* Vol. I, Part 1, Fascicule 1, 133—160; Fascicule 2.

————"Principes fondamentaux de la théorie des fonctions. " *Encyclopédie des Sciences Mathématiques ,* Vol. II, Part 1, Fascicule 1.

Proclus Diadochus, *In primum Euclidis elementorum librum commentariorum... libri IIII.* Ed. by Franciscus Barocius. Patavii, 1560.

Raphson, Joseph, *The History of Fluxions , Shewing in a Compendious Manner the First Rise of , and Various Improvements Made in that Incomparable Method.* London, 1715.

Rashdall, Hastings, *The Universities of Europe in the Middle Ages.* Ed. by F. M. Powicke and A. B. Emden. 3 vols. , Oxford, 1936.

Rebel, O. J. , *Der Briefwechsel zwischen Johann (I.) Bernoulli und dem Marquis de L'Hospital.* Bottrop i. w. , 1934.

Reiff, R. , *Geschichte der unendlichen Reihen.* Tübingen, 1889.

Rigaud, S. P. , *Correspondence of Scientific Men of the Seventeenth Century.* 2 vols. , Oxford, 1841.

Robbins, F. E. , see Nicomachus.

Robert of Chester, see Al-Khowarizmi.

Roberval, G. P. de, "Divers ouvrages. " *Mémoires de l'Académie Royale des Sciences depuis 1666 jusqu'à 1699 ,* VI (Paris, 1730), 1—478.

Robins, Benjamin, "A Discourse Concerning the Nature and Certainty of Sir Isaac Newton's Methods of Fluxions, and of Prime and Ultimate Ratios. " *Present State of the Republick of Letters ,* XVI (1735), 245—270.

————"A Dissertation Shewing, that the Account of the Doctrines of Fluxions, and of Prime and Ultimate Ratios, Delivered in a Treatise, Entitled, A Discourse Concerning the Nature and Certainty of Sir Isaac Newton's Method of Fluxions, and of Prime and Ultimate Ratios, Is Agreeable to the Real Sense and Meaning of Their Great Inventor. " *Present State of the Republick of Letters*, XVII, (1736), 290—335.

———*Mathematical Tracts*. 2 vols. , London, 1761.

Rosenfeld, L. , "René-François de Sluse et le problème des tangentes. " *Isis*, X (1928), 416—434.

Ross, W. D. , *Aristotle*. New York, 1924.

Russell, Bertrand, *The Analysis of Matter*. New York, 1927.

———*Introduction to Mathematical Philosophy*. London and New York [1924].

———*Our Knowledge of the External World as a Field for Scientific Method in Philosophy*. Chicago, 1914.

———*The Principles of Mathematics*. Cambridge, 1903.

———"Recent Work on the Principles of Mathematics. " *International Monthly*, IV (1901), 83—101.

Saks, Stanislaw, *Théorie de l'intégrale*. Warszawa, 1933.

Sarton, George, "The First Explanation of Decimal Fractions and Measures (1585). " *Isis*, XXIII (1935), 153—244.

———*Introduction to the History of Science*. 2 vols. , Baltimore, 1927—1931.

———"Simon Stevin of Bruges (1548—1620). " *Isis*, XXI (1934), 241—303.

Schanz, *Der Cardinal Nicolaus von Cusa als Mathematiker*. Rottweil, 1872.

Scheffers, G. , see Serret.

Scheye, Anton, "Über das Princip der Stetigkeit in der mathematische Behandlung der Naturerscheinungen. " *Annalen der Naturphilosophie*, I (1902), 20—49.

Schmidt, Wilhelm, "Archimedes' Ephodikón. " *Bibliotheca Mathematica* (3), I (1900), 13—14.

———"Heron von Alexandria im 17. Jahrhundert. " *Abhandlungen zur Geschichte der Mathematik*, VIII (1898), 195—214.

———"Leonardo da Vinci und Heron von Alexandria." *Bibliotheca Mathematica* (3), III (1902), 180—187.

Scholtz, Lucie, *Die exakte Grundlegung der Infinitesimalrechnung bei Leibniz.* Marburg, 1934.

Schroeder, Leopold von, *Pythagoras und die Inder ; eine Untersuchung über Herkunft und Abstammung der Pythagoreischen Lehren.* Leipzig, 1884.

Schrödinger, Erwin, *Science and the Human Temperament.* New York [c. 1935].

Schubert, H. , J. Tannery, and J. Molk, " Principes fondamentaux de l'arithmétique. " *Encyclopédie des Sciences Mathématiques*, I (Part 1, Fascicule 1), 1—62.

Sengupta, P. C. , "History of the Infinitesimal Calculus in Ancient and Mediaeval India. " *Jahresbericht, Deutsche M athematiker-Vereingung*, XLI (1931), 223—227.

Sergescu, Petru, "Les Mathématiques dans le 'Journal des Savants' 1665— 1701. " *Archeion*, XVIII (1936), 140—145.

Serret, J. A. , and G. Scheffers, *Lehrbuch der Differential- und Integralrechnung.* 6th ed. , 3 vols. , 1915—1921.

Servois, F. J. , *Essai sur un nouveau mode d'exposition des principes du calcul différentiel, suivi de quelques réflexions relatives aux divers points de vue sous lesquels cette branche d'analise a été envisagée jusqu'ici, et, en général, à l'application des systèmes métaphysiques aux sciences exactes.* Nismes, 1814.

Simon, Max, "Cusanus also Mathematiker. " *Festschrift Heinrich Weber zu seinem siebzigsten Geburtstag*, pp. 298—337. Leipzig and Berlin, 1912.

———*Geschichte der Mathematik im Altertum.* Berlin, 1909.

———"Historische Bemerkungen über das Continuum, den Punkt und die gerade Linie. " *Atti del IV Congresso internazionale dei Matematici* (Roma, 1908), III, 385—390.

———"Zur Geschichte und Philosophie der Differentialrechnung. " *Abhandlungen zur Geschichte der Mathematik*, VIII (1898), 113—132.

Simons, L. G. , " The Adoption of the Method of Fluxions in American

Schools. " *Scripta Mathematica*, IV (1936), 207—219.

Simplicius, *Commentarii in octo Aristotelis physicae auscultationis libros*. Venetiis, 1551.

Simpson, Thomas, *The Doctrine and Application of Fluxions*:... Containing... a Number of New Improvements in the Theory. London [1805].

Singh, A. N. , see Datta.

Sloman, H. , *The Claim of Leibnitz to the Invention of the Differential Calculus*. Trans, from the German with considerable alterations and new addenda by the Author. Cambridge, 1860.

Sluse, R. F. de, "A Method of Drawing Tangents to All Geometrical Curves. " *Philosophical Transactions of the Royal Society of London* (Abridged, London, 1809), II (1672—1683), 38—41.

Smith, D. E. , "The Geometry of the Hindus. " *Isis*, I (1913), 197—204.

———*History of Mathematics*. 2 vols. , New York [c. 1923—1925].

———"Lazare Nicholas Marguerite Carnot. " *Scientific Monthly*, XXXVII (1933), 188—189.

———"The Place of Roger Bacon in the History of Mathematics. " In A. G. Little, *Roger Bacon Essays*. Oxford, 1914.

———and G. A. Miller, "Was Guldin a Plagiarist?" *Science*, LXIV (1926), 204—206.

Spiers, see Pascal.

Stamm, Edward, "Tractatus de continuo von Thomas Bradwardina. Eine Handschrift aus dem XIV. Jahrhundert. " *Isis*, XXVI (1936), 13—32.

Staude, Otto, "Die Hauptepochen der Entwicklung der neueren Mathematik. " *Jarhresbericht*, *Deutsche Mathematiker-Vereinigung*, XI (1902), 280—292.

Stein, W. , "Der Begriff des Schwerpunktes bei Archimedes. " *Quellen und Studien zur Geschichte der Mathematik*, *Astronomie und Physik*, Part B, Studien, I (1931), 221—244.

Stevin, Simon, *Hypomnemata mathematica*. 5 vols. , Lugduni Batavorum, 1605—1608.

Stolz, Otto, "B. Bolzano's Bedeutung in der Geschichte der Infinitesimalrechnung." *Mathematische Annalen*, XVIII (1881), 255—279.

————*Vorlesungen über allgemeine Arithmetik*. 2 parts, Leipzig, 1885—1886.

————"Zur Geometrie der Alten, insbesondere über ein Axiom des Archimedes." *Mathematische Annalen*, XXII (1883), 504—519.

Strong, E. W., *Procedures and Metaphysics. A Study in the Philosophy of Mathematical-Physical Science in the Sixteenth and Seventeenth Centuries*. Berkeley (Cal.), 1936.

Struik, D. J., "Kepler as a Mathematician." In *Johann Kepler, 1571—1630. A Tercentenary Commemoration of His Life and Works*. Baltimore, 1931.

————"Mathematics in the Netherlands during the First Half of the XVIth Century. " *Isis*, XXV (1936), 46—56.

Suiseth, Richard, *Liber calculationum*. [Padua, 1477.]

Sullivan, J. W. N., *The History of Mathematics in Europe from the Fall of Greek Science to the Rise of the Conception of Mathematical Rigour*. London, 1925.

Surico, L. A., "L'integrazione di $y=x^n$, per n negativo, razionale, diverso da -1 di Evangelista Torricelli. Definitivo riconoscimento della priorità torricelliana in questa scoperta. " *Archeion*, XI (1929), 64—83.

Suter, H. , see Ibn al-Haitham.

Tacquet, André, *Arithmeticae theoria et praxis*. New ed. , Amstelaedami, 1704.

————*Cylindricorum et annularium libri IV*. Antverpiae, 1651.

————*Opera mathematica*. Lovanii, 1668.

Tannery, Jules, Review of Dantscher, "Vorlesungen über die Weierstrassche Theorie der irrationalen Zahlen. " *Bulletin des Sciences Mathématiques et Astronomiques* (2), XXXII (1908), 101—105.

See also Schubert.

Tannery, Paul, "Anaximandre de Milet. " *Revue Philosophique*, XIII (1882), 500—529.

————"Le Concept scientifique du continu. Zénon d'Élée et Georg Cantor. "

Revue Philosophique, XX (1885), 385—410.

————*La Géométrie grecque*, *comment son histoire nous est parvenu et ce que nous en savons. Essai critique. Première partie, Histoire générale de la géométrie élémentaire.* Paris, 1887.

————"Notions historiques." In Jules Tannery, *Notions de mathématiques.* Paris [1902].

————*Pour l'histoire de la science hellène.* 2d ed. , Paris, 1930.

————Review of Vivanti, "Il concetto d'infinitesimo." *Bulletin des Sciences Mathématiques et Astronomiques* (2), XVIII (1894), 230—233.

————Review of Zeuthen, "Notes sur l'histoire des mathématiques." *Bulletin des Sciences Mathématiques et Astronomiques* (2), XX (1896), 24— 28.

————"Sur la date des principales découvertes de Fermat." *Bulletin des Sciences Mathématiques et Astronomiques* (2), VII (1883), 116—128.

————"Sur la division du temps en instants au moyen âge." *Bibliotheca Mathematica* (3), VI (1905), 111.

————"Sur la sommation des cubes entiers dans l'antiquité." *Bibliotheca Mathematica* (3), III (1902), 257—258.

Taylor, Brook, *Methodus incrementorum directa et inversa.* Londini, 1717.

Taylor, C. , "The Geometry of Kepler and Newton." *Cambridge Philosophical Society*, XVIII (1900), 197—219.

Thomson, S. H. , "An Unnoticed Treatise of Roger Bacon on Time and Motion." *Isis*, XXVII (1937), 219—224.

Thorndike, Lynn, *A History of Magic and Experimental Science.* 4 vols. , New York, 1923—1934.

————*Science and Thought in the Fifteenth Century.* New York, 1929.

————and Pearl Kibre, *A Catalogue of Incipits of Mediaeval Scientific Writings in Latin.* The Mediaeval Academy of America. Publication No. 29. Cambridge, Mass. , 1937.

Timtchenko, J. , "Sur un point du 'Tractatus de latitudinibus formarum' de Nicolas Oresme." *Bibliotheca Mathematica* (3), I (1900), 515—516.

Tobiesen, L. H. , *Principia atque historia inventionis calculi differentialis et integralis nec non methodi fluxionum.* Gottingae, 1793.

Toeplitz, Otto, "Das Verhältnis von Mathematik und Ideenlehre bei Plato." *Quellen und Studien zur Geschichte der Mathematik, Astronomie und Physik*, Part B, Studien, I (1931), 3—33.

[Torricelli, Evangelista] *Opere di Evangelista Torricelli*. 3 vols., Faenza, 1919.

Ueberweg, Friedrich, *Grundriss der Geschichte der Philosophie*. Part I. "Die Philosophie des Altertums." 12th ed., ed. by Karl Praechter. Berlin, 1926.

Valerio, Luca, *De centro gravitatis solidorum libri tres*. 2d ed., Bononiae, 1661.

Valperga-Caluso, Tommaso, "Sul paragone del calcolo delle funzioni derivate coi metodi anteriori." *Memorie di Matematica e di fisica della Società Italiana delle Scienze*, XIV (Part I, 1809), 201—224.

Valson, C.‐A., *La Vie et les travaux du baron Cauchy....* With a preface by M. Hermite. Vol. I, Paris, 1868.

Vansteenberghe, Edmond, *Le Cardinal Nicolas de Cues (1401—1464)*. Paris, 1920.

Ver Eecke, Paul, "Le Théorème dit de Guldin considéré au point de vue historique." *Mathesis*, XLVI (1932), 395—397.

See also Diophantus; Pappus.

Vetter, Quido, "The Development of Mathematics in Bohemia." Trans. from the Italian by R. C. Archibald, *American Mathematical Monthly*, XXX (1923), 47—58.

Vivanti, Giulio, *Il concetto d'infinitesimo e la sua applicazione alla matematica*. *Saggio storico*. Mantova, 1894.

———"Note sur l'histoire de l'infiniment petit." *Bibliotheca Mathematica*, N. S., VIII, 1894, 1—10.

Vogt, Heinrich, "Die Entdeckungsgeschichte des Irrationalen nach Plato und anderen Quellen des 4. Jahrhunderts." *Bibliotheca Mathematica* (3), X (1910), 97—155.

———"Die Geometrie des Pythagoras." *Bibliotheca Mathematica* (3), IX (1908), 15—54.

———*Der Grenzbegriff in der Elementar-mathematik*. Breslau, 1885.

———"Haben die alten Inder den Pythagoreischen Lehrsatz und das Irrationale gekannt?" *Bibliotheca Mathematica* (3), VII (1906—1907), 6—23.

————"Die Lebenszeit Euklids." *Bibliotheca Mathematica* (3), XIII (1913), 193—202.

————"Zur Entdeckungsgeschichte des Irrationalen." *Bibliotheca Mathematica* (3), XIV (1914), 9—29.

Voltaire, F. M. A. , *Letters Concerning the English Nation.* London, 1733.

Voss, A. , and J. Molk, "Calcul différentiel." *Encyclopédie des Sciences Mathématiques*, Vol. II, Part 1, Fascicule 2; Part 3.

Waard, C. de, "Un Écrit de Beaugrand sur la méthode des tangentes de Fermat à propos de celle de Descartes." *Bulletin des Sciences Mathématiques et Astronomiques* (2), XLII (1918), 157—177, 327—328.

Waismann, Friedrich, *Einführung in das mathematische Denken, die Begriffsbildung der modernen Mathematik.* Wien, 1936.

Walker, Evelyn, *A Study of the Traité des Indivisibles of Roberval.* New York, 1932.

Wallis, John, *Opera mathematica.* 2 vols. , Oxonii, 1656—1657.

Wallner, C. R. , "Entwickelungsgeschichtliche Momente bei Entstehung der Infinitesimalrechnung." *Bibliotheca Mathematica* (3), V (1904), 113—124.

————"Über die Entstehung des Grenzbegriffes." *Bibliotheca Mathematica* (3), IV (1903), 246—259.

————"Die Wandlungen des Indivisibilienbegriffs von Cavalieri bis Wallis." *Bibliotheca Mathematica* (3), IV (1903), 28—47.

Walton, J. , *The Catechism of the Author of the Minute Philosopher Fully Answered.* Dublin, 1735.

————*A Vindication of Sir Isaac Newton's Principles of Fluxions against the Objections Contained in the Analyst.* Dublin, 1735.

Weaver, J. H. , "Pappus. Introductory Paper." *Bulletin, American Mathematical Society*, XXIII (1916), 127—135.

Weierstrass, Karl, *Mathematische Werke. Herausgageben unter Mitwerkung einer von der Königlich Preussischen Akademie der Wissenschaften Eingesetzten Commission.* 7 vols. , Berlin, 1894—1927.

Weinreich, Hermann, *Über die Bedeutung des Hobbes für das naturwissenschaftliche und mathematische Denken.* Borna-Leipzig, 1911.

Weissenborn, Hermann, *Die Principien der höheren Analysis in ihrer Entwickelung von Leibniz bis auf Lagrange, als ein historischkritischer Beitrag zur Geschichte der Mathematik*. Halle, 1856.

Weyl, Hermann, "Der Circulus vitiosus in der heutigen Begründung der Analysis." *Jahresbericht, Deutsche Mathematiker-Vereinigung*, XXVIII (1919), 85—92.

Whewell, William, *History of Scientific Ideas. Being the First Part of the Philosophy of the Inductive Sciences*. 3d ed., 2 vols., London, 1858.

Whitehead, A. N., *An Introduction to Mathematics*. New York, 1911.

Wieleitner, Heinrich, "Bermerkungen zu Fermats Methode von Aufsuchung von Extremenwerten und der Bestimmung von Kurventangenten." *Jahresbericht, Deutsche Mathematiker-Vereinigung*, XXXVIII (1929), 24—35.

————"Das Fortleben der Archimedischen Infinitesimalmethoden bis zum Beginn des 17. Jahrhundert, insbesondere über Schwerpunktbestimmungen." *Quellen und Studien zur Geschichte der Mathematik, Astronomie und Physik*, Part B, Studien, I (1931), 201—220.

————*Die Geburt der modernen Mathematik. Historisches und Grundsätzliches*. 2 vols., Karlsruhe in Baden, 1924—1925.

————"Der 'Tractatus de latitudinibus formarum' des Oresme." *Bibliotheca Mathematica* (3), XIII (1913), 115—145.

————"Über den Funktionsbegriff und die graphische Darstellung bei Oresme." *Bibliotheca Mathematica* (3), XIV (1914), 193—243.

————"Zur Geschichte der unendlichen Reihen im christlichen Mittelalter." *Bibliotheca Mathematica* (3), XIV (1914), 150—168.

Wiener, P. P., "The Tradition behind Galileo's Methodology." *Osiris*, I (1936), 733—746.

Wilson, E. B., "Logic and the Continuum." *Bulletin, American Mathematical Society*, XIV (1908), 432—443.

Windred, G., "The History of Mathematical Time." *Isis*, XIX (1933), 121—153; XX (1933—1934), 192—219.

Witting, A., "Zur Frage der Erfindung des Algorithmus der Neutonschen Fluxionsrechnung." *Bibliotheca Mathematica* (3), XII (1911—1912),

56—60.

Wolf, A., *A History of Science, Technology, and Philosophy in the Six-teenth and Seventeenth Centuries*. New York, 1935.

Wolff, Christian, *Elementa matheseos universalis*. New ed., 5 vols., Gene-vae, 1732—1741.

——*Philosophia prima, sive ontologia, methodo scientifica pertractata, qua omnis cognitionis humanae principia continentur*. New ed., Franco-furti and Lipsiae, 1736.

Wren, F. L., and J. A. Garrett, "The Development of the Fundamental Con-cepts of Infinitesimal Analysis." *American Mathematkal Monthly*, XL (1933), 269—281.

Wronski, Hoëné, *Œuvres mathématiques*. 4 vols., Paris, 1925.

Zeller, Eduard, *Die Philosophie der Griechen in ihrer Geschichtlichen En-twicklung*. 4th ed., 3 vols., Leipzig, 1876—1889.

Zeuthen, H. G., *Geschichte der Mathematik im Altertum und Mittelalter*. Kopenhagen, 1896.

——*Geschichte der Mathematik im XVI. und XVII. Jahrhundert*. Ger-man ed. by Raphael Meyer. *Abhandlungen zur Geschichte der Mathema-tischen Wissenschaften*, XVII (1903).

——"Notes sur l'histoire des mathématiques." *Oversigt over det Kongelige Danske Videnskabernes Selskabs, Forhandlinger*, 1893, pp. 1—17, 303—341; 1895, pp. 37—80, 193—278; 1897, pp. 565—606; 1910, pp. 395—435; 1913, pp. 431—473.

——"Sur l'origine historique de la connaissance des quantités irrationelles." *Oversigt over det Kongelige Danske Videnskabernes Selskabs. Forhan-dlinger*, 1915, pp. 333—362.

Zimmermann, Karl, *Arbogast als Mathematiker und Historiker der Mathema-tik*. [没有地点和日期]

Zimmermann, R., "Der Cardinal Nicolaus Cusanusals Vorläufer Leibnitzens." *Sitzungsberichte der Philosophisch-Historischen Classe der Kaiserlichen Akademie der Wissenschaften, Wien*, VIII (1852), 306—328.

索　引

译者后记

《微积分概念发展史》不只是一部关于数学史和数学哲学的史论，实际上也是一部内涵非常丰富的哲学思想史著作。例如，波耶分析牛顿与莱布尼茨的分野，胜义迭出，令人击节。流数法与微分法双峰并峙，各擅胜场，其逻辑与哲学基础，昭示英伦科学经验主义与欧陆思辨形而上学的二水分流。这本书篇幅不长，但全是干货。上下两千年，区区二三十万字，极为简练，却能原原本本、直击关节要害，真正为大家手笔。本人从中得到了极大教益，其中触类旁通的启示尤其令人印象深刻，因此对波耶的这部著作充满感激。

此书早有上师大数学系的译本（上海人民出版社1979年版），能直接采用是最好的。但是联系译文版权非常困难，因为原译者是一个单位，这个单位早已不存在了。只好接受当年参与此书翻译的一位译者的建议——重译。他的理由是，联系到当年所有参与翻译的译者不太可能，有的译者已经故世，何况究竟有哪些人参与，连他也不清楚。后来我们发现还有一个理由：原译本有删节。

一时兴起，奋臂自为，现在看来真是一个自不量力的莽撞决定。波耶的博学令人叹服，单凭我们的水平，哪里能胜任，幸亏背后有许多高人支撑。青年翻译家焦晓菊小姐有相当丰富的翻译经验，她的帮助为这项工作垫了底。《科学》杂志的优秀编辑田廷彦先生通读译稿，消灭了许多差错。书中英文以外的难题，如法语、德语、意大利语及拉丁语，大部分是请数学史家胡作玄老先生帮忙解决的。毕业于复旦大学数学系的姚诗伟先生对译文逐一纠谬，我们的感激自不待言。如果不是资深数学编辑范仁梅老师的超常耐心和宽容，此事可能就中途放弃了。

译者在"信"方面下了功夫，也力求做到"达"，"雅"则望之莫及。译文会有这样那样的问题，一定是水平有限，而非态度缺失。

以书会友是一大乐事，期待能收到诸位读者的批评和建议，也欢迎有志于翻译的同仁（无论学科）与我们联系，大家一起努力，为数学文化的编译事业做些有益的工作。汉唐盛世，受益于异域文明的传入和引进，当今也不例外。景仰唐三藏历经劫难取经译经的伟大，故取此笔名以示向往。

唐生

2007 年 4 月 9 日

修订版附记：

此译本面世后，受到欢迎，多次加印。不少热心的读者发来电子邮件，一方面肯定我们的工作，同时也对译文提出了一些修改意见。借这次重版的机会，我们对译文做了全面修订。非常期待读者的反馈，这有助于我们改进工作，提高译文质量。

2021 年 12 月 20 日

读者联谊表

（电子文档备索）

姓名：　　　年龄：　　　　性别：　　　宗教：　　　党派：

学历：　　　专业：　　　　职业：　　　　所在地：

邮箱＿＿＿＿＿＿＿＿＿＿＿手机＿＿＿＿＿＿＿＿QQ＿＿＿＿＿

所购书名：＿＿＿＿＿＿＿＿＿在哪家店购买：＿＿＿＿＿＿

本书内容：满意　一般　不满意　本书美观：满意　一般　不满意

价格：贵　不贵　阅读体验：较好　一般　不好

有哪些差错：

有哪些需要改进之处：

建议我们出版哪类书籍：

平时购书途径：实体店　网店　其他（请具体写明）

每年大约购书金额：　　　藏书量：　　　每月阅读多少小时：

您对纸质书与电子书的区别及前景的认识：

是否愿意从事编校或翻译工作：　　　　愿意专职还是兼职：

是否愿意与启蒙编译所交流：　　　　是否愿意撰写书评：

如愿意合作，请将详细自我介绍发邮箱，一周无回复请不要再等待。

读者联谊表填写后电邮给我们，可六五折购书，快递费自理。

本表不作其他用途，涉及隐私处可简可略。

电子邮箱：qmbys@qq.com　联系人：齐蒙

启蒙编译所简介

　　启蒙编译所是一家从事人文学术书籍的翻译、编校与策划的专业出版服务机构，前身是由著名学术编辑、资深出版人创办的彼岸学术出版工作室。拥有一支功底扎实、作风严谨、训练有素的翻译与编校队伍，出品了许多高水准的学术文化读物，打造了启蒙文库、企业家文库等品牌，受到读者好评。启蒙编译所与北京、上海、台北及欧美一流出版社和版权机构建立了长期、深度的合作关系。经过全体同仁艰辛的努力，启蒙编译所取得了长足的进步，得到了社会各界的肯定，荣获凤凰网、新京报、经济观察报等媒体授予的十大好书、致敬译者、年度出版人等荣誉，初步确立了人文学术出版的品牌形象。

　　启蒙编译所期待各界读者的批评指导意见；期待诸位以各种方式在翻译、编校等方面支持我们的工作；期待有志于学术翻译与编辑工作的年轻人加入我们的事业。

联系邮箱：qmbys@qq.com

豆瓣小站：https://site.douban.com/246051/